动画视频编辑技术

主 编 白 云

副主编 陈玉勇 冯 颖

科 学 出 版 社

北 京

内 容 简 介

为适应高等职业院校动漫设计与制作专业课程改革要求，本书结合“双高”专业建设目标、影视制作及动漫行业发展现状、视频编辑师岗位标准，围绕企业岗位需求设置两大项目，内容涵盖视频编辑的基础理论知识及Premiere 视频剪辑的常用操作。通过项目实施，可以进一步加强学习的针对性和实用性，增强学习者运用软件解决实际问题的能力。

本书内容丰富新颖，语言通俗易懂，图文并茂，实用性强，既可作为高等职业院校动漫设计与制作专业及相关专业的基础教材，也可作为视频编辑爱好者的参考用书。

图书在版编目（CIP）数据

动画视频编辑技术/白云主编. —北京：科学出版社，2023.8

ISBN 978-7-03-076021-0

Ⅰ. ①动… Ⅱ. ①白… Ⅲ. ①视频编辑软件-高等职业教育-教材 Ⅳ. ①TN94

中国国家版本馆 CIP 数据核字（2023）第 134109 号

责任编辑：杨 昕 宋 丽 / 责任校对：赵丽杰

责任印制：吕春珉 / 封面设计：东方人华平面设计部

科学出版社 出版

北京东黄城根北街 16 号

邮政编码：100717

http://www.sciencep.com

北京九州迅驰传媒文化有限公司 印刷

科学出版社发行 各地新华书店经销

*

2023 年 8 月第 一 版 开本：787×1092 1/16

2023 年 8 月第一次印刷 印张：17 1/4

字数：404 000

定价：60.00 元

（如有印装质量问题，我社负责调换〈九州迅驰〉）

销售部电话 010-62136230 编辑部电话 010-62138978-2032

前　言

“动画视频编辑”课程为高等职业院校动漫设计与制作专业、数字媒体技术专业、计算机应用技术专业的核心课程，同时也是信息工程学院多专业的选修课程之一。该课程主要教授视频剪辑原理及操作方法，其内容丰富，实用性强，便于学生制作各类视频，深受学生喜爱。本书作为该课程的教学用书，以视频编辑师岗位标准为依据，以职业能力为本位，以实际工作任务为引领，以工作过程为导向，构建“课证结合”“教学做”一体的工学结合教学模式，体现开放性、职业性和实践性三个特点。其中，开放性体现在校内专任教师与行业企业专家合作进行课程建设及教材整体规划设计；职业性体现在本书培养目标设立以岗位职业标准为依据、以职业能力为本位；实践性体现在本书内容以实际工作任务为引领、以工作过程为主导。本书的设计不仅着眼于学习者的职业岗位能力培养和职业素质养成，还关注学习者的终身学习与可持续发展。

本书设置电子相册制作和宣传片视频特效制作两个项目，打破了以知识传授为主要特征的传统课程模式，以真实案例任务为中心组织课程内容，让学习者在具体项目实施的过程中学会完成相应工作任务，并构建相关理论知识体系，发展视频编辑职业能力。在素材选取中融入思政元素，教书与育人并重。例如，以戏曲人物为素材讲解电子相册制作，弘扬中华传统文化；以生态环境、优美山水为素材讲解宣传片视频特效制作，激发学生的爱国情怀和民族自豪感。每个任务设计都蕴含了社会主义核心价值观的内涵机理，将课程思政潜移默化地引进课堂教学，实现知识传授与思想引领的有效结合，实现人才的全方位培养。

本书内容注重对学习者视频编辑能力的训练，理论知识的选取紧紧围绕完成工作任务的需要来进行，同时又充分考虑高等职业院校学生学习理论知识的需要，并融合视频编辑师职业资格证书对知识、技能和态度的要求，通过校企合作、校内实训等多种途径，采取工学结合、工学交替等形式，充分开发学习资源，给学生提供丰富的实践机会。本书的特点是理论与实际相结合，突出能力培养，从企业岗位标准出发构建课程模块和设计教学活动，以提高学生在“通”与“专”两方面的职业能力。

本书由辽宁生态工程职业学院组织编写，白云任主编，陈玉勇、冯颖任副主编，张亚林、陈明明、赵翊程、张月、邓万旭等参与了编写工作。

在本书编写过程中，编者参考了视、音频编辑处理领域已有的研究成果与教学资源，在此表示感谢。

限于编者的水平及时间仓促，书中难免有不妥之处，恳请广大读者批评指正。

目　录

项目一　电子相册制作

项目二　宣传片视频特效制作

项目一　电子相册制作

随着数字媒体技术的不断发展，视频逐渐成为人们分享生活的重要媒介，很多短视频平台应运而生，如视频博客（video blog，vlog）出现在微博平台中，短视频小程序（app）也在网络上兴起，快手、抖音、火山等平台迅速发展。视频制作编辑已经成为当前网络信息的重要传播方式之一，人们不仅可以通过视频分享自己的生活，还可以宣传、销售产品等，从而对社会生活产生了极大的影响。通过本项目的学习，可以了解视频编辑的基础知识，掌握运用 Premiere 制作电子相册的基本流程。

知识导读

电子相册制作基础

📖 知识目标

- 了解线性编辑和非线性编辑的基础知识。
- 了解镜头组接基本原理。
- 了解画面分镜头与构图的基础知识。
- 了解视频编辑的基本概念。

一、线性编辑和非线性编辑

线性编辑是指通过一对一或者二对一的台式编辑机或者其他手段，将母带上的素材剪接成第二版的成品带，并将模拟信号转换为数字信号。这种编辑方式的优点是操作直观、简洁。其缺点有两个：①素材的搜索和录制都要按照时间顺序进行，节目制作较为麻烦，在录制过程中需要反复地前卷、后卷查找素材，不但浪费时间，而且对磁头、磁带造成相应的磨损；②系统连线多、投资高、故障率高。线性编辑系统主要包括编辑录像机、编辑放像机、遥控器、字幕机、特技台、时基校正器等设备。与同功能的非线性设备相比，这一系统的投资较高，连接用的导线（视频线、音频线、控制线等）较多，较易出现故障，维修量较大。传统的线性编辑是录像机通过机械运动使用磁头将 25 帧/秒的视频信号顺序记录在磁带上，在编辑时也必须顺序查找所需的视频画面。在用传统的线性编辑方法插入与原画面时间不等的画面或删除节目中某些片段时，不仅需要重新编辑，而且每编辑一次视频质量都有所下降。

非线性编辑有狭义和广义之分。从狭义上讲，非线性编辑是指剪切、复制和粘贴素材，无须在存储介质（磁带、录像带等）上重新安排它们。传统的录像带编辑、素材存放都是有次序的，必须反复搜索，并在另一个录像带中重新安排它们，因此称为线性编辑。从广义上讲，非线性编辑是指在用计算机编辑视频的同时还能实现诸多处理效果，如特技等。非线性编辑是直接从计算机硬盘中以帧或文件的方式迅速、准确地存取素材，进行编辑的方式。它是以计算机为平台的专用设备，可以实现多种传统电视制作设备的功能。非线性编辑系统是把输入的各种视、音频信号进行模/数（analogue-to-digital，A/D）转换，采用数字压缩技术存入计算机硬盘中。非线性编辑不是用磁带而是用硬盘作为存储介质，记录数字化的视、音频信号。由于硬盘可以在 1/25 秒内随机读取和存储任意一帧画面，因此可以实现视、音频编辑的非线性。非线性编辑系统将传统的电视节目后期制作系统中的切换机、数字特技机、录像机、录音机、编辑机、调音台、字幕机、图形

创作系统等设备集成于一台计算机内，用计算机来处理、编辑图像和声音，再将编辑好的视、音频信号输出，通过录像机录制在磁带上。

1. 非线性编辑的优势

从非线性编辑系统的作用来看，它能够将录像机、切换台、数字特技机、编辑机、多轨录音机、调音台、乐器数字接口（music instrument digital interface，MIDI）创作、时基等设备集成于一身，几乎包括了所有传统的后期制作设备。这种高度集成性使得非线性编辑系统的优势更为明显，使得它在广播、电视界占据着越来越重要的地位。非线性编辑系统具有信号质量高、制作水平高、节约投资、网络化等方面的优越性。

非线性视频编辑是对数字视频文件的编辑和处理，它与计算机处理其他数据文件的方式一样，在计算机软件编辑环境中可以随时、随地、多次反复地进行编辑和处理。随着数字视频技术的日益发展，非线性编辑系统的优势也越来越明显，其突出特点如下。

（1）信号质量高

传统的线性编辑在使用录像带编辑节目时，素材磁带会发生多次磨损，这种机械磨损是不可弥补的。另外，为了制作特技效果还必须“翻版”，每次“翻版”都造成信号损失。因此，出于质量考虑，制作者往往放弃一些很好的艺术构思和处理手法。但在非线性编辑系统中，信号质量始终如一。虽然信号的压缩与解压缩编码会存在一定的质量损失，但是与“翻版”相比，其质量损失大幅减小。一般情况下，采集信号的质量损失小于转录损失的一半。由于系统只需要一次采集和一次输出，因此非线性编辑系统能够保证得到相当于模拟视频第二版质量的节目带，而使用线性编辑系统是不可能获得这么高的信号质量的。在非线性编辑系统中，由于采集系统用硬盘作为存储器，其内部信号全部是数字信号，因此在进行编辑处理时可以任意剪辑、修改、复制、调动画面的顺序，不会引起画面质量下降，克服了传统设备的致命弱点。

（2）编辑效率高

传统的线性编辑需要对素材反复进行审阅比较，从中选择所需的镜头进行编辑组接和特技处理。在非线性编辑系统中，大量的素材存储在硬盘上，不仅搜索相当方便、灵活，而且编辑精度可以准确到零帧。

（3）简便快捷，制作水平高

用传统的编辑方法制作一个十分钟的节目，往往要对长达四五十分钟的素材带反复进行审阅比较，然后将所选择的镜头进行编辑组接，并进行必要的转场和特技处理，这其中包含大量重复的机械劳动。在非线性编辑系统中，大量的素材存储在硬盘上，可以随时调用，不必费时费力地逐帧查找，这使素材的搜索变得极其容易，能在瞬间找到需要的那一帧画面。整个编辑过程如同文字处理一样，既灵活，又方便，同时，多种多样、可自由组合的特技方式使制作的节目丰富多彩，将制作的水平提高到一个新的层次。

（4）集成度高

非线性编辑系统设备小型化，功能集成度高，容易与其他非线性编辑系统或普通个人计算机联网生成可以共享的网络资源。

（5）处理速度快

专业级的非线性编辑系统处理速度快，对数据压缩小，因此视频和伴音的质量高。此外，处理速度快还使得专业级的特技处理功能更强。

（6）在收集素材时具有实时性

非线性编辑系统使用实时视、音频采集回放卡来记录素材，可使特技编辑、字幕制作全部实现实时。

（7）易于实现资源共享

非线性编辑系统是建立在计算机基础上的，不仅可以充分利用网络方便地传输数码视频、实现资源共享，还可以利用网络上的计算机协同创作。

（8）设备寿命长

非线性编辑系统对传统设备高度集成，使后期制作所需设备的数量降至最少，有效节约了投资。此外，在整个编辑过程中避免了磁鼓的大量磨损，使录像机的使用寿命大大延长。

（9）便于升级

随着影视制作水平的提高，对设备不断提出新的要求，这在传统编辑系统中很难解决。非线性编辑系统采用易于升级的开放式结构，支持第三方软硬件。因此，通常只需通过软件升级即可增加系统功能。

2. 非线性编辑系统的构成

非线性编辑系统主要由非线性编辑软件、视频采集卡、非线性编辑设备三个部分构成，分别如图 1.0.1、图 1.0.2 和图 1.0.3 所示。

图 1.0.1　非线性编辑软件

图 1.0.2 视频采集卡

图 1.0.3 非线性编辑设备

二、镜头组接

1. 镜头

镜头在影视中有两层含义：①镜头是指电影摄影机、放映机用以生成影像的光学部件；②镜头是指摄影机从开机到关机这段时间所拍摄的一段连续的画面，或两个剪接点之间的片段。本书所指的镜头为连续的画面。

镜头是连续拍摄的一段视频画面，是电影的一种表达方式。镜头是构成影片的基本单位。若干个镜头构成一个段落或场面，若干个段落或场面构成一部影片。因此，镜头也是构成视觉语言的基本单位，是叙事和表意的基础。在影视作品的前期拍摄中，镜头是指摄像机从启动到静止期间不间断摄取的一段画面的总和；在后期编辑时，镜头是指两个剪辑点之间的一组画面；在完成片中，一个镜头是指从前一个光学转换到后一个光学转换之间的完整片段。

2. 分镜头

分镜头是画面语言的基本元素，分镜头台本是指导演研究剧本、体验生活、收集素材、确定电影风格、产生总体构思、完成艺术设计的过程。导演运用电影的视觉手段表达自己独特的观点，并对剧本情节的发展变化进行研究，从而形成一套独立而连贯的电影分场景拍摄剧本。

3. 景别

景别是指在焦距一定时，摄影机与被摄体的距离不同造成被摄体在摄影机寻像器中所呈现的范围大小的区别。景别一般可分为五种，由近至远分别为特写（人体肩部以上）、近景（人体胸部以上）、中景（人体膝部以上）、全景（人体全部和部分周围环境）、远景（被摄体所处环境）。在电影中，导演和摄影师利用复杂多变的场面调度和镜头调度，交替地使用各种不同的景别，使影片剧情的叙述、人物思想感情的表达、人物关系的处理更具有表现力，从而增强影片的艺术感染力。景别具体可分为如下几种。

1）大远景。大远景表达视野广阔、深远，主要用来表现辽阔的大海、绵延的群山、浩瀚的星空等气氛镜头或介绍大环境（一般很少表现其间的人物活动）。

2）远景。远景以表现自然景色或气氛镜头画面为主，人物动作只作为陪衬烘托气氛。

3）全景。全景是表现力很强的景别，常用来表现人物全身或者场景全貌。全景在画面分镜头台本中使用较为广泛，整个人物出现在画面中。

4）中景。中景是表现一个人或几个人膝盖以上大半个身体或者局部场面的画面，可让观众看清人物的穿着打扮、相貌神态和上半身的形体动作，常用于表现人与人之间对话交流和感情表达，也是动画片中使用较为广泛的一种景别。

5）近景。近景用于表现人物角色胸部以上或者物体的局部。观看近景能让观众有一种走近看人的感觉，观众能够较清楚地看到人物角色喜怒哀乐的面部表情、讲话时口型变化及局部手势动作。

6）特写。特写用于表现人物角色肩部以上的头像或躯体细部，主要用于刻画人物表情的细微变化，如说话时的口型、视线、眼神等。

7）大特写。大特写一般用于表现突发情况下人物角色脸部某个局部，给观众造成强烈的视觉冲击并留下深刻的印象，如惊恐的眼神、悲痛落泪和高声呼喊等。

4. 镜头处理

为了在动画拍摄脚本中实现桅杆头的感觉，大多数镜头都是固定的。有时为了更好地表达剧情，动画导演会使用移动镜头来突出人物角色的表演和动作，或者展示自然风景。

镜头角度分为客观角度和主观角度。客观角度是指依据普通人日常生活中的观察习惯而进行的旁观式拍摄，是电视节目中最常用和最普遍的拍摄角度和拍摄方法。从客观角度拍摄的画面就像观众在现场参与事件进程、观察人物活动、欣赏风景一样。这些画面平实客观，贴近生活。主观角度是一种模拟拍摄对象（人、动物、植物和所有运动物体）的视点和视觉印象进行拍摄的角度。由于主观视角拥有拟人化的视点运动模式，往往更容易调动观众的参与意识和注意力，更容易引起观众强烈的心理感应。

5. 运动镜头

运动镜头是指通过移动摄像机机位、改变镜头光轴、变换镜头焦距等方式进行拍摄的镜头。运动镜头是相对于固定镜头而言的。运动镜头拍摄的画面称为运动画面。

运动镜头包括推镜头、拉镜头、摇镜头、移镜头、跟镜头、升降镜头和综合运动镜头等。

（1）推镜头

推镜头是指摄像机镜头逐渐向画面推进，场景变小，被摄主体变大，观众所看到的画面由远及近，由全景到局部。一个推镜头可以表现环境与人物之间、整体与局部之间的变化关系，增强了画面的真实性和可信性，使观众有身临其境之感。

1）推镜头的画面特征具体如下：

① 强烈的视觉前移感。

② 明确的拍摄主体目标。

③ 画面主体由小变大，场景由大变小，镜头推进速度的快慢传达着不同的艺术效果。急推作为一种强调手段，旨在强化环境空间的被摄主体。慢推可以表现环境对人物内心世界的渗透与融合。

2）推镜头的作用具体如下：

① 推镜头能够突出被摄主体的细节，强调重点形象和重要情节。

② 推镜头通过一个镜头中景别的不断变化，能够营造出前进式蒙太奇的艺术效果。

③ 推镜头能够强化或弱化被摄运动主体的动感。

④ 镜头推进速度的快慢直接影响画面节奏对观众形成不同的情绪引导和心理暗示。

3）运用推镜头注意事项具体如下：

① 推镜头使景别由大到小，这既是对观众视觉空间的改变，也是对观众视觉心理的引导。

② 推镜头在起幅、推进、落幅三个部分中，落幅画面是造型表现的重点，因而表现主体必须明确。

③ 由于推镜头的起幅和落幅的画面是静态的，因此画面构图要考究。

④ 推镜头在推进的过程中，构图上应当始终保持拍摄主体在画面的中心位置。

⑤ 推镜头的推进速度要与画面内人物的情绪和心理节奏相一致。

（2）拉镜头

拉镜头是指摄像机逐渐远离被摄主体，或变动镜头焦距使画面框架由近及远与主体拉开距离的拍摄方法。

拉镜头将背景空间拉向远方，视点远离被摄主体，使观众产生距离感。由于拉镜头展示的是由局部到整体的空间关系，因此可以作为转场的过渡镜头。

1）拉镜头的画面特征具体如下：

① 产生强烈的视觉后移效果。

② 被摄主体由大变小，周围环境由小变大。

2）拉镜头的作用具体如下：

① 拉镜头有利于表现主体和环境之间的关系。

② 拉镜头的画面呈纵向空间变化，是从小的局部逐渐拉到天的全景。

③ 拉镜头通过一个镜头中景别的连续变化，能够保持画面空间的完整性和连贯性。

④ 拉镜头的运动方向与推镜头正相反。推镜头以落幅为重点，拉镜头以起幅为重点。

⑤ 拉镜头常常作为结束性镜头或转场镜头。

3）运用拉镜头注意事项具体如下：

① 在摄像机与主体之间的距离逐渐拉远的过程中，要对主体保持对焦。

② 拉镜头时，控制主体在画面中的构图。

③ 控制拉镜头的速度，把握拉镜头的节奏。

（3）摇镜头

摇镜头是指摄像机机位固定，通过镜头左右摇动角度或上下摇动角度拍摄物体，并引导观众的视线从画面的一端扫向另一端。摇镜头的移动速度通常是两头略慢、中间略快，能够产生犹如人们转动头部环顾四周或将视线由一点移向另一点的视觉效果。

1）摇镜头的画面特征具体如下：

① 摇镜头画面是带有透视关系的视觉画面。

② 一个完整的摇镜头包括起幅、摇动、落幅三个连贯的运动过程。

③ 摇镜头大致分为横摇镜头、直摇镜头和闪摇镜头三种。横摇镜头是以摄像机中心点为纵轴，如同转头般左右摇拍，其屏幕显示效果为景框沿水平方向在空间中移动。直摇镜头以摄像机中心点为横轴，如同点头般上下摇拍。闪摇镜头又称甩镜头，它是指摄像机在落幅时快速从一个场景甩出，切入第三个镜头。前后两个镜头是分别拍摄的，一般作为快速转换场景的技巧来使用，或用于表现人物视线快速移动的轨迹。

2）摇镜头的作用具体如下：

① 展示透视空间，开阔观众视野，有利于小景别画面包含更多的视觉信息。

② 在同一场景中，摇镜头能够交代多个主体的内在联系，并有利于表现被摄主体的动态和运动轨迹。

③ 在表现三个以上主体时，镜头摇过时或减速、或停顿，以构成一种间歇摇。

④ 摇镜头从一个稳定的起幅画面开始，随后用极快的摇速使画面中的影像全部虚化，形成了独具表现力的甩镜头。

⑤ 摇镜头不仅能够摇出意外之象，还能制造悬念，适用于表现主观性镜头。例如，利用非水平的倾斜摇、旋转摇表现一种特定的情绪和气氛。

⑥ 摇镜头也是画面转场的惯用手法之一。

3）运用摇镜头注意事项具体如下：

① 摇镜头必须有明确的目的性和方向性。

② 摇镜头的速度和拍摄画面的流畅度会使观众的视觉感受发生强烈变化。

③ 摇镜头要求保持整个摇动过程的完整与和谐。

（4）移镜头

在传统的电影拍摄中，移动摄像是将摄像机架在活动物体上并随之运动而进行的拍摄。用移动摄像的方法拍摄的电视画面称为移动镜头，简称移镜头。

在动画电影中，镜头机位保持不变，通过上下左右移动背景实现移镜头。此类镜头移动转换复杂，其中包括镜头移动速度的快慢，以及对特殊镜头的处理，需要根据剧情对景物做分层处理。

1）移镜头的画面特征具体如下：

① 开拓了动画造型空间，创造出独特的视觉艺术效果。

② 有利于表现大场面、大纵深、多景物、多层次的复杂场景，使影片具有气势恢宏的场景造型效果。

③ 移镜头的视点多样化，能够表达强烈的主观色彩。

2）移镜头的作用具体如下：

① 画面框架始终处于运动之中，使画面主体的位置不断移动。

② 视觉位移使观众有身临其境之感。

③ 移镜头表现的画面空间是完整连贯的。一个镜头中多景别的构图方式具有独特的节奏感，能够产生蒙太奇的艺术效果。

④ 一般来说，所有移镜头的动画纸张都比普通动画纸张长两倍，体现移镜头的空间感。

3）运用移镜头注意事项具体如下：

① 构图时需要留出足够的空间，避免主体移动空间不足、画面局促或使立体移出

画面。

② 镜头在移动过程中要与移动的主体保持水平，使主体处于焦点以获得清晰的画面。

（5）跟镜头

跟镜头又称跟摄，它是指摄像机始终跟随运动的被摄主体一起运动而进行的拍摄。跟镜头易于表现复杂的建筑空间和环境空间的结构关系，以及处于动态的主观视线，使观众产生身临其境的感觉。

1）跟镜头的画面特征具体如下：

① 画面中心始终跟随一个运动的被摄主体。

② 被摄主体在画框中的位置相对稳定。

③ 跟镜头既不同于摄像机机位向前运动的前移镜头，也不同于摄像机镜头向前推进的推镜头。

2）跟镜头的作用具体如下：

① 跟镜头既能突出主体，又能交代主体的运动方向、速度、体态及其与环境的关系。

② 跟镜头的屏幕效果表现为运动的主体不变、静止的背景变化，这有利于通过人物引出环境。

③ 由于观众与被摄主体在同一视点，跟镜头可以表现一种主观性镜头。例如，从人物背后跟随拍摄的跟镜头。

④ 跟镜头对人物、事件、场面跟随拍摄的记录方式，常用于拍摄纪实性节目和新闻节目。

3）运用跟镜头注意事项具体如下：

① 跟镜头拍摄的基本要求是跟上和瞄准被摄主体。

② 在拍摄过程中注意焦点的变化或者拍摄角度的变化。

（6）升降镜头

摄像机借助升降装置一边升降一边拍摄的方式叫作升降拍摄，用这种手法拍摄的画面叫作升降镜头。升降镜头的运用在镜头画面的构图上具有一种写意性和象征性，不仅可以反映一种情绪和心态，有时也可用来表现主观视线或展示客观事物。

1）升降镜头的画面特征具体如下：

① 升降镜头扩展或收缩了画面的视域。

② 升降镜头视点的连续变化形成了多角度、多方位的构图效果。

2）升降镜头的作用具体如下：

① 升降镜头常用以展现宏大场面或宏大事件的氛围和气势。

② 升降镜头有利于表现纵深空间中的点面关系或高大物体的各个局部。

③ 升降镜头可以表现剧中人物跌宕起伏的感情变化。

④ 利用升降镜头可以实现一个镜头内的内容转换与调度。

3）运用升降镜头注意事项具体如下：

① 升降镜头视点发生变化，需要提前注意画面透视关系。

② 注意镜头转场之间的衔接。

③ 保持镜头升降时的稳定性。

（7）综合运动镜头

综合运动镜头是指在一个镜头中综合运用了推镜头、拉镜头、摇镜头、移镜头、跟镜头、升降镜头等多种运动镜头拍摄的画面。

1）综合运动镜头的画面特征具体如下：

① 综合运动镜头的画面复杂多变。

② 综合运动镜头的运动轨迹是多方向、多方式运动合一的结果。

2）综合运动镜头的作用具体如下：

① 综合运动镜头能够在一个镜头中记录和表现一个场景中相对完整的情节，有利于再现现实生活的流程。

② 综合运动镜头的画面富有动感，其内涵富有多元性。

③ 除特殊情绪对画面有特殊要求外，镜头在运动过程中应当力求保持平稳。

④ 运动镜头的每次转换都应力求与人物的动作和运动方向一致，与情节中心和情绪发展、情绪转换一致，使画面外部的变化与画面内部的变化完美结合。

3）运用综合运动镜头注意事项具体如下：

① 力求保证镜头运动时的稳定性，在镜头变化大时保持画面的清晰度和美感。

② 镜头运动时注意焦点的变化，始终将主体置于焦点范围之内。

③ 要求摄录人员配合默契，步调一致。

6. 镜头的组接规律

（1）镜头的组接必须符合观众的思维方式和影视制作的表现规律

镜头的组接要符合生活逻辑、思维逻辑。如果不符合逻辑，观众就看不懂。制作影视节目时所要表达的主题与中心思想一定要明确，只有在此基础上才能根据观众的心理需求（思维逻辑）确定选用哪些镜头，以及怎样将它们组合在一起。

（2）景别的变化要采用循序渐进的方法

一般来说，在拍摄一个场面时，“景”的发展变化不宜过分剧烈，否则就不容易连接起来。然而，即使“景”和拍摄角度的变化不大，拍摄的镜头也不容易组接。在拍摄时，“景”的发展变化要采用循序渐进的方法。循序渐进变换不同视觉距离的镜头，不仅可以实现顺畅连接，还可以形成各种蒙太奇句型。

① 前进式句型。这种叙述句型是指景物由远景、全景向近景、特写过渡，用来表现由低沉到高昂的情绪和剧情的发展。

② 后退式句型。这种叙述句型是指景物由近及远，用来表现由高昂到低沉、压抑的情绪，在影片中表现为由细节扩展到全部。

③ 环形句型。这种叙述句型是把前进式句型和后退式句型结合在一起使用。由全景、中景到近景、特写，再由特写、近景到中景、远景，或者也可以反过来运用，表现情绪由低沉到高昂，再由高昂转向低沉。一般在影视故事片中较常用的叙述句型是环行句型。

在镜头组接时，若遇到同一机位，则同一景别、同一主体的画面是不能组接的。一方面，这样拍摄出来的镜头景物变化小，一幅幅画面看起来雷同，将其连接在一起就像

同一镜头在不停地重复。另一方面，将这种机位、景物变化不大的两个镜头连接在一起，只要画面中的景物稍有变化，就会在人的视觉中产生跳动或者像一个长镜头中间断了好多次，让人有看“拉洋片”“走马灯”的感觉，破坏了画面的连续性。

当遇到这种情况时，对于镜头量少的节目来说，把这些镜头从头开始重拍可以解决问题；对于其他同机位、同景物的时间持续长的影视片来说，采用重拍的方法浪费时间和财力，最好的办法是采用过渡镜头。例如，从不同角度拍摄再组接，穿插字幕过渡，在表演者的位置、动作发生变化后再组接。这样组接的画面不会让人产生跳动、断续和错位的感觉。

（3）镜头组接中的拍摄方向遵循轴线规律

主体在进出画面时，人们需要注意总拍摄的方向，要从轴线一侧拍，否则两个画面接在一起主体就要“撞车”。

轴线规律是指拍摄的画面是否有“跳轴”现象。在拍摄时，如果摄像机的位置始终在主体运动轴线的同一侧，那么后摄画面的运动方向、放置方向都是一致的，否则就是“跳轴”了。“跳轴”的画面除特殊需要外是无法组接的。

（4）镜头组接遵循“动接动”“静接静”的规律

如果画面中同一主体或不同主体的动作是连贯的，就可以动作接动作，达到顺畅、简洁过渡的目的，简称“动接动”。如果两个画面中的主体运动不连贯，或者其间有停顿，那么这两个镜头的组接必须在前一个画面主体做完一个动作停下来后接上一个从静止到开始的运动镜头，简称“静接静”。“静接静”组接镜头时，前一个镜头结尾停止的片刻叫作落幅，后一个镜头运动前静止的片刻叫作起幅，起幅与落幅时间间隔为一两秒钟。组接运动镜头和固定镜头同样要遵循这个规律。若一个固定镜头接一个摇镜头，则摇镜头开始要有起幅。相反地，如果一个摇镜头接一个固定镜头，那么摇镜头要有落幅，否则画面就会给人一种视觉跳动感。为了达到特殊效果，也有“静接动”或“动接静”的镜头。

（5）镜头组接的时间长度要合适

在拍摄影视节目时，每个镜头停滞时间的长短是由所要表达内容的难易程度及观众的接受能力决定的，同时还要考虑画面构图等因素。例如，画面选择景物不同，画面包含的内容也不同。远景、中景等镜头大的画面包含的内容较多，观众看清楚这些画面的内容所需时间相对较长。近景、特写等镜头小的画面包含的内容较少，观众在短时间内即可看清楚这些画面的内容，因此画面停留时间相对较短。

另外，一幅或者一组画面中的其他因素也对画面长短起制约作用。例如，在同一幅画面中，亮度高的部分比亮度低的部分更能引起人们的注意。若该幅画面表现亮的部分，则长度应该短一些；若该幅画面表现暗的部分，则长度应该长一些。又如，在同一幅画面中，动的部分比静的部分更先引起人们的视觉注意。若该幅画面重点表现动的部分，则画面持续时间长度要短一些；若该幅画面重点表现静的部分，则画面持续时间长度要稍长一些。

（6）镜头组接影调色彩的统一

影调是对黑白画面而言的。黑白画面中的景物，不论其原来什么颜色，都是由许多深浅不同的黑白层次组成软硬不同的影调来表现的。对于彩色画面来说，除了影调问题

还有色彩问题。无论是黑白画面组接还是彩色画面组接，都应保持影调色彩的一致性。如果把明暗或者色彩对比强烈的两个镜头组接在一起（除特殊需要外），就会使人感到画面生硬和不连贯，影响内容顺畅表达。

（7）镜头组接节奏

影视节目的题材、样式、风格及剧情的环境气氛、人物的情绪、情节的跌宕起伏等是决定影视节目节奏的总依据。影片节奏除了通过演员的表演、镜头的转换和运动、音乐的配合、场景的时空变化等因素体现外，还要运用组接手段，严格控制镜头的尺寸和数量，整理镜头顺序，删除多余的枝节。也可以说，组接节奏是教学片总节奏的最后一个组成部分。

对于影片节目的任何一个情节或一组画面来说，都要从影片表达的内容出发来处理节奏问题。如果在一个宁静祥和的环境里运用了快节奏的镜头转换，就会使观众觉得情节突兀跳跃，从而在心理上难以接受。但在一些节奏强烈、激荡人心的场面中就应考虑种种冲击因素，使镜头变换速度与青年观众心理需求一致，增强影片的情绪感染力，达到吸引青年观众的目的。

7. 镜头的组接方法

镜头画面的组接除了采用光学手段外，还可以利用衔接规律实现镜头的直接切换，使情节发展更加自然顺畅。下面介绍几种有效的组接方法。

1）连接组接。该方法运用相连的两个或者两个以上的镜头表现同一主体的动作。

2）队列组接。该方法用于相连镜头不是同一主体的组接。由于主体发生变化，当下一个镜头的主体出现时，观众会联想上下画面之间的关系，起到呼应、对比、隐喻烘托的作用。此外，还往往能够创造性地揭示一种新的含义。

3）黑白格的组接。该方法用于产生一种特殊的视觉效果，如闪电、爆炸、照相馆中的闪光灯效果等。组接时可将所需的闪亮部分用白色画格代替，在表现各种车辆相接的瞬间组接若干黑色画格，或者在合适的时候采用黑白相间画格交叉，从而加强影片的节奏、渲染气氛、增强悬念。

4）两级镜头组接。两级镜头组接是由特写镜头直接跳切到全景镜头或者从全景镜头直接切换到特写镜头的组接方式。该方法能使情节的发展在动中转静或者在静中变动，给观众极强的视觉感。此外，随着节奏上突如其来的变化，观众产生特殊的视觉心理效果。

5）闪回镜头组接。该方法运用闪回镜头揭示人物的内心变化，如插入人物回想往事的镜头。

6）同镜头分析。该方法是将同一个镜头分别用于多个地方。运用这种组接技巧，往往出于以下考虑：①所需的画面素材不够；②有意识地重复某一镜头，用来表现某一人物的情思和追忆；③强调某一画面所特有的象征意义以引发观众的思考；④形成首尾呼应，在艺术结构上给人一种完整严谨的感觉。

7）拼接。有些时候，虽然在户外拍摄多次且拍摄时间也相当长，但是可用的镜头却很短，达不到所需的长度和节奏。在这种情况下，如果有同样或相似内容的镜头，就可以把它们当中可用的部分进行组接以达到节目画面所需长度。

8）插入镜头组接。该方法是在一个镜头中间切换，插入另一个表现不同主体的镜头。例如，当一个人正在马路上走着或者坐在汽车里向外看时，突然插入一个代表人物主观视线的镜头（主观镜头），用以表现该人物意外看到了什么之后的直观感受或引发联想的镜头。

9）动作组接。该方法借助人物、动物、交通工具等动作和动势的可衔接性及动作的连贯性和相似性，可作为镜头转换的手段。

10）特写镜头组接。上个镜头以某一人物的某一局部（头或眼睛）或某个物件的特写画面结束，然后从这一特写画面开始逐渐扩大视野以展示另一情节的环境。其目的是让观众的注意力集中在某个人的表情上或者某一事物上，在不知不觉间就转换了场景和叙述内容，不使观众产生陡然跳动的不适之感。

三、画面分镜头与构图

1. 画面分镜头台本的内容

虽然拍摄脚本的格式不同，但是文本内容和制作要求是相似的，一般来说，其中包括画面、镜头号、描述、对话、时间、摄像机运动和背景等。

（1）画面

空格是画面的位置，通常不会很大，它只需标记画面构图及拍摄画面中人物的运动和场景的变化。虽然这些仍然处于草图阶段，但是其后的制作者必须能够清楚地区分人物场景和人物运动方式。当镜头发生变化时，图片可以占用一些空间或在画框之外。当操作发生变化且需要标记典型表达式时，可以在图片旁边指定位置进行标记。

（2）镜头号

位于画面左上方的部分用于填写镜头的序列号。其后，设计师根据这个数字把镜头分成“卡片”，中间制作人员和后期制作人员根据这些序列号合成镜头。若在修改过程中插入某个镜头，则可在该镜头号后面加上 A、B、C 等标签，或者标记+1、+2 等，为后续制作人员提供参考。

（3）描述

该任务栏中有很多标记，主要描述画面中没有完全表达的部分。例如，动作的变化和场景的分层运动可以在其中标记出来，包括讲故事的人思考时的声音效果的一部分。有时，讲故事的人会做出许多种动作和表情，这些动作和表情直接出现在此处镜头中，其后工作人员就可以得到一个清晰的概念。

（4）对话

注释拍摄人物的对话。

（5）时间

动画中的镜头时长通常用秒计算。若镜头时长不足整秒，则可标记为 2.3 秒、0.5 秒等。在更精细（镜头时长不足 1 秒）的情况下，通常用帧表示，1 秒等于 24 帧。

（6）摄像机运动

动画镜头可以真实模拟摄像机的运动，因此应对摄像机的运动进行标记，但这一任

务栏并不常用。摄像机的运动通常用彩色铅笔直接在镜头上标记出来。

（7）背景

背景已经绘制完成，背景号码已经标记完成，此时就可以直接在镜头上标记背景号码。

2. *动画分镜头创作流程*

对于不同的地区、群体和人群，动画的创作过程和方法也会有所不同，但其基本规律是相同的。

动画分镜头创作的主要流程包括分镜前准备工作、编写文字分镜头、设计场面调度、绘制分镜头小草图、画面精画、填充内容与对白等，如图 1.0.4 所示。

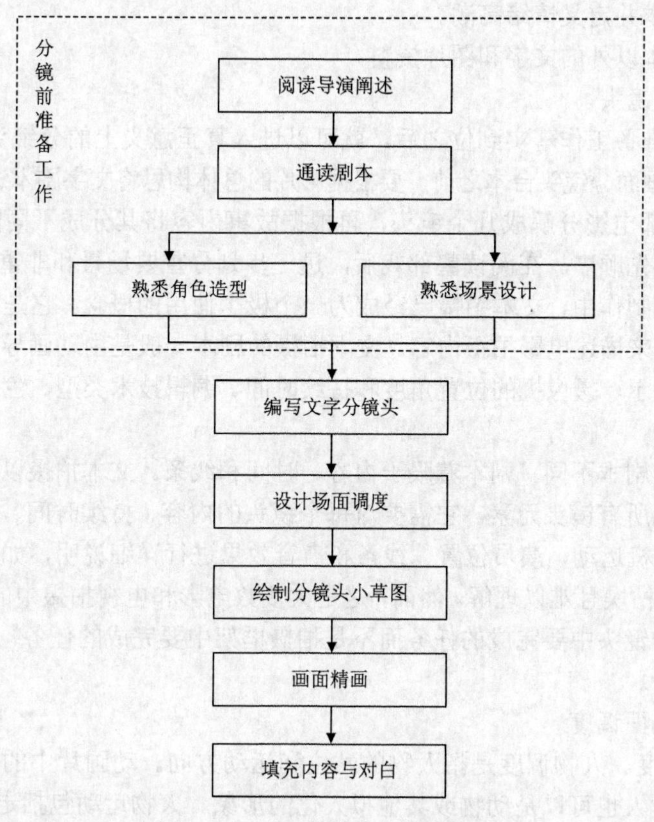

图 1.0.4　动画分镜头创作流程图

（1）阅读导演阐述

1）导演阐述是导演艺术构思的文字表述。

2）对剧本的理解、主题的描述、电影风格的设计理念、人物形象性格的把握、场景空间的地理位置、时代特征及艺术风格的把握等问题进行阐述。

3）在绘制拍摄场景之前，首先应阅读导演阐述，了解导演的风格定位、设计理念和整部电影的关键场景。

（2）剧本

剧本通常以一个故事大纲开始，这个大纲为剧本提供了整个故事的背景和情节要

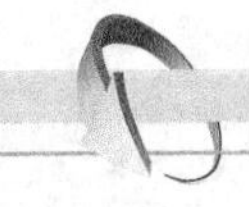

点。虽然有时大纲节奏很松散，但是它是后续制作过程最清晰的指南，并由此形成完整的剧本。有些动画在制作过程中会从故事大纲直接发展到拍摄现场，让讲故事的人直接完成剧本，这样既能去掉详细的脚本链接，又能给讲故事的人和导演更多的展示空间。在正常的影视创作中，剧本只出现在创作的最初阶段，在影视后期编辑中不再使用，从而给编辑们更多的发挥空间。

（3）通读剧本

1）把握故事线，分析镜头画面的可能性。

2）将角色分成主要角色和次要角色，制作角色关系图。

3）定义场景及其相互关联。

4）分解剧本并定义情绪高潮。

5）搜集剧本以外的文字和图片资料。

（4）文字分镜头

1）在前期准备工作落实到位之后，就可以进入真正意义上的分镜头创作了。

2）在绘制画面分镜头台本之前，要根据影片的总体构思将文字剧本进行镜头化处理。

3）先将整部电影分解成几个镜头，再根据故事内容将其分成不同的段落，然后确定段落处理的优先顺序。在阅读整部戏后，进一步划分重要场景和非重要场景。

在现代影视制作中，文本拍摄已经成为一个极少使用的概念。它是指在电影拍摄之前，剧本用文字来描述电影拍摄内容。文本拍摄的剧本一般是由动画导演自己写的。它具有显示屏幕提示、摄像机的位置角度和持续时间、编辑技术类型、色彩和光线的处理等提示功能。

文本拍摄与剧本不同。剧本着眼于内容、时间和线条。文本拍摄以镜头为单位，以文本的形式呈现所有镜头元素。它需要对每个镜头的内容、持续时间、画面、摄像机位置、场景、摄像机运动、演员位置、线条和声音效果进行详细说明，如果没有绘画的帮助就非常复杂、枯燥且难以理解。然而，这是大多数电影和电视拍摄中的一个重要步骤。它表示的是每个镜头中要完成的任务而不是拍摄框架中要完成的任务，所列出的数字是编辑的重要参考。

（5）设计场面调度

1）人物调度。人物调度是指人物的站位和运动方向。动画片中的人物是指剧中角色造型，可以是人也可以是动物或其他拟人化的形象。人物运动包括走、跑、跳、飞、游等。

人物调度包括横向调度、纵向调度、斜向调度、上下调度及环行、螺旋形调度。

2）镜头调度。镜头调度是指导演通过虚拟摄像机机位的变化，如推、拉、摇、移、升和降等运动方式，俯视、平斜等不同角度和不同视距的镜头画面，展示人物关系、环境气氛的变化及事件的进展。

3）平面定位。在设计动画故事脚本之前应先画一个场景的平面图，这样可以看出人物的活动和前后场景的关系。

场景平面图类似于建筑平面图或规划平面图，可以标记人物的位置、移动路线及摄像机的位置和画面方向。

4）绘制草图。在绘制画面分镜头之前有必要先画一幅小草图。一般在一张 A4 纸上根据个人喜好画十几个乃至几十个镜头格子设计，人物、场景造型都极为简化，只要能够看出基本特征即可。

5）设计分镜头台本（画面精画）。分镜头台本负责将文本转化为视觉图形，并为其后的设计或立体构图作出贡献。分镜头台本在美国动画中称为故事板，在日本动画和国际动画中统称为拍摄。

6）填充内容与对白。根据剧本和画面内容，在内容栏填写需要解释的内容，在对话栏中填写人物的对白。根据画面的情况，导演还可以添加内容和对白，并对文本进行调整。

另外，镜头需要进行特效处理。例如，推、拉、摇、移，音乐处理，镜头号及借用镜头的名称规格等都要填写清楚，并确定镜头时间。

3. 构图

构图在绘画中是指画面的构成。在影视艺术中，它是指人物和景物在画面中的结构安排。构成图像各部分的元素被组合、组合和配置，形成一个具有视觉平衡美感的图像。为了表现作品的主题和审美效果，艺术家构图时在一定的空间中安排和处理人物和物体的关系和位置，把个别的或部分孤立的形象组成一个完整的艺术统一体。

（1）动画构图的目的

1）从表现形式和内容上揭示动画设计的美感、节奏和叙事之间的关系。

2）动画作品在满足主题呈现要求的同时，还应实现整体形式感的完美和谐统一。画面的形式美感应与生动的故事叙述相统一，从而实现规律性、主体性和次要性的统一。此外，构图还要与现实相呼应，形成与现实对比。

3）概括地说就是变化统一，即在统一中求变化、在变化中求统一。

（2）构图类型

1）完整构图与不完整构图。开放式构图画面不完整，强调画面之外空间的存在和延伸。封闭式构图注重画面的完整性，且画面中心主题在框架内。

2）封闭式构图与开放式构图。封闭式构图的特点是把框架视为一个独立的封闭空间，注重框架内部布局的均衡、完整、严谨、统一。画面从内容到形式都因框架的存在而与外部空间脱离，成为一个与四个方面有内在联系的封闭空间。

开放式构图的特点是不再把框架视为与外部没有联系的界线。画面的构图注重与画外空间的联系。除了真实空间（视觉图像），还有一个不可见的虚拟空间，该空间是因观众的想象而存在的画外空间。

3）均衡式构图与非均衡式构图。非均衡式构图具有不稳定、不和谐、紧张刺激等特点。

4）静态构图与运动构图。静态构图与运动构图一般是指绘画、摄影等造型艺术的构图，常用于摄影和动画中，是不改变造型因素和结构的构图形式。在固定机位拍摄的静态物体的构图基本相同，但光线和色彩的变化往往使构图形成多元素的画面。

静态构图通常运用光线、影调或色彩处理画面，通过象征手法反映作者的意图。静

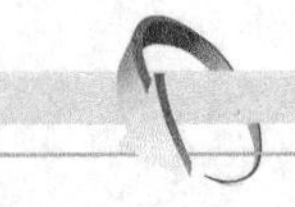

态构图是独特的动画语言形式不可或缺的组成部分，有时起着无声意境的作用。

运动构图是动画构图的主要形式，是区别于绘画和摄影构图的一个重要特征。运动通常是指拍摄对象的运动或摄像机本身的运动，有时是指两者形成的综合运动。

（3）构图原则

1）叙事性原则。动画故事中涉及的时间、任务、场景造型等需要获得观众的认同感。

2）表意性原则。动画艺术不是简单地再现现实生活，而是倾注了创作者的情感意识和主观意识，甚至可能为此而冲淡和排斥叙事性。

3）美感原则。运用对比、平衡、排比、节奏等美感形式来增强作品的审美效果，不仅要考虑画面内部的修辞关系，还要考虑画面之间的美感关系。

4）整体性原则。任何一种艺术都把整体关系作为其重要原则之一。动画艺术作为一种综合艺术，其在风格形式上以整体关系为重要目标，因此构图必须服从作品的整体风格。

（4）构图的特点

1）运动性。随着物体的运动和摄像机的运动，画面构图的结构和画面的情节点将不断发生变化。

2）整体性。整体性是指一系列镜头构图结构的完整性。一个内容完整的单元任务通常由两个以上乃至几十个动画画面完成。因此，不要求动画画面的结构完整，但一系列画面组接后的构图结构必须是完整的。

3）时限性。主体所承载的信息量不同，在画面中，表现时间的长短也不同，这就造成受众观看的局限性。时限性要求动画画面简洁明了。

4）多视点多角度。与绘画不同，动画画面构图不是从一个角度来表现的，它可以在拍摄过程中不断地改变方向、角度和场景。

5）画幅的固定性和构图处理的一次性。画面构图不能在事后进行剪切和修改，拍摄对象的组织和排列只能在摄像机前（现场）完成。

（5）构图关系

1）动画构图的平面空间关系。点、线、面、图形在平面上的分布，如大小、疏密、聚散、前后、叠压等。

2）动画构图的立体空间关系。在二维平面空间中表现三维空间深度感，因此追求视觉空间的真实感是对画面效果的一个重要要求。动画艺术是绘画艺术在时间上的延伸。与绘画艺术一样，它通过透视原理、冷暖色调的关系、画面的明暗层次关系表达视觉空间形态。

3）动画的连续构图（时间）关系。镜头的运动包括推、拉、摇、移、跟、甩等。镜头的连接（蒙太奇语言）包括剪辑、镜头时间的长短快慢、镜头关系。

4）声音与画面的关系。声音既有再现、伴随、陪衬、烘托、省略、夸张、强调的作用，又有对比、悬念、补充、引申、表现替代画面的优势。

表现功能包括节奏、抒情、结构；扩展画面表现空间，刻画人物心理、渲染现场气氛，制造悬念、声音转场等。声音具有不可替代的特殊作用，是画面语言的延伸，因此也是一种重要的艺术表现手段。

（6）构图法则

普遍法则：变化中求统一，统一中求变化。

形式美的规律：和谐、统一，以及韵律、节奏感、主从、均衡、比例、对比等。

构图法则可以归纳为四对关系，具体如下：

均衡与稳定的关系：均衡是指造型物各部分在构图中的前后左右相对轻重关系；稳定是指造型物上下部的轻重关系。

对比与协调的关系：整体协调，局部对比；在对比中协调，在协调中对比。

主体与陪体的关系：陪体在画面中起陪衬、烘托主体的作用，借以突出主体、辅助主体，从而更有效、更充分地表达主体形象或主题思想。

节奏和韵律的关系：节奏原指音乐中音响节拍轻重缓急的变化和重复，具有时间感。在构图设计中，节奏是指同一视觉要素连续重复时产生的运动感。

韵律原指音乐（诗歌）的声韵和节奏。诗歌中声音高低、轻重、长短的组合，匀称地间歇或停顿，相同音色一定程度上的反复，以及句末、行末利用同韵、同调的音相加以加强诗歌的音乐性和节奏感，这就是韵律的运用。在平面构成中，单纯的单元组合重复易于单调，将有规则变化的影像进行排列，使之产生如同音乐、诗歌般的旋律感，称为韵律。有韵律的平面构成不仅积极有生气，还有加强魅力的能量。

（7）构图的基本形式

1）“黄金分割”构图。“黄金分割”是一个由古希腊人发明的几何学公式，遵循这一规律的构图形式被认为是和谐的。在欣赏图像作品时，这一规则的意义在于提供了一条合理分割的几何线段。黄金分割比约为1.618∶1或1∶0.618。

2）九宫格构图（井字形构图）。九宫格构图是把画面均匀地分成九块，利用中心块四个角上的任意一点的位置来安排主体的位置。

3）三分法构图。三分法构图是指将画面在水平方向上或垂直方向上分为三个部分，主体形态可以放置在每个部分的中心。这种构图适用于具有多形态平行焦点的主体，不仅可以表现大空间、小对象，还可以表现小空间、大对象。这种画面构图的特点是性能鲜明，构图简洁。

4）十字形构图。十字形构图是将画面分为四个部分，即在画面中心画出一条水平线和一条垂直线，并根据主体的位置确定中心交叉点。这种构图为画面增添了完整性、庄重性、稳定性、静止性和神秘性，但同时，也存在呆板、单一和空洞等缺点。

5）线性构图。线条的特点是：粗线强，细线弱；曲线柔，直线刚；浓线重，淡线轻；实线静，虚线动。

在垂直线构图（竖线构图）中，垂直线象征坚强、庄重、有力。拍摄时，面对的自然垂直线比水平线多。

斜线构图具有延伸、冲动的视觉效果，也称对角线构图。因为倾斜的线条容易让人产生重心不稳的感觉，所以运动感强。倾斜角度越大，运动感就越强。斜线构成的画面比垂直线构成的画面更具有动势，并能创造深度空间，使画面栩栩如生。

在曲线构图中，曲线包括规则曲线和不规则曲线。规则曲线包括弧线、S线。曲线一般象征温柔、浪漫、典雅，给人一种很美的感觉。

在不规则线的构图中，不规则线本身具有多种性质，如凌乱、抽象、理性、神秘等。即使是单条不规则线段也有视觉引导的作用，如果运用得当就会产生奇特的画面效果。如果整个画面充满了凌乱不规则的线条，那么简单主体就被安排在画面的适当位置，由此产生强烈的对比效果，同时也会呈现出一种抽象、神秘的画面氛围。

6）几何形构图。在三角形构图中，当拍摄对象被放置在三角形中或图像本身形成三角形的态势时，正三角形构图能够产生一种稳定感，倒三角形构图能够产生一种不稳定感。三角形构图可以用来反映人物之间的关系和场景气氛等。此外，它还可以表现高大自然物体自身存在的形态。若表现对象被放置在三角形顶部汇合处，则此时将强制进行视觉引导。

方形构图又称框架构图，一般用于前景构图，如利用门、窗、洞口等框架作为前景来表达主题、阐明环境。这种构图符合人的视觉体验，让人觉得是在透过门和窗户看图像，营造出一种很强的真实空间感和透视感。

圆形构图是将主体置于圆的中心而形成画面的视觉中心。圆形构图可分为外圆构图和内圆构图。

（8）场景匹配

位置匹配是指在从一个镜头切换到另一个镜头时，场景中的中心人物一般不会移动，其在画面中应该处于相同的位置。

动作匹配是指角色动作的方向在两个相连的镜头中是一致的。这两个镜头向观众展示了一个角色的连贯运动，否则观众会对角色运动的方向感到困惑。另外，在拍摄构图时，应先根据动作进行计算，然后确定构图。

视线匹配是指两个角色面对面朝相反的方向看。若两个角色在两个单独的镜头中分开显示，则他们的目光仍然朝着相反的方向。当两个角色朝同一个方向看时，他们不是在看对方，而是一同在看另一个物体。

（9）主体

主体的位置与画面的结构有关，并决定其与客体和环境的关系。主体是场景框架的结构中心，应当占据显著位置以吸引观众的注意力。因此，应该精简客体、简化背景，以便能够更好地烘托主体。

1）运用对比突出主体。

① 利用主体的位置和客体、环境的指引突出主体。

② 根据光学原理，靠近镜头的一方形象较大，远离镜头的另一方形象较小，利用大与小的对比突出主体。

③ 利用线条透视的会聚作用，把主体放在消失点上，也能把观众的视线引向主体。

④ 利用色彩的对比突出主体。例如，红与绿，紫与黄，橙与青。

⑤ 主体必须较完整且具有动势，利用动与静的对比吸引观众的视线。

⑥ 将客体的视线集中在主体上，把观众的视线引向主体。

⑦ 利用逆光效果突出主体。

⑧ 利用虚实的对比突出主体，用小景深使客体和背景模糊，使主体清晰。

⑨ 通过明暗影调的对比突出主体，布光时以主体为主，用较强光线照亮主体，让

环境较暗。

2）运用前景突出主体。

① 选择具有季节特征、地域特征的景物作为前景，可以有意识地运用前景来渲染某种气氛或特征。

② 选择框架式前景。

③ 选择具有对比、比喻和比拟效果的景物作为前景。

④ 在不同的场合下，前景的作用也不同。

3）运用背景突出主体。

① 用简洁的背景突出主体。

② 加大背景与主体在影调上的对比。

③ 用于有特定内涵的背景突出主体。

四、视频编辑的基本概念

在影视动画制作领域，对于编辑对象的特点及最终完成作品的内容属性，经常用到一些基本概念和术语。

1. 帧和帧速率

无论是电视、电影还是网络中流行的 Flash 动画或影视作品，其实都是由一系列连续的静态图像组成的。单位时间内的静态图像称为帧。由于人眼对运动物体具有视觉残像的生理特点，因此当某段时间内一组内容连续变化的静态图像依次快速显示时，就会被“感觉”是一段连贯的动画。

帧是影像动画中最小单位的单幅影像画面，相当于电影胶片上的每一格镜头。一帧就是一幅静止的画面，连续的帧就形成动画，如电视图像等。通常所说的帧数，简单地说，就是在 1 秒内传输的图片张数，也可以理解为图形处理器每秒能够刷新几次，通常用帧每秒（frames per second，fps）表示。每一帧都是静止的图像，快速连续地显示帧便形成了运动的假象。高的帧率可以得到更流畅、更逼真的动画。每秒帧数越多，所显示的动作就会越流畅。

任何动画要表现运动或变化，前后至少要给出两个不同的关键状态，中间状态的变化和衔接由计算机自动完成。在 Flash 中，表示关键状态的帧叫作关键帧。

在两个关键帧之间，计算机自动完成过渡画面的帧叫作过渡帧。

关键帧和过渡帧的联系和区别：①两个关键帧的中间可以没有过渡帧（逐帧动画等），但过渡帧前后肯定有关键帧（过渡帧附属于关键帧）；②关键帧可以修改该帧内容，但过渡帧无法修改该帧内容；③关键帧中可以包含形状、剪辑、组等多种类型的元素或诸多元素，但过渡帧中的对象只能是剪辑（影片剪辑、图形剪辑、按钮）或独立形状。

影片是由一幅幅连续的图片组成的，每幅图片就是一帧，逐行倒相（phase alternation line，PAL）制每秒 25 帧，NTSC 制每秒 30 帧，由美国全国电视制式委员会（National Television System Committee，NTSC）提出。

帧率是针对影片内容而言的，是指每秒所显示的静止帧格数。帧率也可以解释为电视或显示器上每秒扫描的帧数，因此又叫作帧频。帧率的数值决定视频播放的平滑程度。帧率越高，动画效果越平滑，反之就会有阻塞、延迟的现象。在捕捉动态视频内容时，帧率越高越好。在视频编辑中也常常利用这个特点，通过改变一段视频的帧率实现快动作与慢动作的表现效果。

2. 电视制式

电视信号的标准简称制式，可以简单地理解为用来实现电视图像或声音信号所采用的一种技术标准（一个国家或地区播放节目时所采用的特定制度和技术标准）。各国的电视制式不尽相同，区分制式的主要依据是其帧频（场频）不同、分辨率不同、信号带宽及载频不同、色彩空间的转换关系不同等。

电视制式是用来实现电视图像信号、伴音信号或其他信号传输的方法和电视图像显示格式，以及这种方法和电视图像显示格式所采用的技术标准。只有遵循相同的技术标准，才能实现电视机正常接收电视信号、播放电视节目。就像电源插座和插头，只有规格相同才能插在一起，如中国标准的插头不能插在英国标准的电源插座里。只有两者制式相同，才能顺利对接。严格来说，电视制式有很多种。其中，模拟电视有黑白电视制式、彩色电视制式及伴音制式等；数字电视有图像信号、音频信号压缩编码格式（信源编码），传送流（transport stream，TS）编码格式（信道编码），数字信号调制格式及图像显示格式等制式。

电视中播放的节目都是经过编辑处理的。世界各国对电视影像制定的标准不同，其制式也有一定的区别。目前世界上主要采用的电视广播制式有 PAL、NTSC、顺序传送彩色与存储（sequential couleur avec memoire，SECAM）三种。制式的主要区别表现在帧率、分辨率、信号带宽等方面。在 Premiere 中新建视频项目时，也需要对制式（帧率、分辨率等）进行设置。以下简单介绍彩色电视的国际制式。

1）NTSC 制的特点如表 1.0.1 所示。

表 1.0.1　NTSC 制的特点

项目	参数值
帧频/fps	30
行/帧	525
亮度带宽/MHz	4.2
色度带宽/MHz	1.3（I），0.6（Q）
声音载波/MHz	4.5

2）PAL 制主要在英国、中国、澳大利亚、新西兰等国家被采用。中国目前主要采用 PAL-D 制，其特点如表 1.0.2 所示。

表 1.0.2　PAL 制的特点

项目	参数值
帧频/fps	30
行/帧	625
亮度带宽/MHz	6.0
色度带宽/MHz	>1.0（U），>1.0（V）
声音载波/MHz	6.5

3）SECAM 制主要在法国及东欧、中东等国家被采用，其特点如表 1.0.3 所示。

表 1.0.3　SECAM 制的特点

项目	参数值
帧频/（帧/秒）	25
行/帧	625
亮度带宽/MHz	6.0
色度带宽/MHz	>1.0（U），>1.0（V）
声音载波/MHz	6.5

3. 压缩编码

目前，视频类型可分为模拟视频和数字视频。由胶片制作的模拟视频、模拟摄像机捕捉的视频信号都可称为模拟视频。数字视频的出现带来了巨大变革，其在成本、制作流程、应用范围等方面都大幅超越了模拟视频。但数字视频和模拟视频又是息息相关的，很多数字视频是通过模拟信号数字化后得到的。

通过计算机或相关设备对模拟视频进行数字化后得到的数据文件通常非常大，为了节省空间和方便管理，需要使用特定方法对其进行压缩。

根据视频压缩方法的不同，视频压缩可分为无损（lossless）压缩和有损（lossy）压缩、帧内压缩和帧间压缩、对称压缩和不对称压缩。

1）有损压缩和无损压缩。在视频压缩中，无损和有损压缩的概念与对静态图像的压缩处理基本类似。无损压缩是指压缩前和压缩后的数据完全一致，多数的无损压缩采用行程长度编码（run-length encoding，RLE）算法。有损压缩是指解压缩后的数据与压缩前的数据不一致，要想得到体积更小的文件，就必须有损耗。在视频压缩的过程中会丢失一些人眼和人耳所不敏感的图像或音频信息，并且丢失的信息不可恢复。几乎所有高压缩的算法都采用有损压缩，只有这样才能达到低数据率的目标。数据丢失率与压缩比有关。一般来说，压缩比越小，丢失的数据就越多，解压缩后的效果也就越差。此外，某些有损压缩算法采用重复压缩的方式，这样会造成额外的数据丢失。

2）帧内压缩（intraframe）和帧间压缩（interframe）。帧内压缩也称空间压缩（spatial compression）。当压缩一帧图像时，仅考虑本帧数据而不考虑相邻帧之间的冗余信息，这实际上与静态图像压缩类似。帧内一般采用有损压缩算法。由于帧内压缩时各个帧之间没有相互关系，因此压缩后的视频数据仍可以帧为单位进行编辑。帧内压缩一般达不到很高的压缩率。帧间压缩是基于许多视频或动画的连续前后两帧有很大相关性或前后两帧信息变化很小（连续的视频其相邻帧之间具有冗余信息）这一特性实现的，只要压缩相邻帧之间的冗余量就可以进一步提高压缩量、减小压缩比。帧间压缩也称时间压缩（temporal compression），它通过比较时间轴上不同帧之间的数据进行压缩，对帧图像的影响非常小，因此帧间压缩一般是无损的。帧差值（frame differencing）算法是一种典型的时间压缩法，它通过比较本帧与相邻帧之间的差异，仅记录本帧与其相邻帧的差值，这样可以大幅减少数据量。

3）对称压缩和不对称压缩。对称性（symmetric）是对称压缩编码的一个关键特征。对称意味着压缩和解压缩时占用相同的计算处理能力和时间，对称算法适合实时压缩和传送视频，如在视频会议系统的应用中以采用对称压缩编码算法为宜。在电子出版和其他多媒体应用中，都是先把视频内容压缩处理好，然后在需要的时候播放，因此可以采用不对称（asymmetric）编码。不对称或非对称意味着压缩时需要耗费大量的计算处理能力和时间，但在解压缩时能够较好地实现实时回放，因此需要以不同的速度进行压缩和解压缩。一般地说，压缩一段视频的时间要比回放（解压缩）该视频的时间多得多。例如，一段 3 分钟的视频片段可能需要 10 分钟的压缩时间，实时回放该片段只需 3 分钟。

4. 视频格式

在使用一种方法对视频内容进行压缩后，就需要用对应的方法对其进行解压缩来得到动画播放效果。使用的压缩方法不同，得到的视频编码格式也不同。目前对视频进行压缩编码的方法有很多，应用的视频格式也就有很多，其中最有代表性的是动态图像专家组（motion picture experts group，MPEG）数字视频格式和音频视频交错格式（audio video interleaved format，AVI）。下面介绍几种常用的视频存储格式。

1）AVI 是将语音影像同步组合在一起的格式。这是一种专门为微软 Windows 环境设计的数字式视频文件格式，其优点是兼容性高、调用方便、图像质量好，缺点是占用空间大。

2）MPEG 格式。该格式包括 MPEG-1、MPEG-2、MPEG-4。MPEG-1 广泛应用于数字视频光盘（video compact diss，VCD）的制作和网络上一些视频片段的下载，使用 MPEG-1 压缩算法可以把一部时长 120 分钟的非视频文件格式的电影压缩到 1.2GB 左右。MPEG-2 应用于数字通用光盘（digital versatile disc，DVD）的制作，同时在一些高清电视（high definition television，HDTV）和高要求视频编辑、处理方面也有一定的应用空间。相对于 MPEG-1 压缩算法，MPEG-2 可以制作出画质等方面性能远远超过 MPEG-1 的视频文件，但其容量较大，一般为 4～8GB。MPEG-4 是一种新的压缩算法，可将 MPEG-1 压缩到 1.2GB 的文件再压缩到 300MB 左右，供网络播放。

3）高级流（advanced streaming format，ASF）格式。这是 Microsoft 为了与 Real Player 竞争而研发的一种可以直接在网上观看视频节目的流媒体文件压缩格式，即一边下载一边播放，不用存储到本地硬盘。由于它使用了 MPEG-4 压缩算法，因此压缩率和图像质

量都非常不错。

4）NAVI 格式。这是一种新的视频格式，是由 ASF 压缩算法修改而来的。它拥有比 ASF 更高的帧率，但这是以牺牲 ASF 的视频流特性为代价的。也就是说，它是非网络版本的 ASF。

5）DIVX 格式。该格式的视频编码技术是一种对 DVD 造成威胁的全新视频压缩格式，因此又称 DVD 杀手。它使用 MPEG-4 压缩算法，在对文件尺寸进行高度压缩的同时，可以保留非常清晰的图像。利用该技术制作 VCD，不但可以得到与 DVD 差不多的画质视频，而且制作成本要低得多。

6）QuickTime 格式。QuickTime（MOV）格式是苹果公司创立的一种视频格式，在图像质量和文件尺寸的处理方面具有很好的平衡性。因此，无论是在本地播放还是作为视频流在网络中播放，它都是非常优秀的。

7）REAL VIDEO（RA、RAM）格式。该格式主要定位于视频流应用，是视频流技术的创始者。它可以在 56K 调制解调器的拨号上网条件下实现视频不间断播放，但同时也必须通过损耗图像质量的方式控制文件尺寸，因此图像质量通常很低。

5. SMPTE 时间码

在视频编辑中，通常用时间码来识别和记录视频数据流中的每一帧，从一段视频的起始帧到终止帧，其间的每一帧都有唯一的时间码地址。根据动画和电视工程师协会（Society of Motion Picture and Television Engineers，SMPIE）使用的时间码标准，其格式是小时:分钟:秒:帧，或 hours:minutes:seconds:frames。例如，一段时间码为 00:02:31:15 的视频片段的播放时间为 2 分 31 秒 15 帧，若其以每秒 30 帧的速度播放，则播放时间为 2 分 31.5 秒。

电影、视频和电视工业中使用的帧率不同，都有其各自的 SMPTE 标准。由于技术原因，NTSC 制实际使用的帧率是 29.97 帧/秒而不是 30 帧/秒，因此在时间码与实际播放时间之间有 0.1%的误差。为了解决这个误差问题，设计出丢帧（drop-frame）格式，即在播放时每分钟要丢两帧（实际上是有两帧不显示而不是从文件中删除），这样可以保证时间码与实际播放时间一致。与丢帧格式对应的是不丢帧（nondrop-frame）格式，它忽略了时间码与实际播放帧之间的误差。

6. 数字音频

数字音频是指一个用来表示声音强弱的数据序列，是模拟声音经采样、量化和编码得到的。数字音频的编码方式也就是数字音频格式，不同数字音频设备一般对应不同的音频格式文件。常见的数字音频格式有 WAV、MIDI、MP3、WMA、MP4、VQF、RealAudio、AAC 等。

7. 像素

像素是图像编辑的基本单位。它是由图像的小方格组成的，这些小方格都有一个明确的位置和被分配的色彩数值，小方格的颜色和位置决定了该图像所呈现出来的样子。

可将像素视为整个图像中不可分割的单位或元素。不可分割是指像素不能够再分割成更小单位或元素，它以一个单一颜色的小格形式存在。每一个点阵图像都包含了一定量的像素，这些像素决定了图像在屏幕上的显示尺寸。

（1）像素值

相机的像素其实是指相机的最大像素。像素是分辨率单位，像素值仅是相机所支持的有效最大分辨率。像素与分辨率、尺寸对照表如表 1.0.4 所示。

表 1.0.4　像素与分辨率、尺寸对照表

像素	分辨率	尺寸/英寸	长×宽*
30 万	640×480		
50 万	800×600		
80 万	1024×768	5	3.5×5
130 万	1280×960	6	4×6
200 万	1600×1200	8	6×8
		5	3.5×5
310 万	2048×1536	10	8×10
		7	5×7
430 万	2400×1800	12	10×12
		8	6×8
500 万	2560×1920	12	10×12
		8	6×8
600 万	3000×2000	14	11×14
		10	8×10
800 万	3264×2488	16	12×16
		10	8×10
1100 万	4080×2720	20	16×20
		12	10×12
1400 万	4536×3024	24	18×24
		14	11×14

*本列数字单位均为英寸。

以上均为估计值。

（2）单位

当图片尺寸以像素为单位时，需要指定其固定的分辨率，只有这样才能将图片尺寸与现实中的实际尺寸相互转换。例如，制作大多数网页的常用图片分辨率为 72，即每英寸像素为 72，1 英寸等于 2.54 厘米，通过换算可以得出每厘米等于 28 像素。又如，15 厘米×15 厘米的图片，像素的分辨率是 420×420。

描述分辨率的单位有点每英寸（dot per inch，DPI）、行每英寸（lines per inch，LPI）和像素每英寸（pixels per inch，PPI）。

8. 场

场是以水平隔线的方式保存帧的内容，在显示时先显示第一个场的交错间隔内容，然后再显示第二个场来填充第一个场留下的缝隙。NTSC 制视频的每一帧大约显示 1/30 秒，每一场大约显示 1/60 秒。PAL 制视频每一帧的显示时间是 1/25 秒。

视频显示的基本方式有两种，逐行扫描和隔行扫描。在采用隔行扫描方式播放视频的设备中，每一帧画面都被拆分开来进行显示，拆分后得到的残缺画面称为场。也就是说，在采用 NTSC 制的电视中，显示器每秒要播放 60 场画面（NTSC 制的帧率为 30 帧/秒，即每秒会有 30 帧或 30 幅画，每一帧或每幅画被隔行扫描分割为两场，故总计 60 场；PAL 制与此同理）。对于 PAL 制的电视来说，显示器每秒要播放 50 场画面。

在这一过程中，一帧画面内首先显示的场称为顶场，组成该帧画面的另一场称为底场。

9. 码流（码率）

码流（data rate）是指视频文件在单位时间内使用的数据流量，也叫作码率。码流是视频编码中画面质量控制最重要的部分。在同样的分辨率下，视频文件的码流越大，压缩比就越小，画面质量就越好。

通常来说，一个视频文件包括画面和声音。例如，一个 RMVB 视频文件中包含视频信息和音频信息，音频及视频都有各自不同的采样方式和比特率。也就是说，同一个视频文件中音频和视频的比特率并不一样。一个视频文件的码流是其音频码流和视频码流的总和。

以国内流行、大家熟悉的 RMVB 视频文件为例，RMVB 中的 VB 是指可变比特率（variable bit rate，VBR），它表示 RMVB 采用的是动态编码方式，把较高的采样率用于复杂的动态画面（歌舞、飞车、战争、动作等），把较低的采样率用于静态画面，合理利用资源，达到画质与文件体积兼得的效果。

10. 采样率

采样率也称采样速度或采样频率，定义每秒从连续信号中提取并组成离散信号的采样个数，用赫兹（Hz）表示。简单地说，采样率是指将模拟信号转换成数字信号时的采样频率，也就是单位时间内采样多少点及一个采样点数据有多少比特。比特率是指每秒传送的比特（bit）数，单位为 bit/s（bit per second）。比特率越高，传送的数据越大，音质越好。比特率的计算公式如下：

比特率=采样率×采用位数×声道数

采样率类似于动态影像的帧数。例如，电影的采样率是 24Hz，PAL 制的采样率是 25Hz，NTSC 制的采样率是 30Hz。当把采样得到的一个个静止画面再以与采样率相同的速度回放时，人们看到的就是连续的画面。同理，当把以 44.1kHz 采样率记录的 CD 以相同的速度播放时，就能听到连续的声音。显然，采样率越高，听到的声音和看到的图像就越连贯。然而，人的听觉器官和视觉器官能够分辨的采样率是有限的。实际上，绝大多数人对高于 44.1kHz 采样率的声音无法辨别。

声音的位数相当于画面的颜色数，表示每个取样的数据量。数据量越大，回放的声音越准确，如不至于把开水壶的鸣叫声和火车的鸣笛声混淆。同理，画面的颜色数越多，画面越清晰准确，如不至于把血和西红柿酱混淆。不过，受人体器官机能的限制，16位的声音和 24 位的画面基本上已经是普通人分辨的极限了，更高位数就只有依靠仪器才能分辨。例如，电话是 3kHz 取样的 7 位声音，CD 是 44.1kHz 取样的 16 位声音，CD 就比电话更清楚。

在理解以上两个概念后，比特率就很容易理解了。以电话为例，如果每秒取样 3000 次，每个取样是 7bit，那么电话的比特率是 21000。以 CD 为例，若每秒取样 44 100 次，两个声道，每个取样是 13 位脉冲编码调制（pulse-code modulation，PCM）编码，则 CD 的比特率是 44 100×2×13=1 146 600。也就是说，若 CD 每秒的数据量约为 144KB，一张 CD 的播放时间是 74 分钟=4440 秒，则 CD 的容量为 144×4440=639 360（KB）=639.36（MB）。

11. 音频采样率

音频采样率是指录音设备在一秒内对声音信号的采样次数。

采样频率越高，还原的声音就越真实、越自然。在当今的主流采集卡上，采样频率一般分为 22.05kHz、44.1kHz、48kHz 三个等级。其中，22.05kHz 只能达到调频（frequency modulation，FM）广播的声音品质；44.1kHz 是理论上的 CD 音质界限；48kHz 更精确一些。

在数字音频领域，常用的采样率如下：

8000Hz：电话所用采样率，人正常说话的声音够用。

22 050Hz：无线电广播所用采样率。

32 000Hz：迷你数码视频摄像机（digital video，DV）、DAT 磁带（LP 模式）所用采样率。

44 100Hz：音频 CD，也常用于 MPEG-1 音频［VCD，超级数字激光视盘（super video compact disc，MP3）］所用采样率。

47 250Hz：商用 PCM 录音机所用采样率。

48 000Hz：迷你 DV、数字电视、DVD、DAT 磁带、电影和专业音频所用的数字声音所用采样率。

50 000Hz：商用数字录音机所用采样率。

96 000Hz 或 192 000Hz：音频多用途数字光盘、一些线性脉冲编码调制（linear pulse code modulation，LPCM）DVD 音轨、BD-ROM（蓝光光盘）音轨和 HD-DVD（高清 DVD）音轨所用采样率。

28 224MHz：直接数字信号流（direct stream digital）的 1 位三角积分调制过程所用采样率。

12. 高清视频

高清是指高分辨率。高清电视，是由美国电影电视工程师协会确定的高清晰度电视标准格式。现在的大屏幕液晶电视机一般都支持 1080i 和 720P，一些全高清电视机支持 1080P。

目前的720P和1080P采用了很多种编码格式，主流的有MPEG-2、VC-1及H.264，其他还有Divx及Xvid。封装格式更多，如ts、mkv、wmv及蓝光专用等。

720和1080代表视频流的分辨率，前者为1280×720，后者为1920×1080，不同的编码需要不同的系统资源，可以大概地认为H.264>VC-1>MPEG-2。

VC-1是最后被认可的高清编码格式，因为其有微软的后台支持，所以对这种编码格式不能小觑。相对于MPEG-2而言，VC-1的压缩比更高。相对于H.264而言，VC-1编码解码的计算要稍小一些。一般来说，VC-1多为“.wmv”后缀，但这并不是绝对的，具体的编码格式还要通过软件查询。

总的来说，从压缩比看，H.264的压缩比率更高一些，即同样的视频通过H.264编码算法压缩的视频容量要比VC-1更小。但VC-1格式的视频在解码计算方面更小一些，一般通过高性能的CPU可以很流畅地观看高清视频。这也是目前NVIDIA Geforce 8系列显卡不能完全解码VC-1视频的主要原因。

PS&TS是两种视频或影片封装格式，常用于高清片，扩展名分别为VOB/EVO和TS等，其文件编码一般用MPEG-2/VC-1/H.264。

目前的高清视频编码格式主要有H.264、VC-1、MPEG-2、MPEG-4、DivX、XviD、WMA-HD及X264。事实上，网络上流传的高清视频主要以两类文件形式存在：①经过MPEG-2标准压缩且以tp和ts为后缀的视频流文件；②经过WMV-HD（windows media video high definition）标准压缩的wmv文件。此外，少数文件后缀为avi或mpg，其性质与wmv文件是一样的。真正效果好的高清视频更多采用H.264与VC-1这两种主流的视频编码格式。一般来说，H.264格式以“.avi”“.mkv”“.ts”封装较为常见。

13. 数字视频基础

（1）视频记录方式

视频记录方式一般分为数字信号记录方式和模拟信号记录方式。

数字信号以0和1记录数据内容，常用于一些新型的视频设备，如CD、Digits、Beta Cam和DV-Cam等。数字信号可以通过有线方式和无线方式传输，信号传输质量不会随传输距离的变化而变化，但必须使用特殊的传输装置，使信号在传输过程中不受外部因素的影响。

模拟信号以连续波形记录数据，用于传统影音设备，如电视、VHS、S-VHS、V8、Hi8摄像机等。模拟信号也可以通过有线方式和无线方式传输，信号传输质量随传输距离的增加而衰减。

（2）数字视频量化

模拟波形在时间上和幅度上都是连续的。数字视频为了把模拟波形转换成数字信号，必须把这两个量纲转换成不连续的值。幅度表示一个整数值，时间表示一系列按时间轴等步长的整数距离值。把时间转化成离散值的过程称为采样，把幅度转化成离散值的过程称为量化。

（3）视频帧率

标准DV NTSC（北美和日本标准）视频帧率是每秒29.97帧；欧洲标准的帧率是每

秒 25 帧。欧洲使用 PAL 系统。电影标准帧率是每秒 24 帧。新高清视频摄像机也以每秒 24 帧（准确地说，是 23.97 帧）录制。在专业视频编辑软件 Premiere Pro 中，帧率是非常重要的，它能够帮助测定项目中动作的平滑度。

（4）隔行扫描和逐行扫描

隔行扫描的原理较为复杂。简单来说，工程师将视频帧分成两组扫描行：偶数行和奇数行。每次扫描（视频场）都会向屏幕下前进 1/60 秒。在第一次扫描时，视频屏幕的奇数行从右向左绘制（第 1、3、5 行等）。第二次扫描偶数行，因为扫描太快，所以肉眼看不到闪烁，此过程称为隔行扫描。因为每个视频场都显示 1/60 秒，所以一个视频帧每 1/30 秒就会出现一次。因此，视频帧率是每秒 30 帧。

许多新型摄像机能够一次渲染整个视频帧，因此无须隔行扫描。每个视频帧都是逐行绘制的，从第一行到第二行再到第三行，以此类推。此过程称为逐行扫描。

（5）画幅大小

数字视频作品的画幅尺寸决定了 Premiere Pro 项目的宽度和高度，在 Premiere Pro 中，画幅尺寸是以像素为单位进行衡量的。像素是计算机显示器上能够显示的最小图片元素。如果正在工作的项目使用 DV 影片，那么通常使用的 DV 标准画幅尺寸为 720 像素×480 像素。HDV 视频摄像机可以录制 1280 像素×720 像素和 1400 像素×1080 像素的画幅。更昂贵的高清设备能以 1920 像素×1080 像素进行拍摄。在视频规范中，1080p 60i 表示画幅高度为 1080 像素的隔行扫描视频，数字 60 表示每秒的场数，表示录制速度是每秒 30 帧。在 Premiere Pro 中，也可以在画幅尺寸与原始视频画幅尺寸不同的项目中工作。

（6）非正方形像素和像素纵横比

在 DV 出现之前，多数台式机视频系统中使用的标准画幅尺寸是 640 像素×480 像素。计算机图像是由正方形像素组成的，因此 640 像素×480 像素和 320 像素×240 像素（用于多媒体）的画幅尺寸非常符合电视的纵横比（宽度与高度之比），即 4∶3（每 4 个正方形横向像素对应 3 个正方形纵向像素）。

但是当使用 720 像素×480 像素或 720 像素×486 像素的 DV 画幅尺寸进行工作时，计算不是很清晰。产生这一问题的原因是其纵横比是 3∶2 而不是电视标准的 4∶3。如何将其纵横比压缩为 4∶3 呢？其实很简单，就是想办法把宽度 720 像素转换成 640 像素，即 720/640=0.9。因此，如果每个正方形像素都能削减到原来自身宽度的 0.9，那么纵横比就可以转换为 4∶3。

14. 蒙太奇

蒙太奇是法语 montage 的音译，原为建筑学术语，意为构成、装配等，在电影发明后又引申为剪辑。蒙太奇在苏联被发展成一种电影中镜头组合的理论。当不同镜头拼接在一起时，往往会产生各个镜头单独存在时所不具有的特定含义。

蒙太奇一般包括画面剪辑和画面合成两个方面。画面剪辑是将一系列在不同地点、从不同距离和角度、以不同方法拍摄的电影镜头的排列组合，叙述情节，刻画人物。画面合成是由许多画面或图样并列或叠化而成的一个统一图画作品。

（1）蒙太奇的种类

蒙太奇具有叙事和表意两大功能，据此可把蒙太奇划分为三种基本的类型：叙事蒙太奇、表现蒙太奇和理性蒙太奇。第一类主要用以叙事，后两类主要用以表意。在此基础上还可以进行二级划分，具体如下：叙事蒙太奇（平行蒙太奇、交叉蒙太奇、颠倒蒙太奇、连续蒙太奇），表现蒙太奇（抒情蒙太奇、心理蒙太奇、隐喻蒙太奇、对比蒙太奇），理性蒙太奇（杂耍蒙太奇、反射蒙太奇、思想蒙太奇）。

（2）叙事蒙太奇

叙事蒙太奇是目前影视片中最常用的一种叙事方法，由美国电影大师格里菲斯率先使用，彼时尚不存在电影蒙太奇的概念，还只是一种无意识行为。叙事蒙太奇以交代情节、展示事件为主旨，按照情节发展的时间流程、因果关系来分切组合镜头、场面和段落，从而引导观众理解剧情。这种蒙太奇的优点是组接脉络清楚，逻辑连贯，浅显易懂。叙事蒙太奇具体又包含以下几种技巧。

1）平行蒙太奇。这种蒙太奇常以不同时空或同时异地发生的两条或两条以上情节线的并列表现，分头叙述而又统一在一个完整的情节结构之中。格里菲斯、希区柯克都是极其擅长运用这种蒙太奇的大师。平行蒙太奇应用广泛，用它处理剧情，不仅可以删节过程以利于概括集中、节省篇幅、扩大影片的信息量，还可以加强影片的节奏。此外，由于这种手法是几条线索的平行表现，相互烘托，形成对比，易于产生强烈的艺术感染效果。

2）交叉蒙太奇。交叉蒙太奇又称交替蒙太奇，它将同一时间不同地域发生的两条或数条情节线索迅速而频繁地交替剪接在一起，其中一条线索的发展往往会影响其他线索，各条线索相互依存并最终汇合在一起。这种剪辑技巧极易引起悬念，营造紧张激烈的气氛，加强矛盾冲突的尖锐性，是掌握观众情绪的有力手法。惊险片、恐怖片和战争片常用此法表现追逐等惊险场面。

3）颠倒蒙太奇。这是一种打乱结构的蒙太奇方式，先展现故事或事件的当前状态，再介绍故事的始末，表现为事件“过去”与“现在”的重新组合。它常借助叠印、划变、画外音、旁白等转入倒叙。运用颠倒蒙太奇，虽然打乱了事件顺序，但时空关系仍需交代清楚，叙事仍应符合逻辑关系，事件的回顾和推理都以这种方式进行。

4）连续蒙太奇。连续蒙太奇不像平行蒙太奇或交叉蒙太奇那样多线索发展，而是沿着一条单一的情节线索，按照事件的逻辑顺序有节奏地连续叙事。这种叙事自然流畅，朴实平顺，但缺乏时空与场面的变换，无法直接展示同时发生的情节，难以突出各条情节线之间的相互关系，不利于概括，易有拖沓冗长、平铺直叙之感。因此，在一部影片中绝少单独使用连续蒙太奇，大多是与平行蒙太奇、交叉蒙太奇交替使用，相辅相成。

（3）表现蒙太奇

表现蒙太奇以镜头队列为基础，通过相连镜头在形式上或内容上的相互对照、冲击，从而产生单个镜头本身所不具有的丰富含义，以此表达某种情绪或思想。其目的在于激发观众的联想，启迪观众思考。

1）抒情蒙太奇。抒情蒙太奇在保证叙事和描写的连贯性的同时，表现超越剧情之

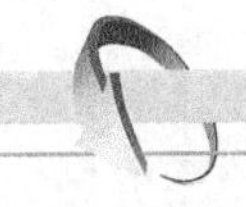

上的思想和情感。让·米特里指出，它的本意既是叙述故事也是绘声绘色渲染，并且更偏重于后者。意义重大的事件被分解成一系列近景或特写，从不同的侧面和角度捕捉事物的本质含义，渲染事物的特征。最常见、最易被观众感受到的抒情蒙太奇，往往在一段叙事场面之后，恰当地切入象征情绪情感的空镜头。

2）心理蒙太奇。心理蒙太奇是展示人物心理的重要手段。它通过画面镜头的组接或声画的有机结合，形象生动地展示人物的内心世界，常用于表现人物的梦境、回忆、闪念、幻觉、遐想、思索等精神活动。这种蒙太奇在剪接技巧上多用交叉、穿插等手法，其特点是画面和声音形象的片段性、叙述的不连贯性和节奏的跳跃性，声画形象带有剧中人强烈的主观性。

3）隐喻蒙太奇。隐喻蒙太奇通过镜头或场面的队列进行类比，含蓄而形象地表达创作者的某种寓意。这种手法往往将不同事物之间的某种相似特征凸显，引发观众联想，从而领会导演的寓意和故事的情绪色彩。

4）对比蒙太奇。对比蒙太奇类似文学作品中的对比描写，即通过镜头或场面之间在内容上（贫与富、苦与乐、生与死、高尚与卑下、胜利与失败等）或形式上（景别大小、色彩冷暖、声音强弱、动静等）的强烈对比，产生相互冲突的作用，表达创作者的某种寓意或强化所表现的内容和思想。

（4）理性蒙太奇

理性蒙太奇是通过画面之间的关系而不是通过单纯的一环接一环的连贯性叙事表情达意。理性蒙太奇与连贯性叙事的区别在于：理性蒙太奇的画面属于真实发生的事实，但按照这种蒙太奇手法组合在一起的事实总是表现某种主观视像。这类蒙太奇理论是苏联学派主要代表人物爱森斯坦创立的，主要包含杂耍蒙太奇、反射蒙太奇、思想蒙太奇。

1）杂耍蒙太奇。杂耍蒙太奇是一个特殊时刻，其间的一切元素都是为了把导演的意图灌输到观众的意识中，给观众造成情感上的冲击。这种蒙太奇手法在内容上可以随意选择，不受原剧情约束，最终促成能够说明主题的效果。与表现蒙太奇相比，这是一种更注重理性、更抽象的蒙太奇形式。为了表达某种抽象的理性观念，往往生硬地摇进某些与剧情完全不相干的镜头。

2）反射蒙太奇。反射蒙太奇不像杂耍蒙太奇那样为表达抽象概念随意生硬地插入与剧情内容毫无关系的象征画面，其所描述的事物和用来比喻的事物同处一个空间，它们互为依存。或是为了与该事件形成对照，或是为了确定组接在一起的事物之间的反应，或是为了通过反射联想揭示剧情中包含的类似事件，以此作用于观众的感官和意识。

3）思想蒙太奇。思想蒙太奇是维尔托夫首创的，是把新闻影片中的文献资料加以重新编排表达一个思想。这种蒙太奇形式是一种抽象的形式，它只能表现一系列思想和被理智所激发的情感。观众冷眼旁观，在银幕和观众之间造成一定的“间离效果”，其参与完全是理性的。

五、Premiere 基本知识

Premiere 是一款常用的由 Adobe 公司推出的视频编辑软件。该软件编辑画面质量较

好，且有较好的兼容性，可与 Adobe 公司推出的其他软件相互协作。现在常用的是 CS4、CS5、CC2018 版本。目前这款软件广泛应用于广告制作和电视节目制作中。

1. Premiere 中的常用名词

在 Premiere 中进行影视编辑操作时，常用的术语名词如下。

1）动画。动画是指通过迅速显示一系列连续的图像而产生的动作模拟效果。

2）帧。帧是指视频或动画中的单个图像。

3）帧/秒（帧率）。帧/秒是指每秒被捕获的帧数或每秒播放的视频序列或动画序列的帧数。

4）关键帧（keyframe）。关键帧是指在一个素材中特定的帧，它被标记的目的是特殊编辑或控制整个画面。当创建一个视频时，在需要大量数据传输的部分指定关键帧，有助于控制视频回放的平滑程度。

5）导入。导入是指将一组数据置入一个程序的过程。文件一旦导入，数据将改变以适应新的程序，其数据源文件保持不变。

6）导出。导出是指在应用程序之间分享文件的过程，即将编辑完成的数据转换为其他程序可以识别、导入使用的文件格式。

7）转场效果。转场效果是指一个视频素材替代另一个视频素材的切换过程。

8）渲染。渲染是指在应用了转场效果和其他效果之后，将源信息组合成单个文件的过程，也就是输出影片。

9）非线性编辑。非线性编辑是组合和编辑多个视频素材的一种方式。在编辑过程中的任意时刻，用户都可以随机访问所有素材。

10）线性编辑。线性编辑是指只能按照视频播放的先后顺序进行编辑。例如，早期为录影带和电影添加字幕和对其进行剪辑的工作，就是使用线性编辑技术。

2. Premiere 的剪辑优势

1）Premiere 软件的各种特效较多，基本满足需要。

2）Premiere 软件的各种特效不仅可以同时重复使用，而且参数可以根据需要进行调整，这是其功能强大的主要表现，也是与其他视频编辑软件最主要的区别。

3）Premiere 软件可与视频特效制作软件 After Effects 完美结合，具有丰富的表现形式。

4）Premiere 软件的输出视频编码较为规范，适用性强，质量高。

Premiere 是视频编辑爱好者和专业人士必不可少的编辑工具。它可以提升用户的创作能力和创作自由度，是易学、高效的视频剪辑软件。Premiere 提供了采集、剪辑、调色、音频美化、字幕添加、输出、DVD 刻录等一整套流程，并与其他 Adobe 软件高效集成，足以使用户战胜在编辑、制作、工作流上遇到的所有挑战，满足用户创建高质量作品的要求。

子项目一

环境设置

本子项目通过三个任务的操作演示的介绍，全面讲解视、音频编辑制作过程中需要掌握的环境设置基础知识，介绍Adobe Premiere Pro CC 2018（简称Premiere 2018）界面、相关参数设置和视频剪辑合成的流程。

非线性编辑系统的出现与发展，不仅增加了影视制作的技术含量，也使影视制作变得更为简便。随着数字视频技术的日益发展，非线性编辑系统的优势也越来越明显。作为一款主流的非线性视频编辑软件，Premiere 2018具有编辑效率高、信号质量高、运行费用较低且易于实现网络化的优点。通过该软件可以轻松实现非线性编辑环境设置、素材导入及媒体输出等效果。

通过本项目的学习，读者可以了解Premiere 2018软件环境设置的基本流程，掌握Premiere 2018软件素材导入及媒体输出的基本编辑操作。

学习目标

知识目标

熟悉Premiere 2018界面的组成及其功能。

掌握各类素材导入的基本方法。

掌握视、音频媒体输出的基本方法。

能力目标

能用Premiere 2018软件进行操作环境设置。

能用Premiere 2018软件导入各类媒体素材。

能用Premiere 2018软件输出媒体。

素质目标

培养学生计划学习、自主学习及团队创新的能力。

任务一　设置工作环境

任务说明

根据不同视频文件的需要，预先设置好与其对应的工作环境。通过设置工作环境，用户可以选择不同的视频制式、画面比例及声音环境。

知识准备

电视的制式分为 PAL 制、NTS 制 SECAM 制三种。中国使用 PAL-D 制，日本、韩国、东南亚地区以及美国等欧美国家一般使用 NTSC 制，俄罗斯使用 SECAM 制。在中国市场上买到的按正规流程进口的电视产品都是 PAL 制。

任务实施

Premiere 2018 软件设置与其他基础软件设置的不同之处在于：用户需要在进入界面之前进行基本环境参数的设置。在实施任务之前，需要根据视频输出的实际需求进行环境参数的设置。实施任务时，用户可以在设置好的工作环境中进行整体素材的剪辑。

1. 任务效果

设置电子相册工作环境的过程和任务效果，如图 1.1.1～图 1.1.3 所示。

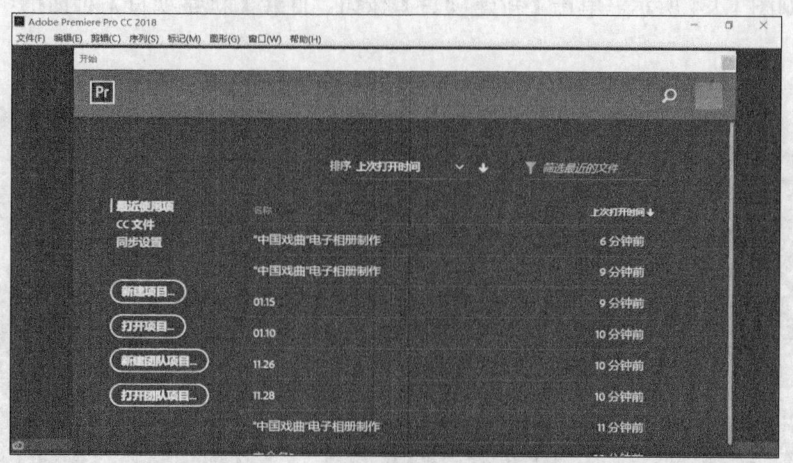

图 1.1.1　设置电子相册工作环境的过程（一）

2. 任务分析

视频剪辑项目需要用 Premiere 2018 软件进行设置。在实施任务之前，需要掌握线性编辑及非线性编辑的基础知识，掌握镜头组接基本原理，熟悉 Premiere 2018 界面的组成及其功能。实施任务时，首先需要设置好工作环境，接着导入素材，然后根据要求

进行剪辑，最后输出媒体。

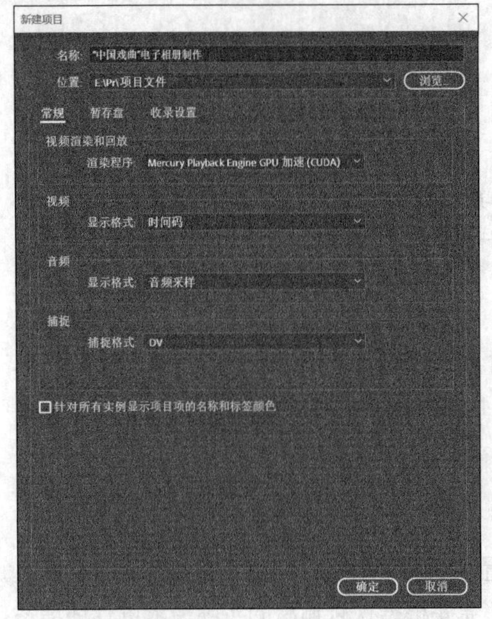

图 1.1.2 设置电子相册工作环境的过程（二） 图 1.1.3 设置电子相册工作环境任务效果

3. 操作步骤

1）双击桌面快捷图标，或选择【开始】菜单中的 Premiere 2018 程序，打开程序启动窗口，如图 1.1.4 所示。单击【新建项目】按钮，打开【新建项目】对话框，如图 1.1.5 所示。

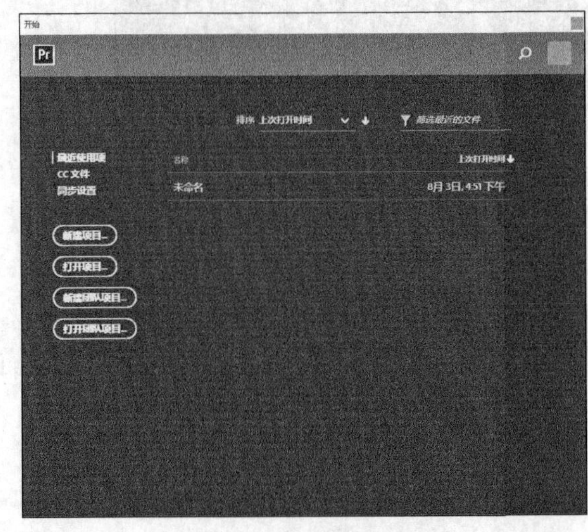

图 1.1.4 启动窗口

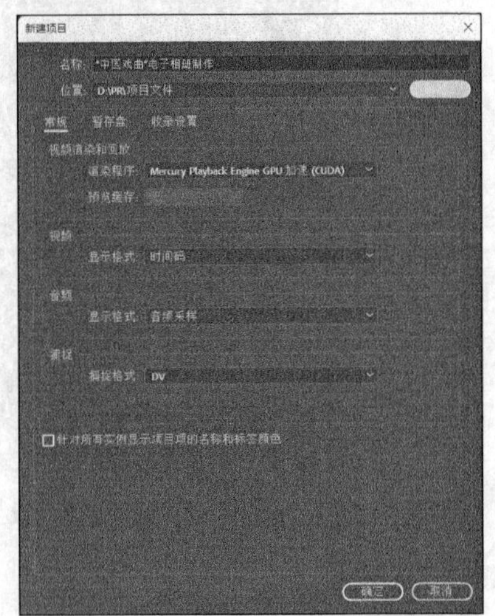

图 1.1.5 【新建项目】对话框

2）单击【浏览】按钮，选择文件保存位置，如图 1.1.6 所示。

3）如图 1.1.7 所示，选择【文件】→【新建】→【序列】命令，打开【新建序列】

对话框（图 1.1.8），可以根据需要选择视音频编辑选项。由于我国采用的是 DV-PAL 制，一般情况下，在新建项目时大多选择 DV-PAL 制中的标准 48kHz 模式。用户还可以在【设置】选项卡中对更详细的内容进行自定义设置。

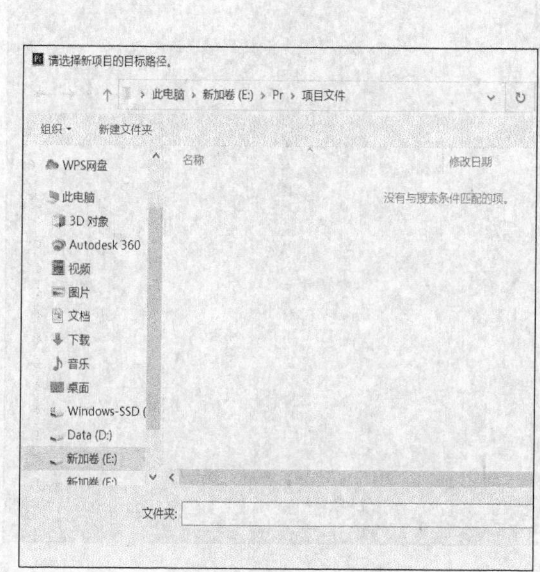

图 1.1.6　文件保存位置

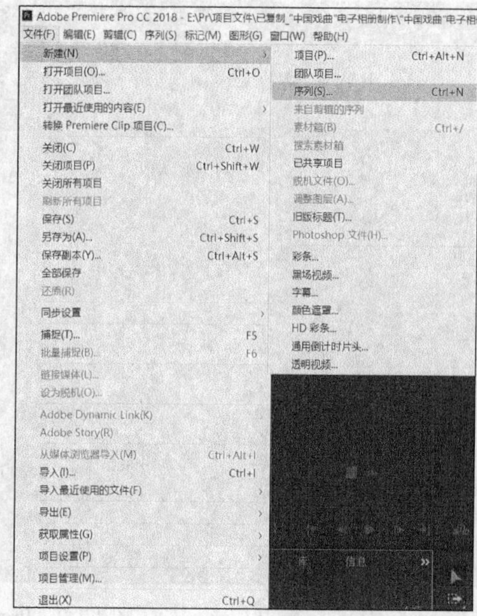

图 1.1.7　新建序列

图 1.1.8　【新建序列】对话框

4）单击【确定】按钮，打开 Premiere 2018 工作窗口，如图 1.1.9 所示。该窗口由项目面板、素材监视器面板、节目监视器面板、序列面板、效果面板、工具面板等构成。

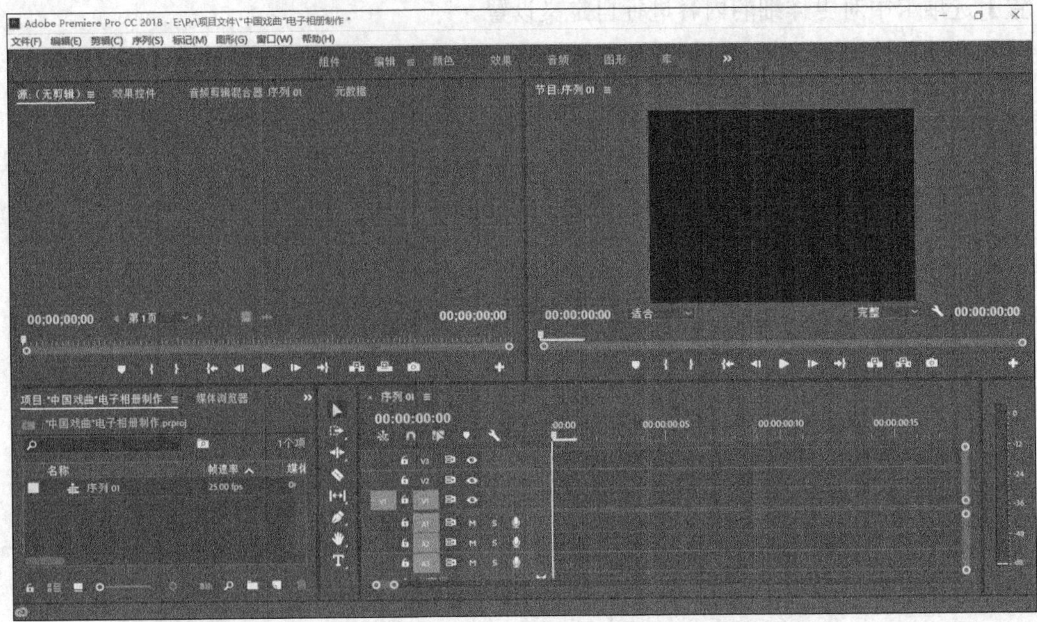

图 1.1.9　Premiere 2018 工作窗口

5）认识界面。

① 项目面板。项目面板主要用于导入、存放和管理素材，如图 1.1.10 所示。它可用多种方式显示素材，包括素材的缩略图、名称、类型、颜色标签、出入点信息等。此外，它也可以对素材进行分类和重新命名，还可以新建序列、离线文件、字幕、彩条、黑场等素材。在项目面板左上方的小预览窗口中，还可以对选择的素材进行预览。

② 素材监视器面板。在工作窗口双击某一素材即可激活并使用素材监视器面板，如图 1.1.11 所示。可以使用该面板对原始素材进行预览，完成设置入点、出点等初步编辑工作，然后将素材插入序列面板的指定位置。

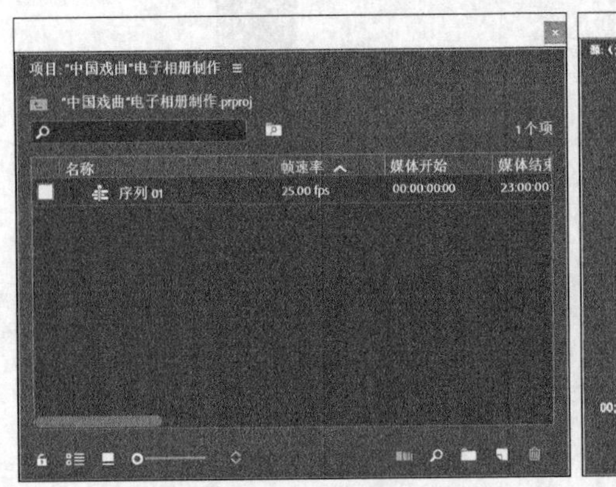

图 1.1.10　项目面板

图 1.1.11　素材监视器面板

③ 节目监视器面板。节目监视器面板（图 1.1.12）可以对编辑的项目进行合成预览，也就是在时间线上编辑的结果会在该面板中实时显示。此外，它还可以利用多种示波器显示相关信息。

④ 序列面板。序列面板（图 1.1.13）是视频编辑最重要的核心面板，影片的编辑操作就是通过该面板实现的。视频轨道默认为 3 条，用户可以根据需要插入多条轨道。当显示图标（眼睛）处于打开状态时，该视频轨道为可见状态。当视频轨道处于锁定状态时，该视频不可被编辑。

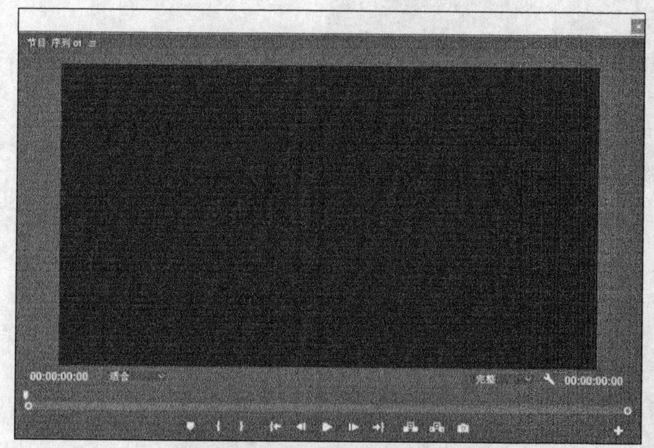

图 1.1.12　节目监视器面板

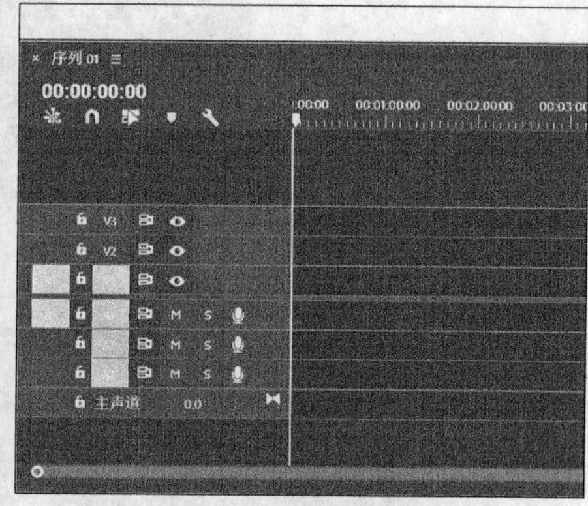

图 1.1.13　序列面板

⑤ 效果面板。效果面板中包含各种音频特效、视频特效、音频转场特效、视频转场特效和预置特效，如图 1.1.14 所示。

⑥ 效果控件面板。在为某个素材添加特效后，就要在效果控件面板（图 1.1.15）中对特效参数进行调整，同样也可以在该面板设置特效动画关键帧。

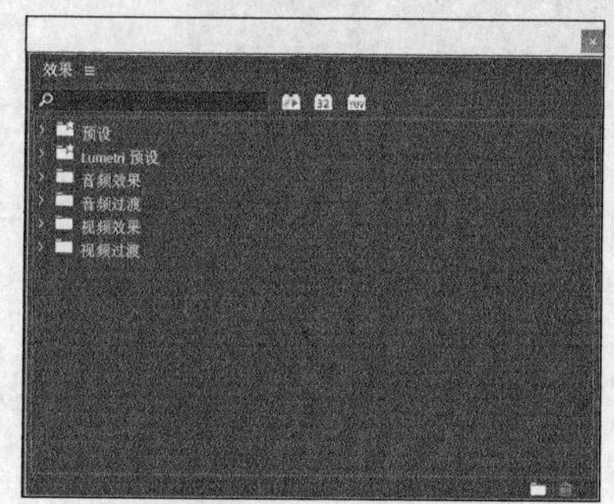

图 1.1.14　效果面板

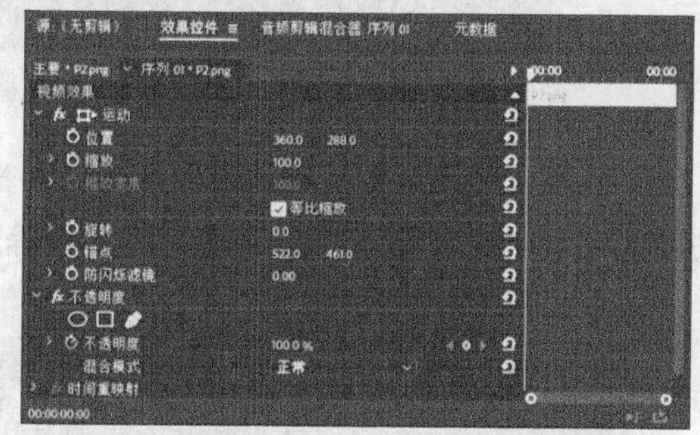

图 1.1.15　效果控件面板

⑦ 音频剪辑混合器面板。音频剪辑混合器面板（图 1.1.16）是 Premiere 2018 音频功能的关键所在。许多混合音频、调整音频增益和录音等工作都是由它完成的，素材音频也可以通过音频效果控件进行设置，如图 1.1.17 所示。

⑧ 信息面板。当项目面板、素材监视器面板的某一个素材处于被选中状态时，就会在信息面板中显示相关信息，包括被选中素材的名称、类型、时间长度、画面大小、帧率和当前时间信息等，如图 1.1.18 所示。

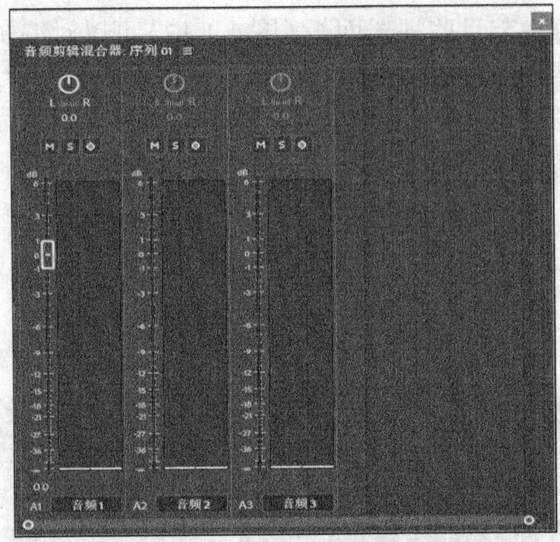

图 1.1.16 音频剪辑混合器面板

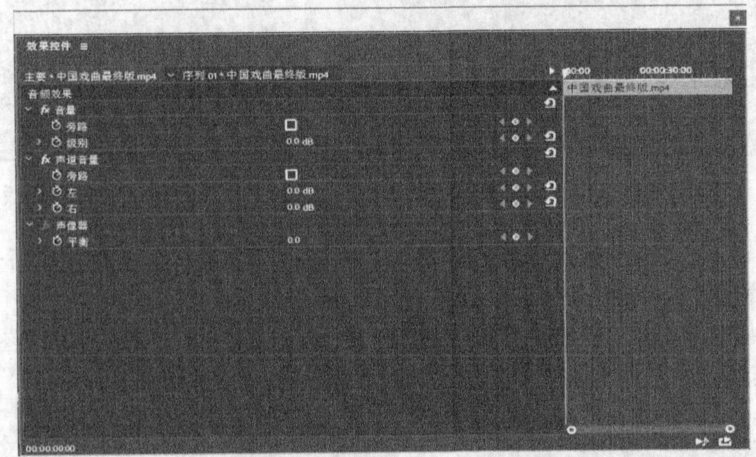

图 1.1.17 音频效果控件面板

⑨ 工具面板。在工具面板中存放着各种常用的编辑工具，这些工具主要用于序列面板的编辑操作，如选择、轨道选择、裁切等，如图 1.1.19 所示。

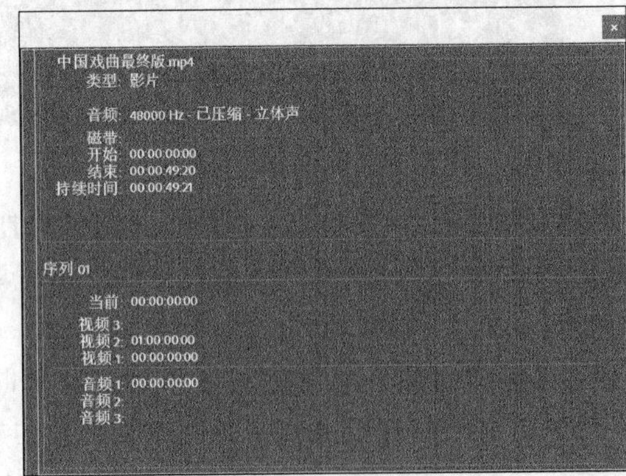

图 1.1.18 信息面板

图 1.1.19 工具面板

6）Premiere 2018 工具介绍。

① 选择工具。使用该工具可以选择序列面板中的素材片段并移动；如果需要选择多个素材，就可以配合 Shift 键使用。将选择工具指向素材，当鼠标指针变成┫时可以改变素材大小。

② 轨道选择工具。可将整个轨道作为一个整体进行选择。要选择一个轨道中的所有素材，只需在该轨道前面单击即可。

注意：按住 Shift 键，当鼠标指针变成两个箭头时可以选择多个轨道。

③ 波纹编辑工具。只改变当前素材的入点和出点，不改变其他素材的入点和长度，节目总时间会发生改变。如果将光标置于素材不可用的位置，光标就显示为红色斜线箭头；若将光标置于素材尾端，则可改变素材长度和视频总长度。

④ 滚动编辑工具。相邻节目总长度不变，只改变两个素材的接点位置。如果将光标置于素材不可用的位置，就会出现红色斜线箭头；若将光标置于两个相邻素材的中间，则可改变两个素材的大小，但总长度不变。

⑤ 比例伸展工具。使用该工具可以调整素材本身的播放速度或持续时间，放置在素材后面可以改变素材的播放速度。

⑥ 剃刀工具。剃刀工具是视频剪辑中重要的工具之一。它可将一个素材分解成几段，也可将多个素材同时分解。具体操作方法是将素材竖向排列，按住 Shift 键将任意素材切下（不可对锁定的轨道进行裁切）。

⑦ 滑动工具。使用该工具编辑会改变当前素材的入点或出点，但不改变其他素材的入点或出点和持续时间，节目总长度保持不变。

⑧ 幻灯片工具。使用该工具对当前素材进行调整时，不会改变当前素材的入点或出点和持续时间，但会同步改变当前素材左侧素材的出点及右侧素材的入点，节目总长度保持不变。

⑨ 钢笔工具。使用该工具可以在时间线上添加关键帧。

⑩ 手动工具。使用该工具可以移动显示屏画面。

⑪ 放大工具。使用该工具可以放大或缩小序列面板中的时间显示刻度。选择放大工具后单击，时间显示刻度放大；按住 Alt 键单击，时间显示刻度缩小。

⑫ 文字工具。使用该工具可以添加文字字幕。

任务二　素材的导入

任务说明

通过软件进行素材剪辑，需要先将准备好的素材导入软件中，【导入】命令可以通过文件菜单、快捷菜单等多种操作方式进行选择。导入素材的格式及具体形式也要根据用户需要进行不同的操作。

知识准备

Premiere 2018 可以导入多种格式文件，包括常用格式的视频、音频和静帧图像及项目文件。

视频格式包括 AVI、FLV、F4V、MP4、QuickTime Movie、MPEG、MPEG-1、MPEG-2、MTS AVCHD、SFW、VOB、WMV Windows Media。

图像和图像序列格式包括 BMP、GIF、JPEG（JPE、JPG、JFIF）、PNG、PSD、TGA、TIF。

软件项目文件格式包括可以导入另一个 Premiere Pro 的项目文件或早期版本的项目文件。

任务实施

在视频剪辑过程中，多数素材都是独立的文件，如图片、视频、声音等。这种文件可以通过单个素材导入方法导入软件中进行编辑。

1. 任务效果

素材导入效果图如图 1.1.20 所示。

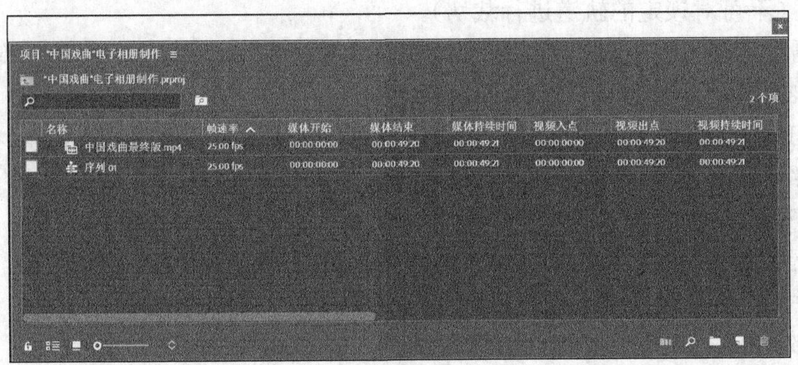

图 1.1.20　素材导入效果图

2. 任务分析

素材的导入是视频剪辑过程中的基本操作方法。实施任务时，首先需要选择【导入】命令，然后选择素材路径，最后单击【确定】按钮即可。

3. 操作步骤

1）选择【文件】菜单中的【导入】命令；或双击项目面板空白处；也可右击项目面板空白处，在弹出的快捷菜单中选择【导入】命令。这三种方式均可打开【导入】对话框。

2）在需要导入的素材所在文件夹中选择需要导入的素材，单击【打开】按钮，即可将选中的素材导入节目库中，如图 1.1.21 所示。

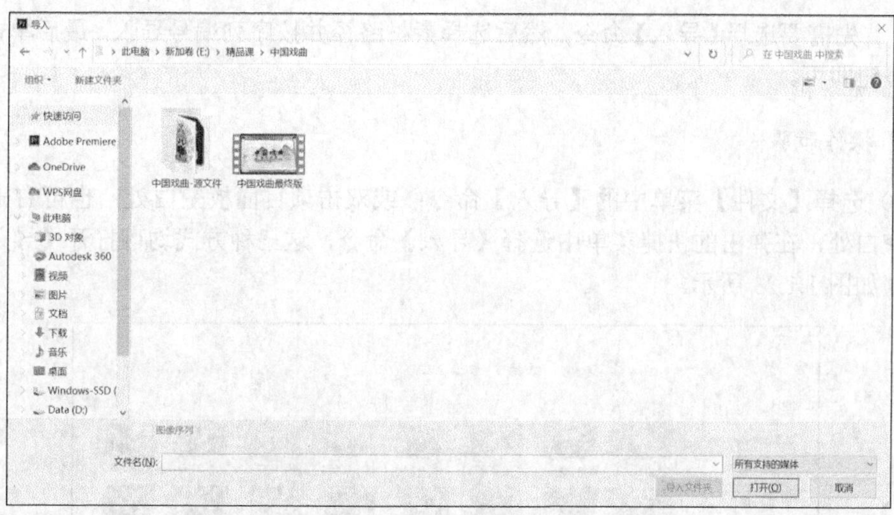

图 1.1.21　导入素材对话框

拓展链接

一、序列图片的导入

在非线性编辑中导入静帧序列较为常见。序列文件一般是为了保存图像通道的信息而输出的，将这些带有统一编号的静帧图片作为序列文件进行保存，可以完整保留视频信息的原始状态。

1. 任务效果

序列图片导入效果图如图 1.1.22 所示。

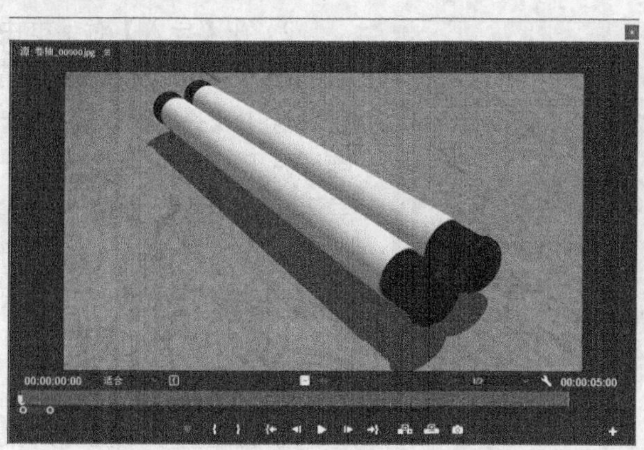

图 1.1.22　序列图片导入效果图

2. 任务分析

序列图片的导入是将视频剪辑过程中的序列图片转为视频的基本操作方法。实施任

务时，首先需要选择【导入】命令，然后选择素材路径并按序列编号导入，最后单击【确定】按钮即可。

3. 操作步骤

1）选择【文件】菜单中的【导入】命令；或双击项目面板空白处；也可右击项目面板空白处，在弹出的快捷菜单中选择【导入】命令，这三种方式均可打开【导入】对话框，如图 1.1.23 所示。

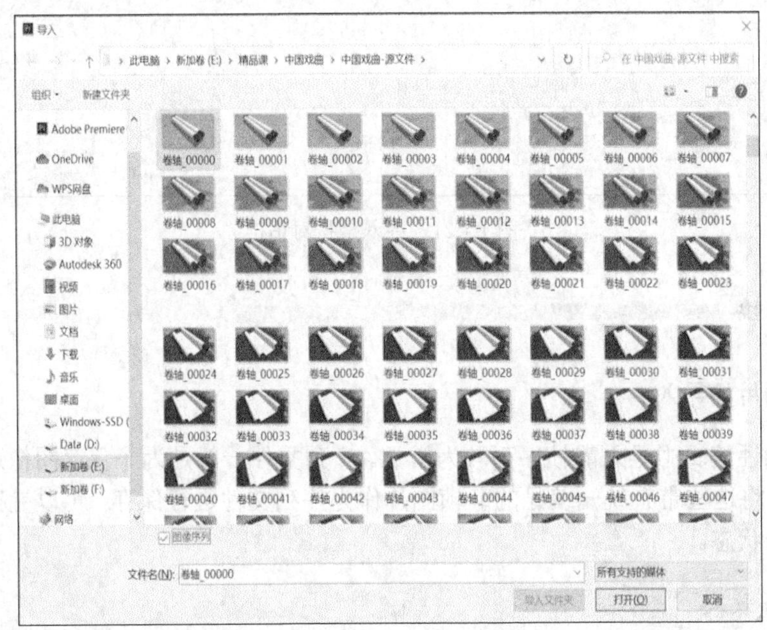

图 1.1.23 导入图像序列对话框

2）在【导入】对话框中，导入的素材是一系列静帧图片。若选中序列静帧图片的第一张，同时选中【图像序列】复选框，则从选中的静帧图片开始到序列的最后一张静帧图片全部被导入项目面板，如图 1.1.24 所示。

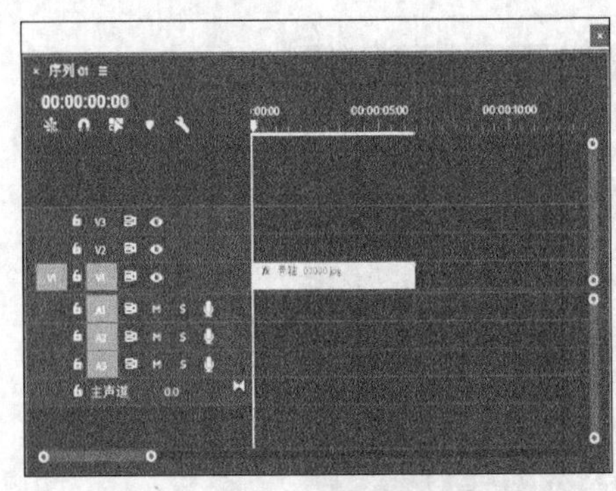

图 1.1.24 序列图片导入视频

3）将导入的素材放置于序列面板 V1 视频轨道，素材以视频形式显示。

二、文件夹的导入

素材也可以通过导入文件夹的方式导入软件中。这种导入文件夹的方法可以将多个素材快速地导入，便于对素材进行管理。

1. 任务效果

文件夹导入效果图如图 1.1.25 所示。

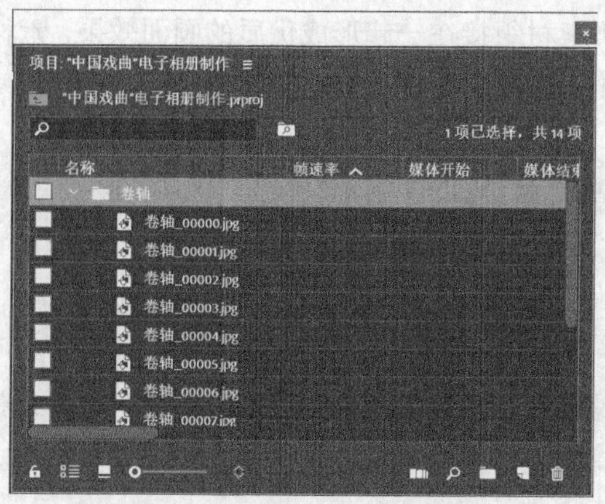

图 1.1.25　文件夹导入效果图

2. 任务分析

文件夹的导入是视频剪辑过程中大批量导入素材的操作方法。实施任务时，首先需要在项目面板中选择【导入】命令，然后选择素材路径并按文件夹导入，最后单击【确定】按钮即可。

3. 操作步骤

1）选择【文件】菜单中的【导入】命令；或双击项目面板空白处；也可右击项目面板空白处，在弹出的快捷菜单中选择【导入】命令，这三种方式均可打开【导入】对话框。

2）选中需要导入的素材文件夹，单击【导入文件夹】按钮，即可将选中的文件夹导入节目库中，如图 1.1.26 所示。

图 1.1.26　导入文件夹

视频剪辑是将各类素材组接在一起形成优质的画面效果，素材的导入是视频剪辑的基础，导入素材方式不当会降低影视剪辑的制作效率。

任务三 媒体的保存与输出

任务说明

在视、音频剪辑过程中，需要及时对文件进行保存以避免文件丢失。同时，制作好的文件也需要通过媒体输出供用户观看。

知识准备

在新建项目前，最好使用视频播放器打开要导入的视频，并查看其长和宽。在新建项目时，应该按照此长宽进行设置，根据文件大小设置好相应参数。

任务实施

一、媒体的保存

在编辑过程中，对于没有制作完成或者有待修改的文件，可以通过文件的保存对正在编辑的文件进行保存、复制操作。

1. 任务效果

媒体保存效果图如图 1.1.27 所示。

图 1.1.27 媒体保存效果图

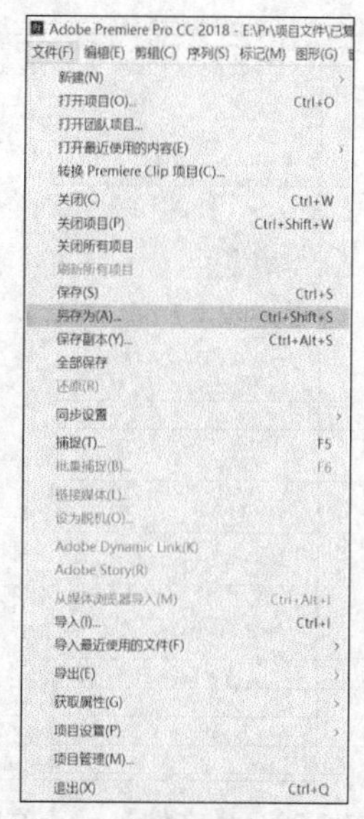

图 1.1.28　【文件】菜单-【另存为】命令

2. 任务分析

媒体的保存是视频剪辑过程中必不可少的一部分。实施任务时，首先需要选择【保存输出】命令，然后单击【确定】按钮即可。这种保存方式通常需要保证素材的位置不发生变化。

3. 操作步骤

媒体的保存通常使用以下两种方法。

方法一

1）选择【文件】菜单中的【保存】命令或【另存为】命令，如图 1.1.28 所示。

2）选择【另存为】命令，打开【保存项目】对话框，如图 1.1.29 所示。

3）选择合适的文件保存位置，单击【保存】按钮。

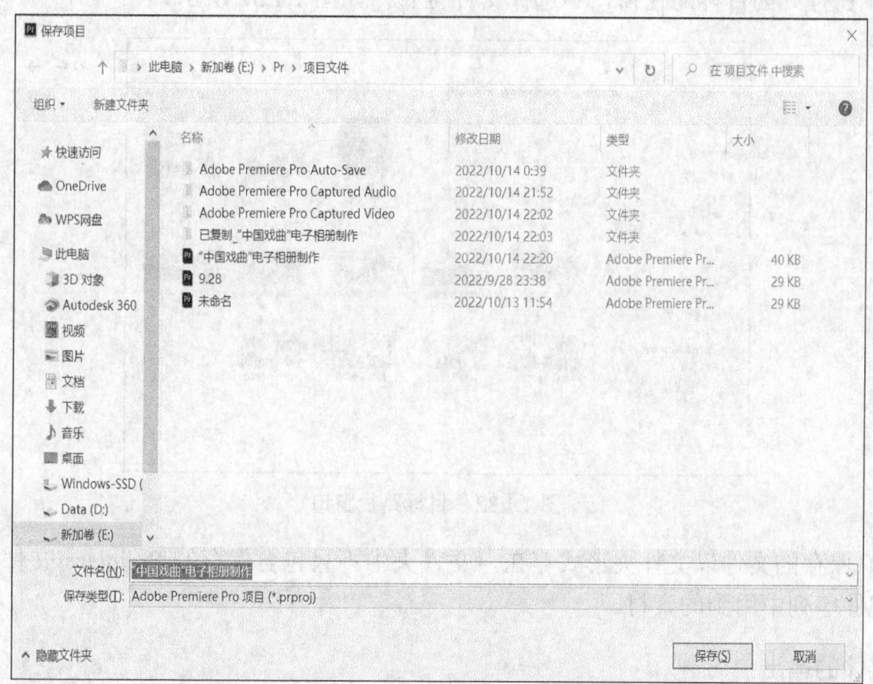

图 1.1.29　【另存为】对话框

方法二

1）选择【文件】菜单中的【项目管理】命令，如图 1.1.30 所示。

2）在打开的【项目管理器】对话框中单击【浏览】按钮，如图 1.1.31 所示。

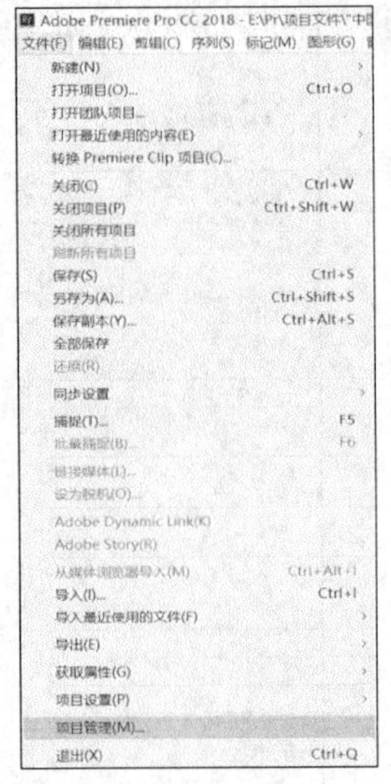
图 1.1.30 【文件】→【项目管理】命令

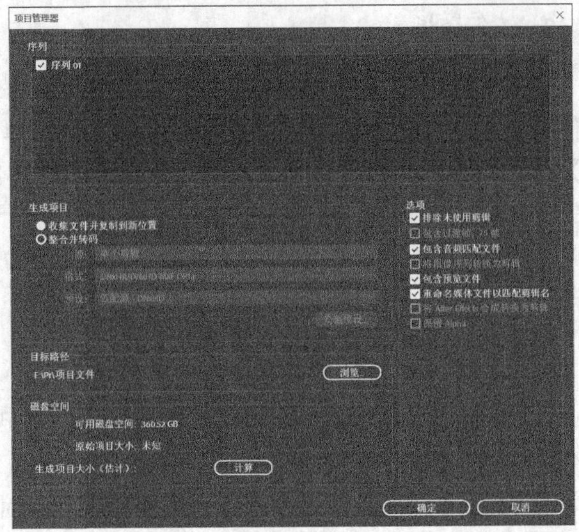
图 1.1.31 【项目管理器】对话框

3）在打开的目标路径窗口中选择文件位置，如图 1.1.32 所示。

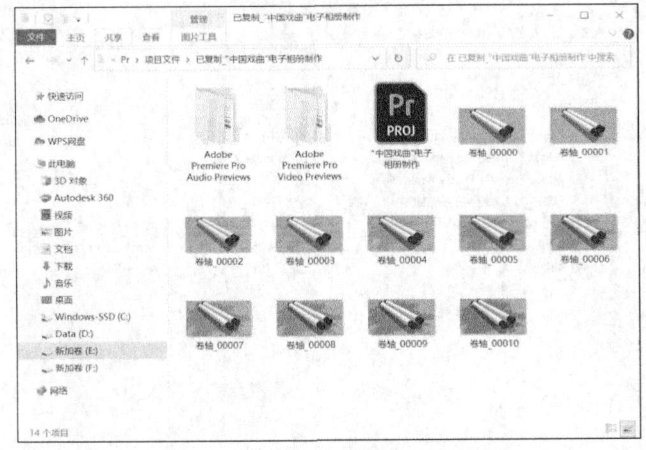
图 1.1.32 目标路径窗口

4）保存的文件以文件夹形式存在，文件夹中不只包含保存的 Premiere 文件，还包含该文件序列中用到的素材。

二、媒体的输出

媒体的输出是视频剪辑的一个重要环节。剪辑后的文件最终都要生成相应格式的视频，以供不同场所播放。用户可以根据不同需要输出相应格式的视频文件。

1. 任务效果

媒体输出效果图如图 1.1.33 所示。

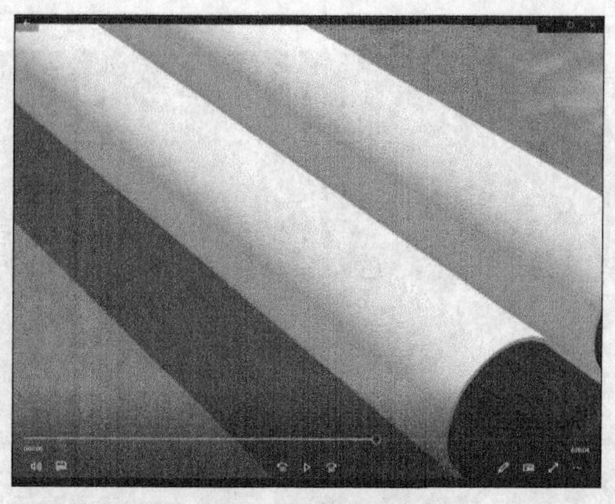

图 1.1.33　媒体输出效果图

2. 任务分析

媒体的输出是视频剪辑过程中必不可少的一部分。实施任务时，首先需要选择【保存输出】命令，然后单击【确定】按钮即可。

3. 操作步骤

1）选择【文件】菜单中的【保存】命令或【另存为】命令。选择【另存为】命令，打开【保存项目】对话框（输出前要先对文件进行保存，以免在输出过程中出现机器故障，导致操作步骤丢失）。

2）在视、音频编辑完成后，选择【文件】→【导出】→【媒体】命令，打开【导出设置】对话框，进行时间线输出，如图 1.1.34、图 1.1.35 所示。

图 1.1.34　选择“媒体”命令

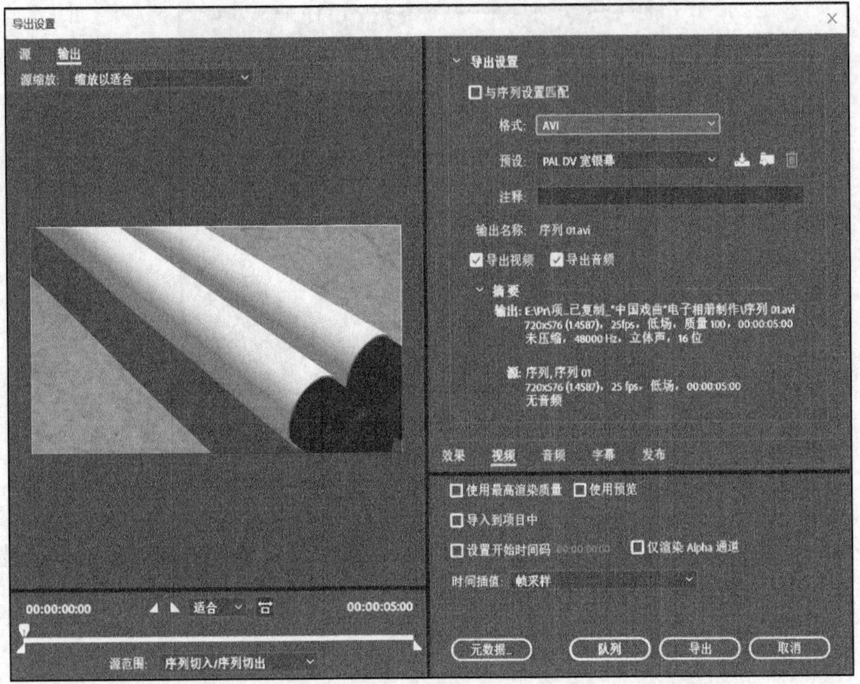

图 1.1.35 【导出设置】对话框

3）用户根据实际需要设置相应的视频参数，如图 1.1.36 所示。

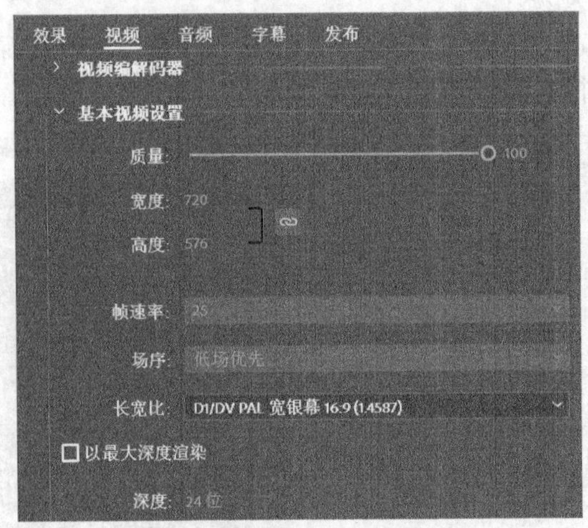

图 1.1.36 设置导出视频参数

4）单击【输出名称】后面的超链接，打开【另存为】对话框，根据需要选择文件保存位置，如图 1.1.37 所示。

5）单击【导出】按钮进行文件渲染。

6）输出音频文件时，先要在【导出设置】对话框中将【格式】设置为 MP3，然后单击【输出名称】后面的超链接，根据需要选择文件保存位置，最后单击【导出】按钮进行文件渲染，即可实现 Premiere 音频文件的导出，如图 1.1.38 所示。

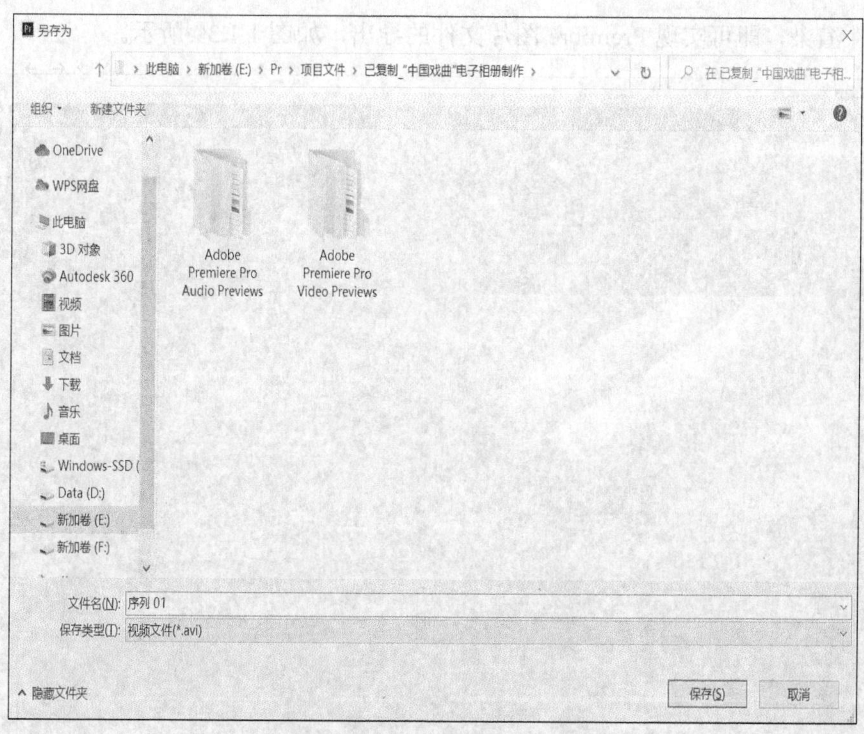

图 1.1.37　选择文件保存位置

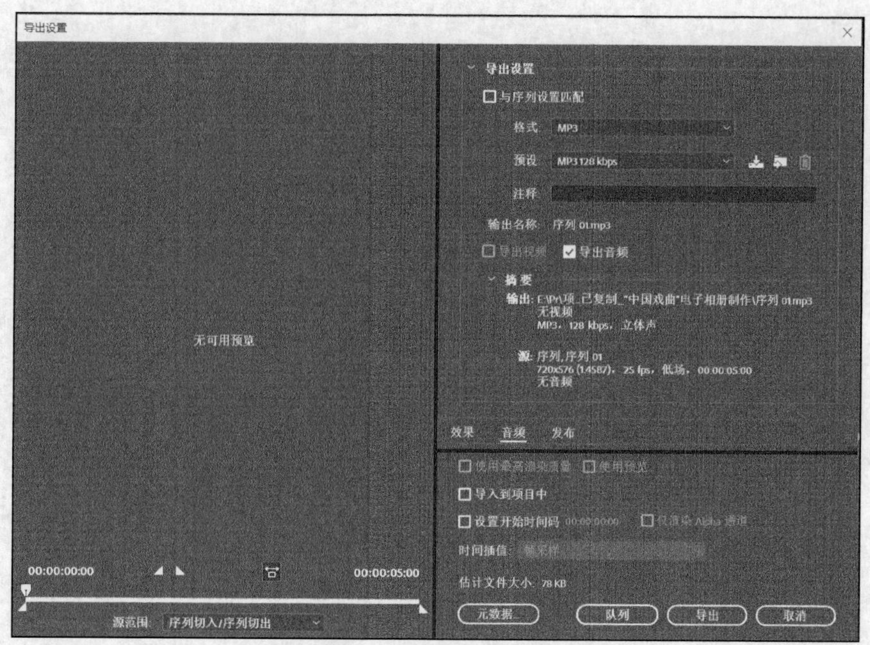

图 1.1.38　音频文件导出设置

7）输出图片文件时，先要在【导出设置】对话框中将【格式】设置为 JPEG，然后单击【输出名称】后面的超链接，根据需要选择文件保存位置，最后单击【导出】按钮进行文件渲染，即可实现 Premiere 图片文件的导出，如图 1.1.39 所示。

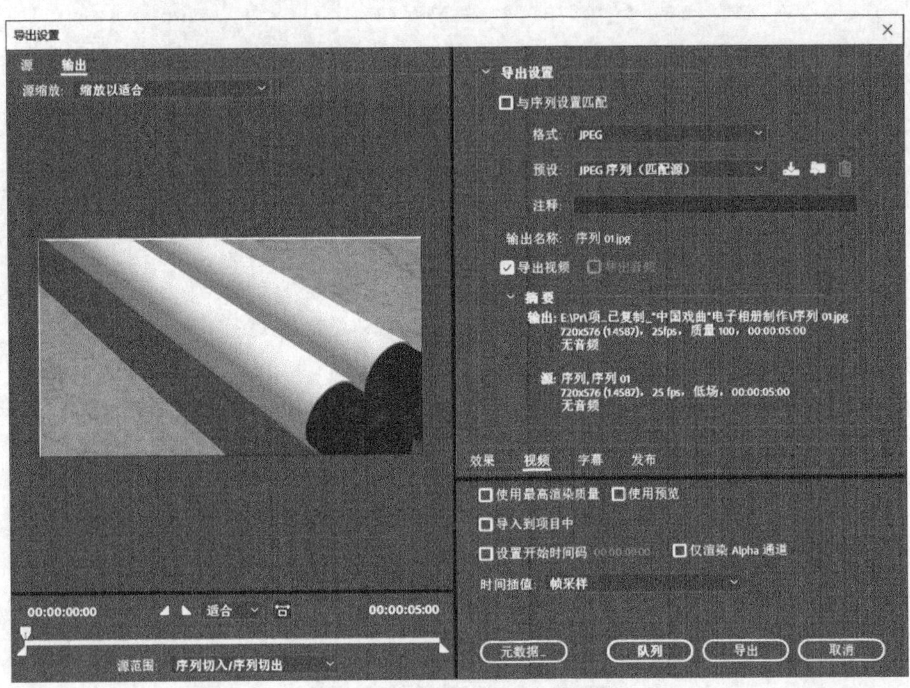

图 1.1.39　图片文件导出设置

子项目二

相册剪辑

Premiere 2018 是视频剪辑软件中一款主流的非线性视频编辑软件，通过软件设置可以进行三点编辑、四点编辑、素材的移动及镜头的快慢设置等。通过本子项目的学习，读者可以了解利用 Premiere 2018 软件进行简单剪辑制作的基本流程，掌握 Premiere 2018 软件的基本操作，实现镜头剪辑快速上手，从而可以进行简单的视频编辑制作。

学习目标

知识目标

掌握 Premiere 2018 软件中镜头组接的基本原理及方法。

掌握序列面板的组成及功能。

掌握设置快慢镜头、倒带镜头的基本原理。

掌握素材的移动、复制和粘贴及粘贴插入、属性粘贴的设置方法。

掌握序列面板中素材的替换方法。

掌握视、音频素材的组合与分离原理。

掌握处理视、音频素材的方法。

能力目标

能用 Premiere 2018 软件进行三点编辑、四点编辑。

能用 Premiere 2018 软件设置快慢镜头、倒带镜头。

能用 Premiere 2018 软件进行素材的移动、复制和粘贴及粘贴插入、属性粘贴。

能在序列面板中进行素材的替换、组合与分离。

素质目标

培养学生自主学习、主动探究的能力。

任务一 三点编辑

任务说明

三点编辑是视频剪辑过程中常见的剪辑方法，主要通过设置入、出点对素材进行快速编辑。此方法能够快速提高剪辑效率。

知识准备

三点编辑和四点编辑都是对原始素材进行设置的剪辑方法。三点或四点是指素材入点和出点的个数。只有将几段素材进行剪辑，才能在时间线上形成连续情节的影片。若在原有的序列上插入或替换一段新的素材，则要涉及四个点，即素材的入点、出点和在时间线上插入或覆盖的入点、出点。若采用三点剪辑，则要先确定其中的三个点，第四个点由软件计算得出，从而确定这段素材的长度和所处的位置。

任务实施

1. 任务效果

三点编辑效果图如图 1.2.1 所示。

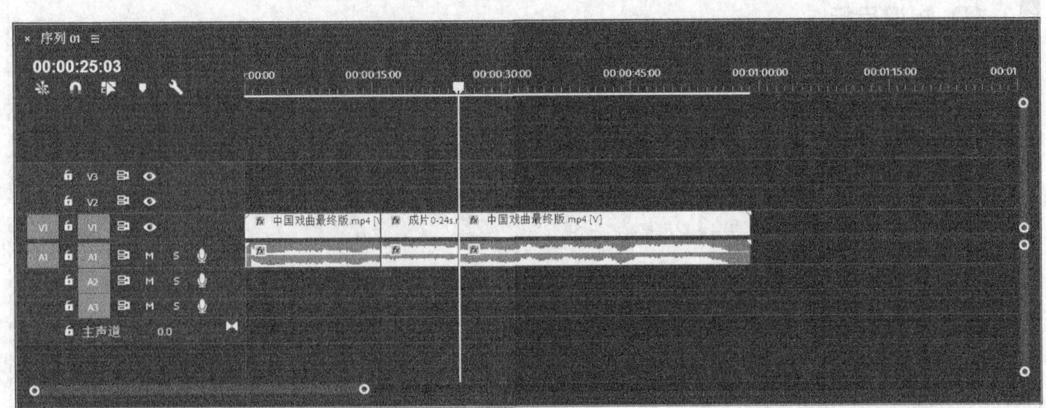

图 1.2.1　三点编辑效果图

2. 任务分析

三点编辑是视频剪辑的基本操作方法。实施任务时，首先需要在素材监视器面板中设置入点和出点，然后在序列面板中设置入点和出点，最后将原始素材的片段插入或覆盖到时间线上。

3. 操作步骤

1）在项目面板中选择一个素材，在素材监视器面板中预览，单击素材监视器面板中的【设置入点】按钮，在 15 帧处设置入点，如图 1.2.2 所示。在项目面板中选择一个素材在素材监视器面板中预览，单击【设置出点】按钮，在 27 秒 4 帧处设置出点，如图 1.2.3 所示。

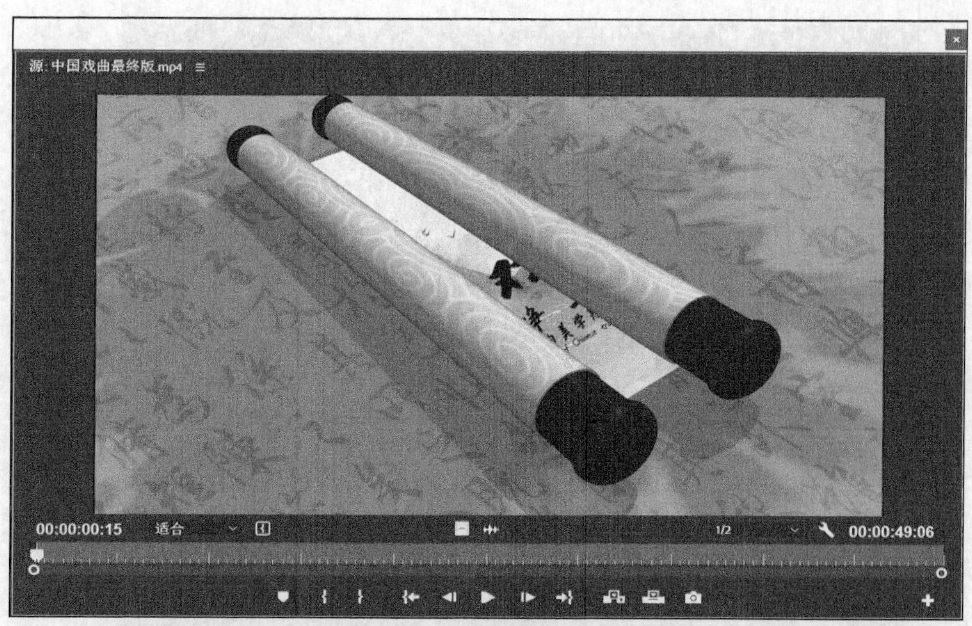

图 1.2.2　在素材监视器面板中设置入点

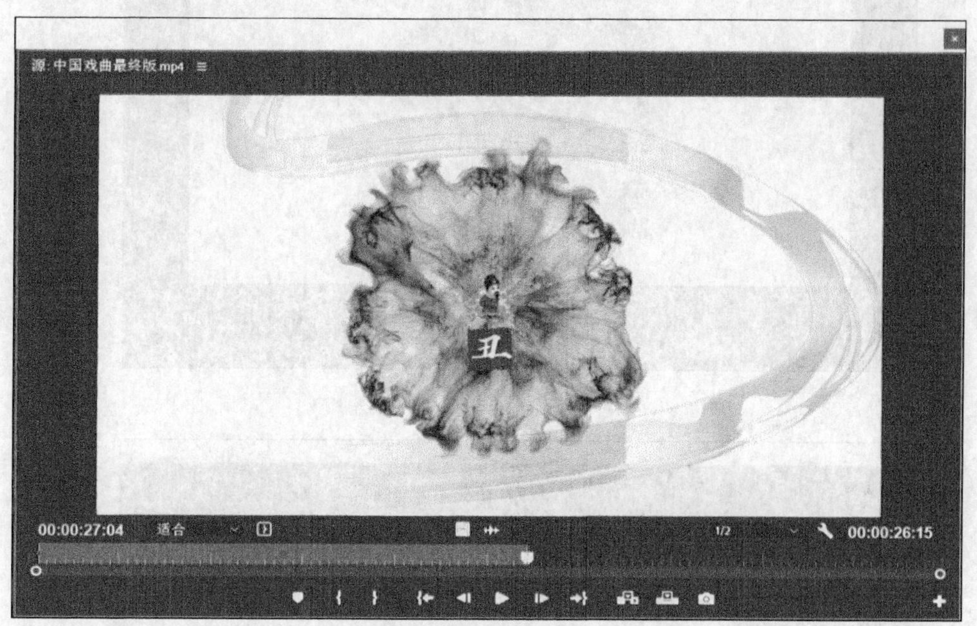

图 1.2.3　在素材监视器面板中设置出点

2）在节目监视器面板中单击【设置入点】按钮，在 8 秒 19 帧处设置入点，如图 1.2.4（a）所示。单击【设置出点】按钮，在 12 秒 17 帧处设置出点，如图 1.2.4（b）所示。在序列面板上入点、出点之间的区间被阴影覆盖，如图 1.2.4（c）所示。

（a）设置入点

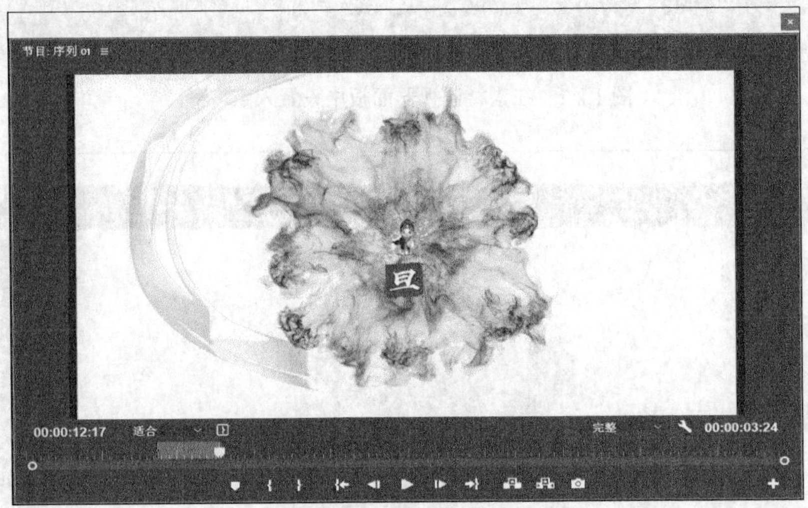

（b）设置出点

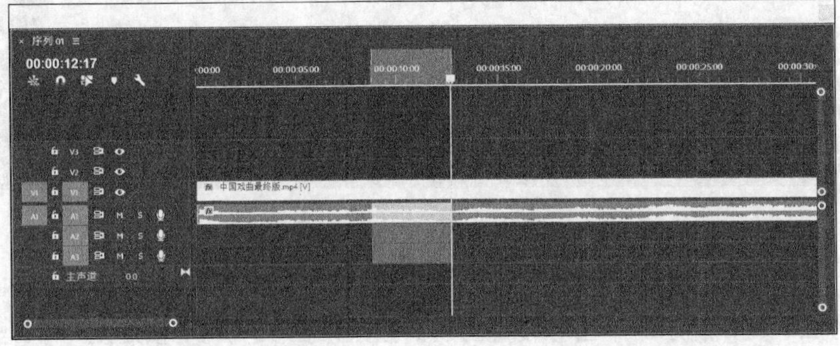

（c）入、出点区间

图 1.2.4　设置入、出点的节目监视器面板和序列面板

3）单击素材监视器面板下方的【覆盖】按钮，在序列面板中可以看到，素材监视器面板中入点之后的素材覆盖了节目监视器面板中入、出点之间的素材，但序列面板中所有素材的总长度不会改变，如图 1.2.5 所示。

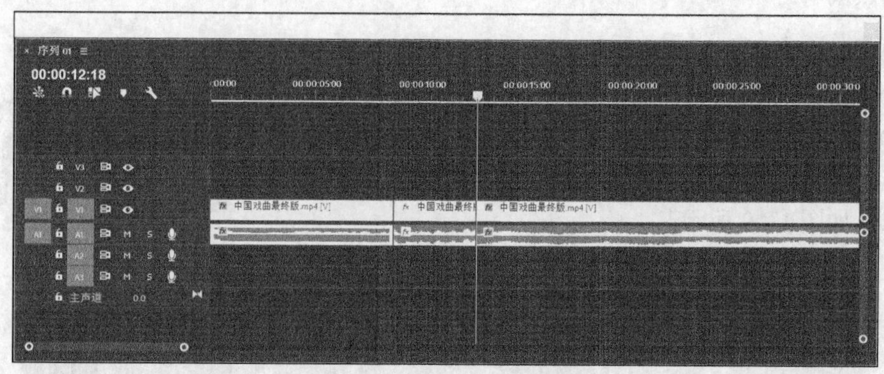

图 1.2.5　三点编辑序列面板

如果原始素材源长度比目标更短，就会打开一个【适合剪辑】对话框。在该对话框中，可以根据需要进行设置，然后单击【确定】按钮，如图 1.2.6 所示。

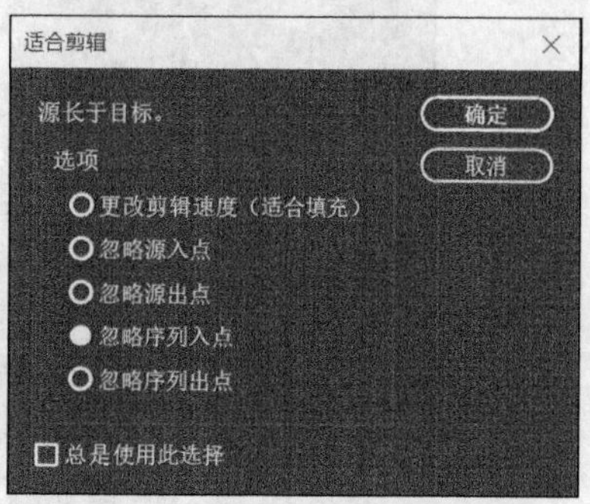

图 1.2.6　【适合剪辑】对话框

【适合剪辑】对话框中各选项定义如下：

更改剪辑速度（适合填充）：改变素材的速度以适应节目监视器面板中设定的长度。

忽略源入点：修整素材的入点以适应节目监视器面板中设定的长度。

忽略源出点：修整素材的出点以适应节目监视器面板中设定的长度。

忽略序列入点：忽略节目监视器面板中设定的入点，效果在序列面板中可见，如图 1.2.7 所示。

忽略序列出点：忽略节目监视器面板中设定的出点。

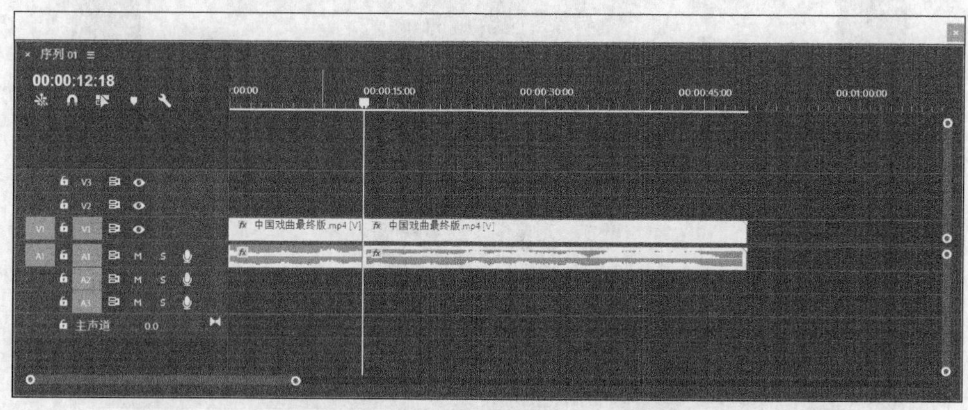

图 1.2.7　忽略序列入点后的效果在序列面板中可见

拓展链接

四点编辑

四点编辑是在素材监视器面板和节目监视器面板中分别标记入点和出点。

1）拖动一个素材到序列面板，双击素材使其在素材监视器面板中显示。

2）在素材监视器面板中的 20 帧处和 1 秒 11 帧处分别设置入点与出点，如图 1.2.8 所示。在节目监视器面板中的 4 秒处和 5 秒 15 帧处分别设置入点与出点，如图 1.2.9 所示。

图 1.2.8　设置入、出点的素材监视器面板

图 1.2.9　设置入、出点的节目监视器面板

3）单击素材监视器面板下方的【覆盖】按钮。如果两对标记之间的持续长度不一样，就会打开【适合剪辑】对话框。为了适配入点与出点之间的长度，可以根据需要进行设置。

三点编辑和四点编辑虽然是传统的概念，但是在非线性编辑软件中的使用率也非常高。通常情况下，使用者为了方便操作，一般不进行四点编辑（很难打准四个点），三点编辑较为常用。

任务二 设置快慢镜头

任务说明

本任务主要通过改变素材的长度实现用户所需的快镜头或慢镜头效果。

知识准备

快镜头是指拍摄影片或电视片时，运用慢速摄影方法进行拍摄，再用正常速度放映或播放，从而产生人、物的动作速度比实际快的效果。慢镜头是与快镜头相反的操作设置。

正常情况下，电影放映机和摄影机的转换频率是同步的，即每秒拍 24 幅，放映时也是每秒 24 幅，这时银幕上出现的是正常速度。若摄影师在拍摄时减慢拍摄频率使其小于每秒 24 幅，则放映时银幕上出现了快动作，又叫作快镜头。如果快动作镜头运用得当，就会产生一种夸张的喜剧性效果。例如，用每秒拍 4～6 幅画面的拍摄频率给一匹跑得很慢的马拍电影，再用每秒 24 幅的正常速度放映，银幕上会出现马跑得飞快的画面。相反地，如果加快拍摄频率，如每秒拍 48 幅，放映时仍为每秒 24 幅，那么银幕上就会出现慢动作，又叫作慢镜头。慢镜头在影视造型中具有特殊的意义。它能够人为延缓动作节奏，延长动作时间，使观众能够看清在正常情况下看不清的一些动作过程。因此，普多夫金称慢镜头是“时间的特写”，是一种有意识引导观众注意力的方法。

在运用 Premiere 制作视频过程中，通常会遇到镜头不再保持原有速度的情况。例如，有时需要通过一个快镜头表现效果，有时需要通过一个慢镜头表现效果，这时，只需对原来百分之百的速度值进行修改。数值越小，镜头越慢；数值越大，镜头越快。

任务实施

快、慢镜头的设置编辑是指在影片中出现的快动作画面或慢动作画面。

1. 任务效果

标准素材序列面板如图 1.2.10 所示，快镜头序列面板如图 1.2.11 所示，慢镜头序列面板如图 1.2.12 所示。

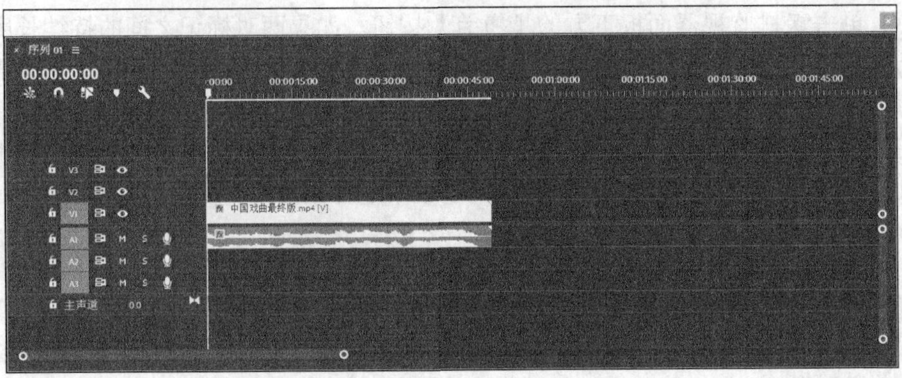

图 1.2.10　标准素材序列面板

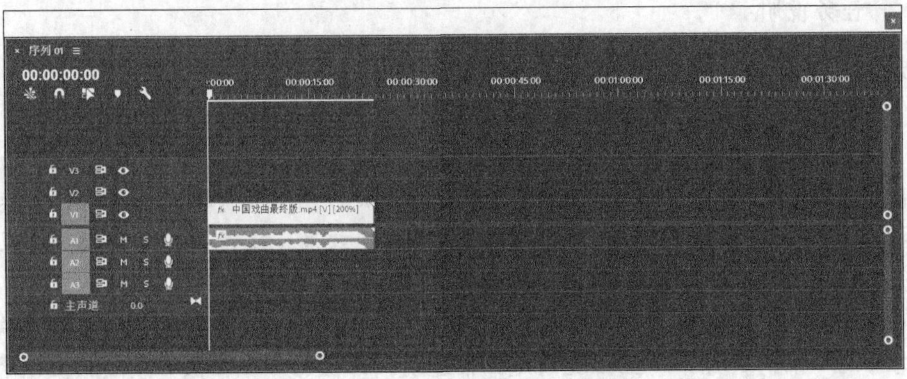

图 1.2.11　快镜头序列面板

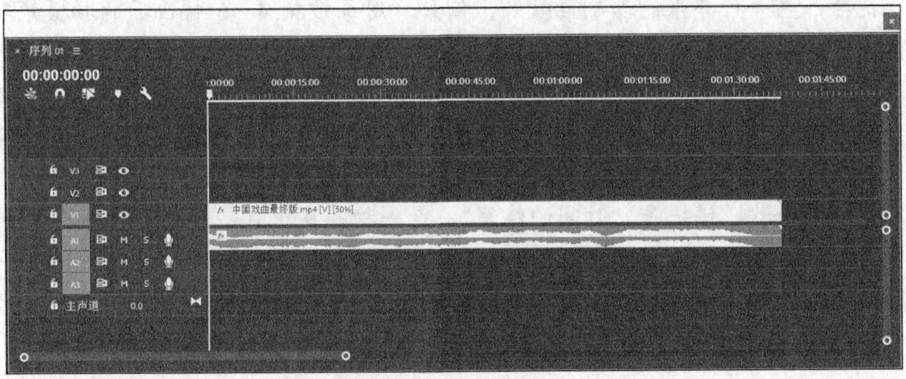

图 1.2.12　慢镜头序列面板

2. 任务分析

快、慢镜头是视频剪辑中常见的操作方法。在编辑素材的过程中，经常要对素材的播放速度进行调整，如快放或者慢放某个素材片段。实施任务时可以选择速率伸缩工具，改变素材的播放时间，也可以选择改变素材的速度来实现快、慢镜头的操作。当设定的速度百分比大于 100%时，素材呈现快速播放效果；当设定的速度百分比小于 100%时，素材呈现慢速播放效果。

3. 操作步骤

快、慢镜头的设置通常采用以下三种方法。

方法一

1）将素材放置于序列面板中，选择【比率拉伸工具】，如图 1.2.13 所示。

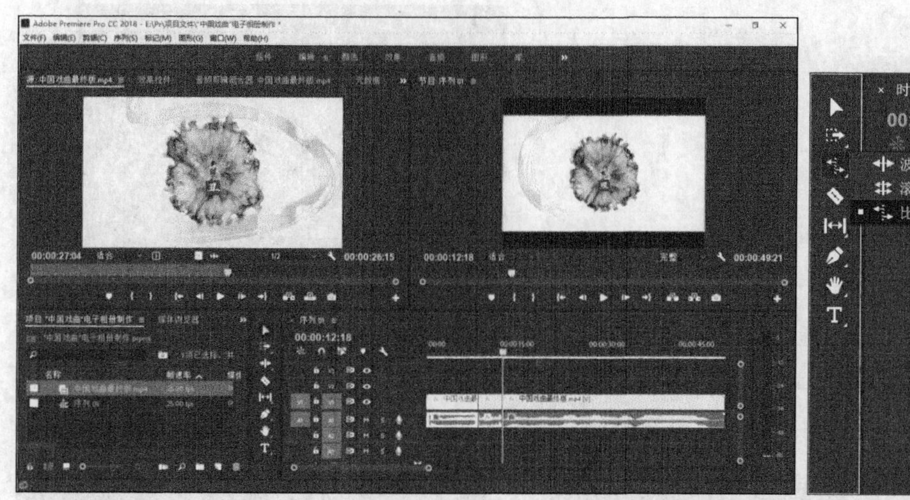

图 1.2.13 项目窗口及工具面板

2）选择【比率拉伸工具】后，将光标置于序列面板中素材结尾处，光标变为▇状态，按住鼠标左键向左拖动，即可实现素材的快镜头设置。

3）选择【比率拉伸工具】后，将光标置于序列面板中素材结尾处，光标变为▇状态，按住鼠标左键向右拖动，即可实现素材的慢镜头设置。

方法二

1）在序列面板中选中素材，右击，在弹出的快捷菜单中选择【速度/持续时间】命令（图 1.2.14），打开【剪辑速度/持续时间】对话框，如图 1.2.15 所示。

2）将速度值减小至 50%，实现慢镜头操作，如图 1.2.16 所示。

3）将速度值增大至 200%，实现快镜头操作，如图 1.2.17 所示。

方法三

1）选择素材，右击，在弹出的快捷菜单中选择【显示剪辑关键帧】→【时间重映射】→【速度】命令，如图 1.2.18 所示。当放大视频轨道 V1 序列时，在序列上会显示蓝色宽带。

2）将时间指针移至素材的某个时间点，单击【添加关键帧】按钮，这时在蓝白色宽带部分将出现一个关键帧。可用同样方法在另一个时间点添加关键帧，如图 1.2.19 所示。

3）将鼠标指针移动到两个关键帧之间的蓝白色宽带交界线上，向上拖动到 150%，此时剪辑长度被缩短，播放剪辑视频，关键帧之间的视频内容呈现快动作播放效果，如图 1.2.20 所示。

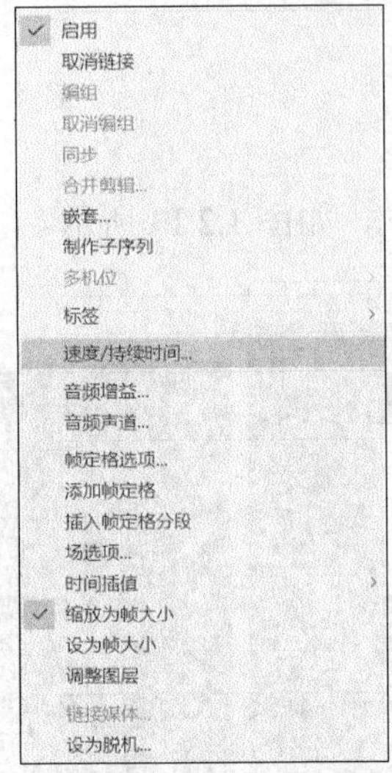

图 1.2.14 选择命令

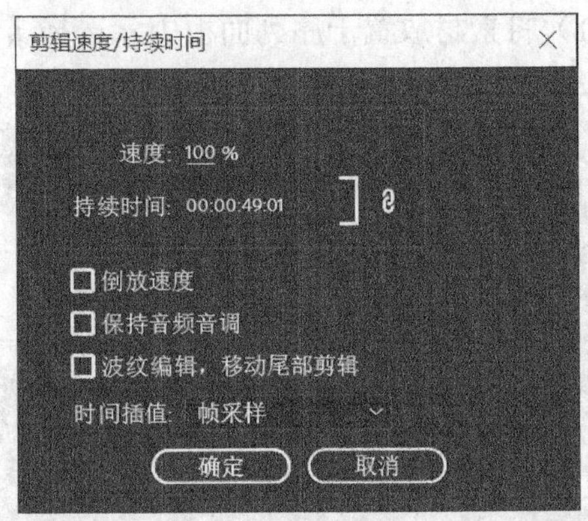

图 1.2.15 【剪辑速度/持续时间】对话框

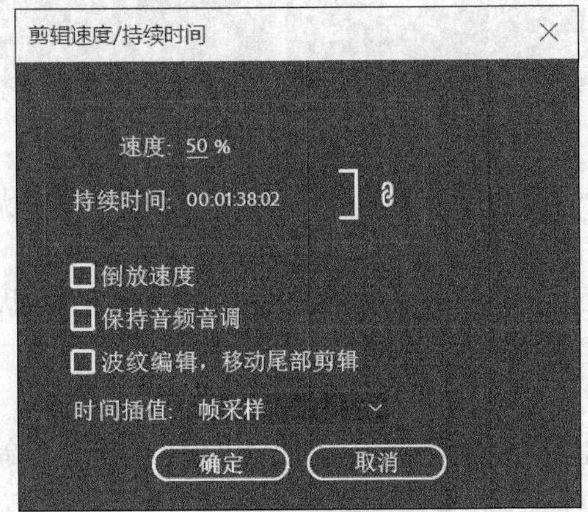

图 1.2.16 设置慢镜头速度值

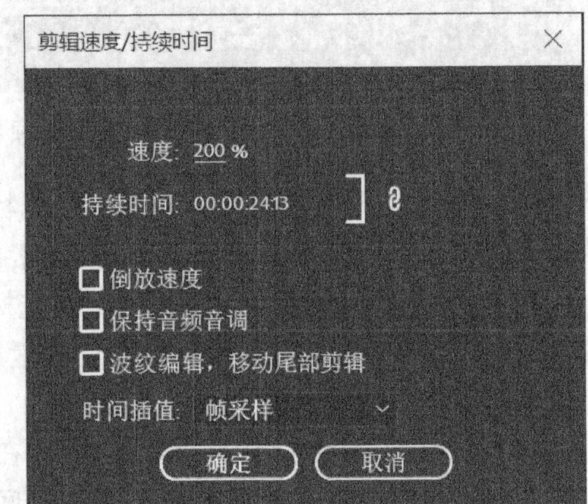

图 1.2.17 设置快镜头速度值

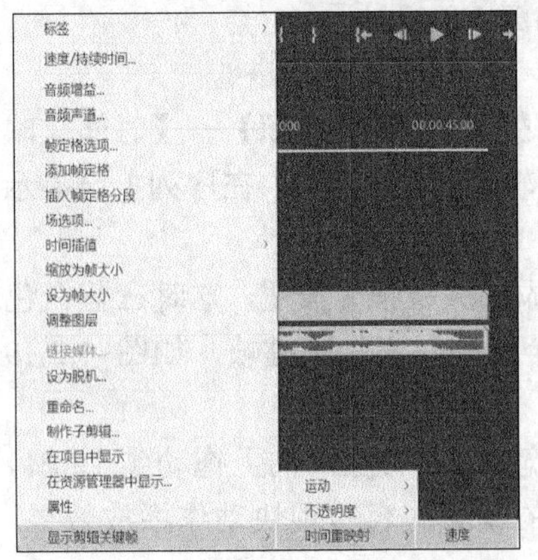

图 1.2.18 【显示剪辑关键帧】级联菜单

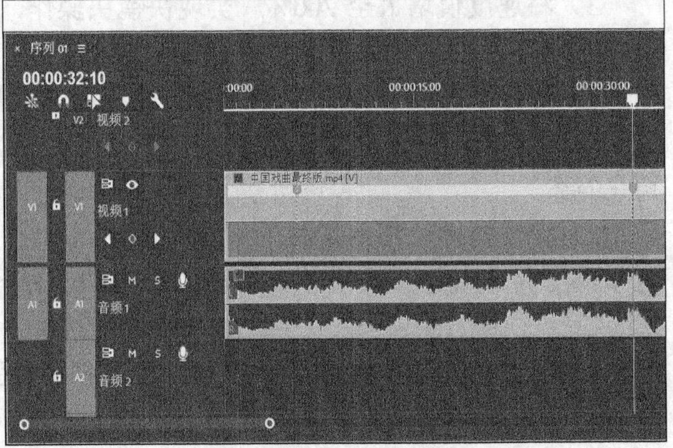

图 1.2.19 添加关键帧

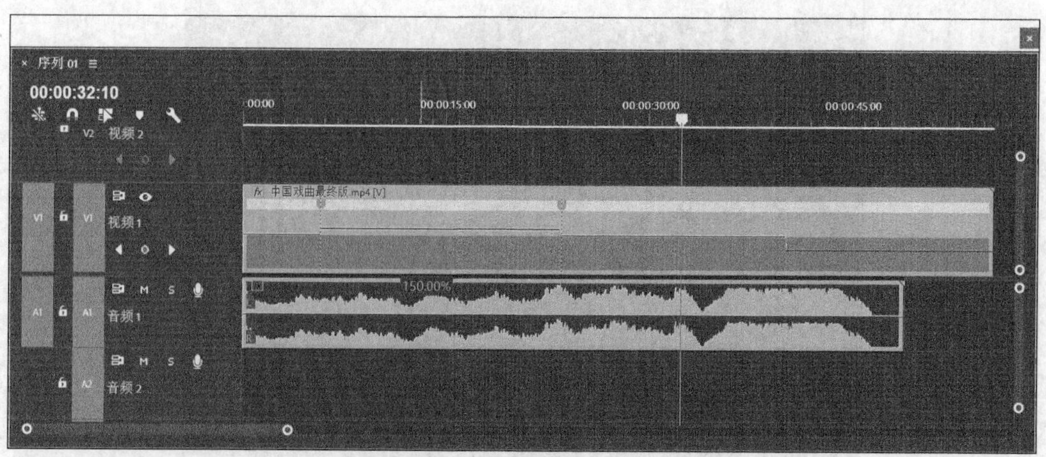

图 1.2.20　调节关键帧实现快动作播放

4）选择【编辑】→【撤销】命令，撤销上一步操作，向下拖动蓝白色宽带交界线到 80%，此时剪辑长度被拉伸，播放剪辑视频，关键帧之间的视频内容呈现慢动作播放效果，如图 1.2.21 所示。

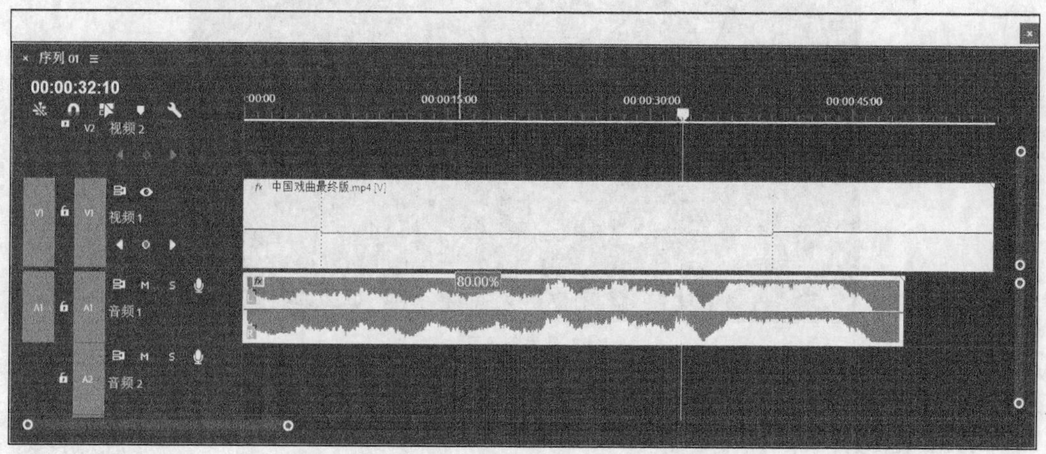

图 1.2.21　调节关键帧实现慢动作播放

拓展链接

倒带镜头是视频剪辑的基本操作方法。在有些回忆镜头或时光倒流镜头的操作过程中，要对素材的播放进行反向调整，使素材呈现倒带播放效果。

1. 任务效果

倒带镜头效果图如图 1.2.22 所示。

（a）效果图（一）

（b）效果图（二）

图 1.2.22　倒带镜头效果图

2. 任务分析

倒带镜头是视频剪辑中常见的操作方法。实施任务时，可以通过调整素材的播放顺序实现倒带操作。

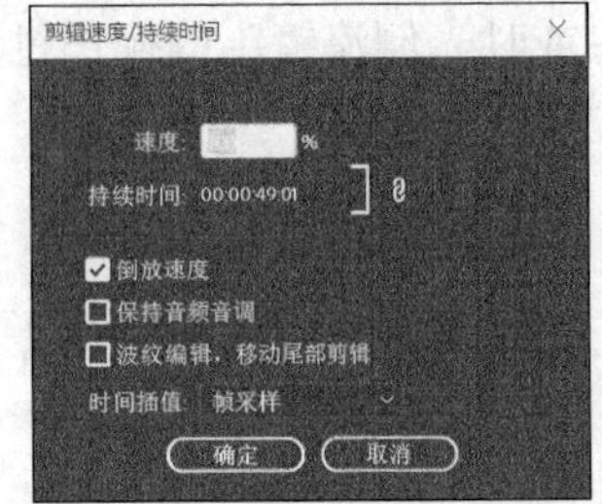

图 1.2.23　选中【倒放速度】复选框

3. 操作步骤

1）在序列面板中选中素材，右击，在弹出的快捷菜单中选择【剪辑速度/持续时间】命令，打开【剪辑速度/持续时间】对话框。

2）选中【倒放速度】复选框，如图 1.2.23 所示。

3）在节目监视器面板中单击【播放】按钮，预览镜头倒放效果，如图 1.2.24 所示。

图 1.2.24 倒放镜头预览画面

任务三 电子相册镜头的组接

任务说明

视频剪辑主要是在序列面板中完成的。项目中的多个序列可以按照标签方式在序列面板中排列，可以向序列中的任意一个视频轨道中添加视频素材，音频素材也可以添加到相应的音频轨道中。在素材片段之间可以添加转场效果，视频轨道 V2 及更高级的视频轨道可以用来进行视频合成，附加的音频轨道可以进行音频混合或更高级的设置。在序列面板中，用户可以完成多项编辑任务。

知识准备

镜头组接是将电影或者电视中单独的画面有逻辑、有构思、有意识、有创意和有规律地连贯在一起。一部影片由许多镜头合乎逻辑、有节奏地组接在一起，从而阐释或叙述某件事情发生和发展的技巧。在电影和电视的组接过程中还有很多专业术语，如电影蒙太奇手法。画面组接的一般规律包括动接动、静接静、声画统一等。

任务实施

一、素材的移动

素材的移动是视频剪辑中最简单、最基本的操作方法。多数镜头都是通过基础素材的移动实现组接效果的。镜头的移动可以分为相同时间轨道镜头移动和不同时间轨道镜头移动等。通过移动不同的镜头，同一个故事情节也可以用多种表现形式进行表达。移动镜头序列面板如图 1.2.25 所示。

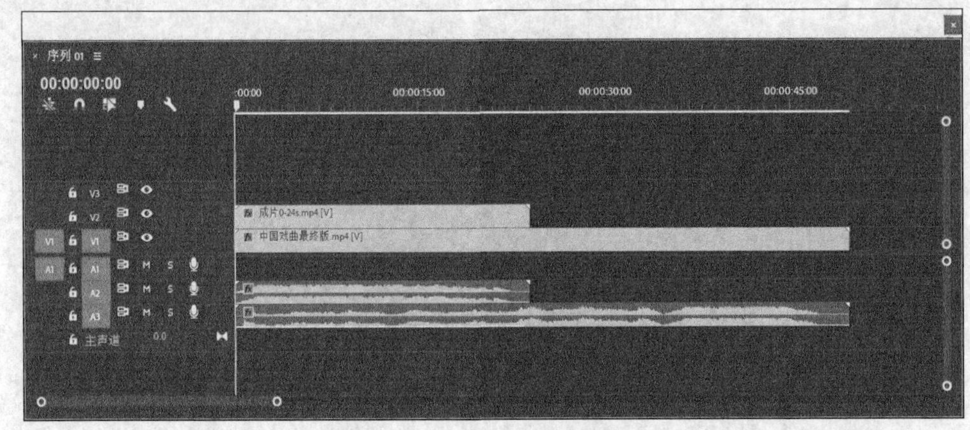

图 1.2.25　移动镜头序列面板

1. 任务效果

素材的移动效果图如图 1.2.26 所示。

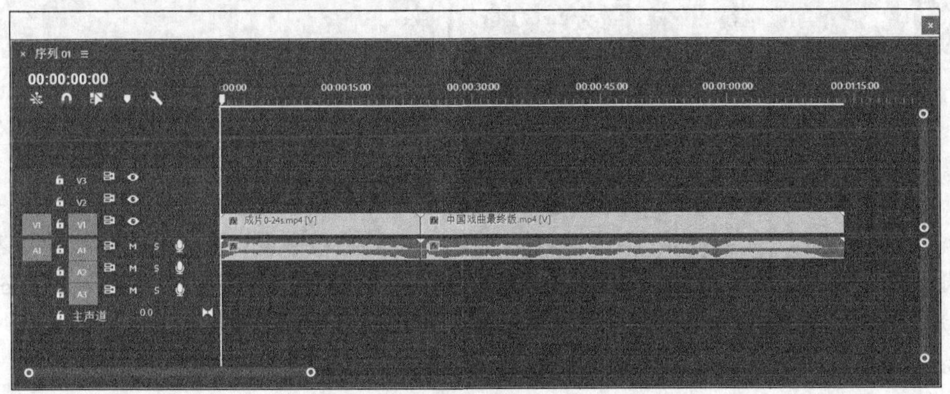

图 1.2.26　素材的移动效果图

2. 任务分析

素材的移动是视频剪辑中的基本操作方法。实施任务时，首先需要选择工具，然后按住鼠标左键拖动要移动的素材，最后将素材片段放在合适的位置。

3. 操作步骤

1）在序列面板中移动素材时，可以选择轨道中的素材，按住鼠标左键拖动素材到指定位置，释放鼠标左键。

2）移动素材时，确认序列面板左上角的【对齐】按钮被激活，当两个素材贴近时，

其相邻边缘如同正负磁铁之间产生吸引力，会自动对齐或靠拢。

3）当两段素材之间存在空白区域时，要将后一段素材移动到前一段素材尾部，可以单击两段素材之间的空白区域，选择【编辑】→【波纹删除】命令；或右击，在弹出的快捷菜单中选择【波纹删除】命令，空白区域被删除，空白区域后方的素材会自动补上，如图 1.2.27 所示。

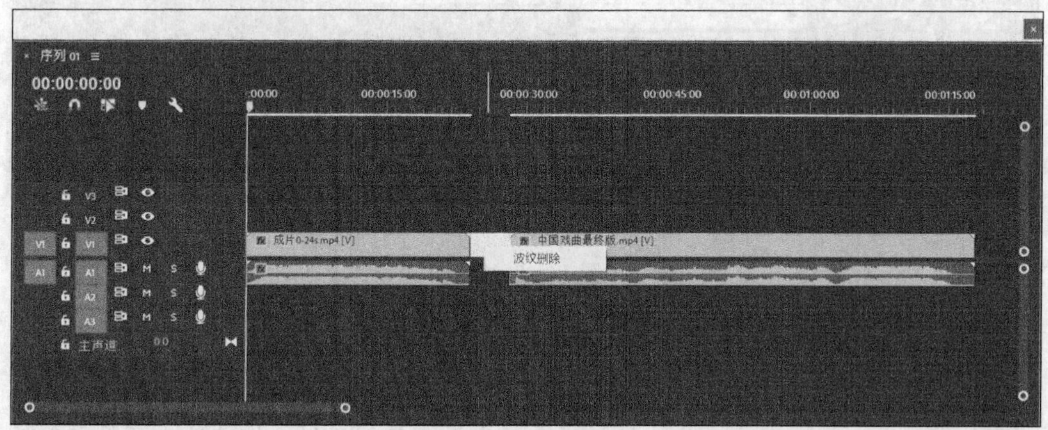

图 1.2.27　波纹删除

二、素材的复制和粘贴

在素材的编辑过程中，某段素材会重复使用，或同一镜头画面反复播放，此时需要对素材进行复制和粘贴操作。在编辑过程中为某段素材添加了特效之后，当其他素材要使用与之相同的特效时，也要对素材属性进行复制和粘贴操作。

1. 任务效果

素材的复制粘贴效果图如图 1.2.28 所示。

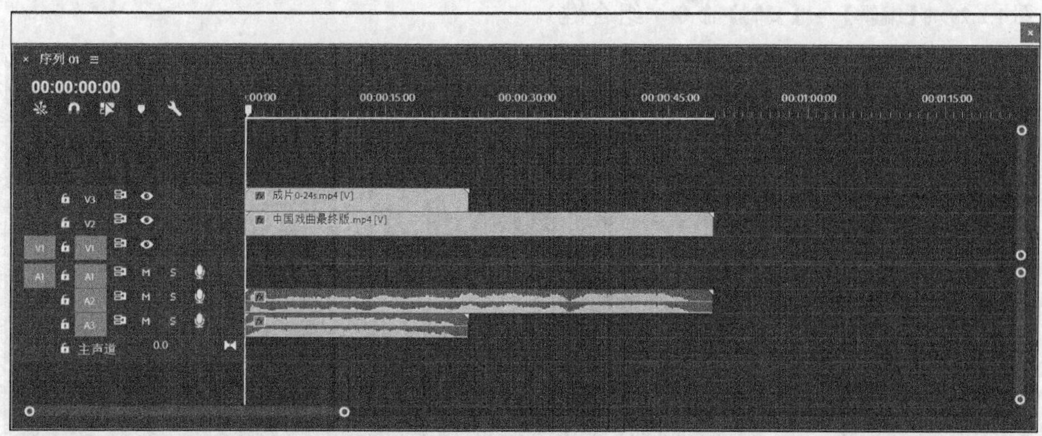

（a）复制

图 1.2.28　素材的复制粘贴效果图

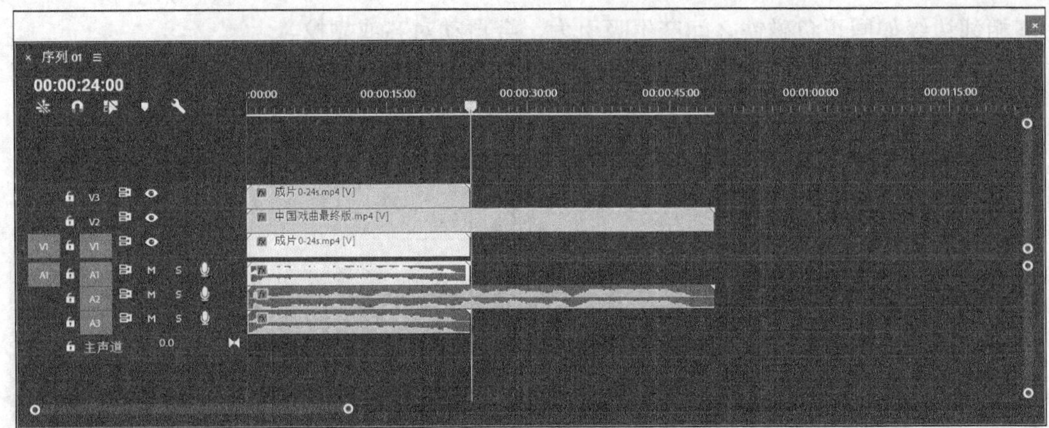

（b）粘贴

图 1.2.28（续）

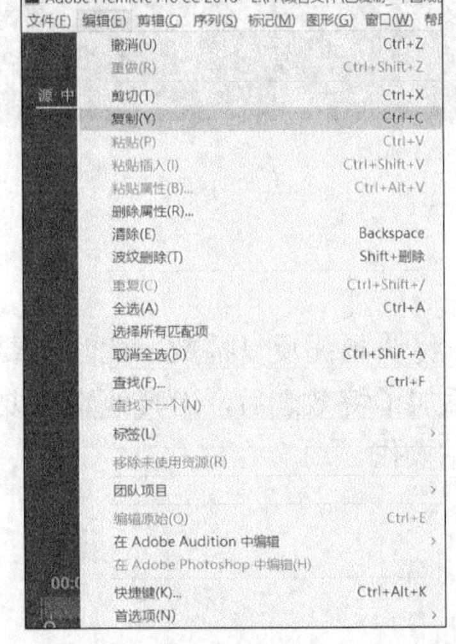

图 1.2.29　【编辑】→【复制】命令

2. 任务分析

素材的粘贴是视频剪辑中的基本操作方法。实施任务时，首先需要复制素材，接着选中要粘贴的轨道，最后将素材粘贴在目标位置。

3. 操作步骤

1）选择素材，选择【编辑】→【复制】命令（或按 Ctrl+C 组合键），如图 1.2.29 所示。

2）在序列面板视频轨道上选择粘贴视频轨道 V1 和音频轨道 A1，将时间指针定位在粘贴素材起始位置，如图 1.2.30 所示。

3）选择【编辑】→【粘贴】命令（或按 Ctrl+V 组合键）。

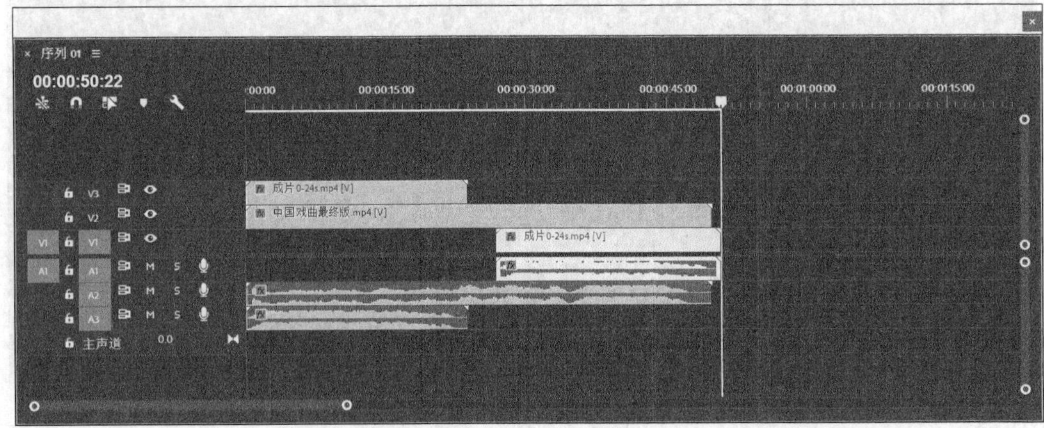

图 1.2.30　粘贴素材

三、素材的粘贴插入

素材的粘贴插入通常用于为时间线上两个素材中间粘贴新素材的操作，也可通过三点编辑实现同样的效果。

1. 任务效果

素材的粘贴插入效果图如图 1.2.31 所示。

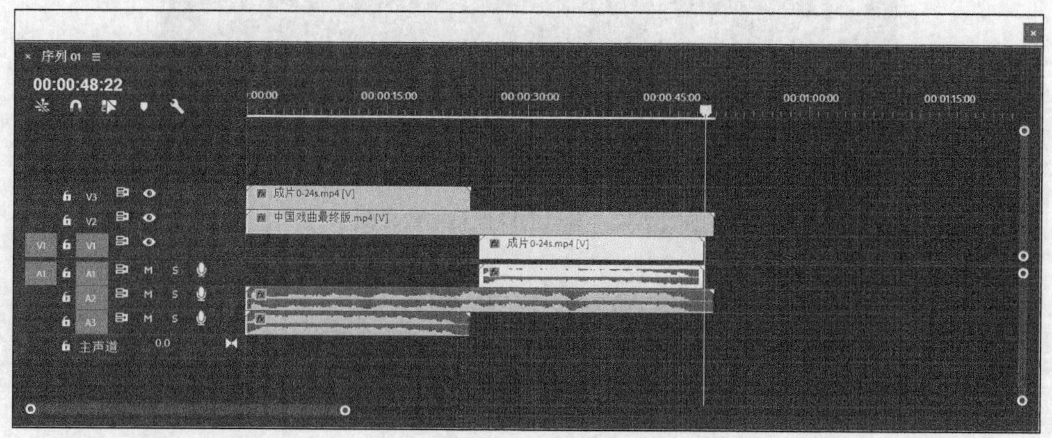

图 1.2.31　素材的粘贴插入效果图

2. 任务分析

素材的粘贴插入是视频剪辑中常用的便捷的操作方法。实施任务时，首先需要复制素材，接着设置要粘贴的轨道及时间位置，最后将素材粘贴插入在目标位置。

3. 操作步骤

1）选择素材，选择【编辑】→【复制】命令。
2）在序列面板视频轨道上选择目标轨道。
3）拖动时间线指针到准备粘贴插入的位置。
4）选择【编辑】→【粘贴插入】命令。

四、素材的属性粘贴

素材的属性粘贴通常用于使用同一素材实现整体效果的操作，如电视中常出现的胶片顺序播放效果。只需设置一个素材运动，并对其他素材进行属性粘贴，即可实现整体播放效果。

1. 任务效果

素材的属性粘贴效果图如图 1.2.32 所示。

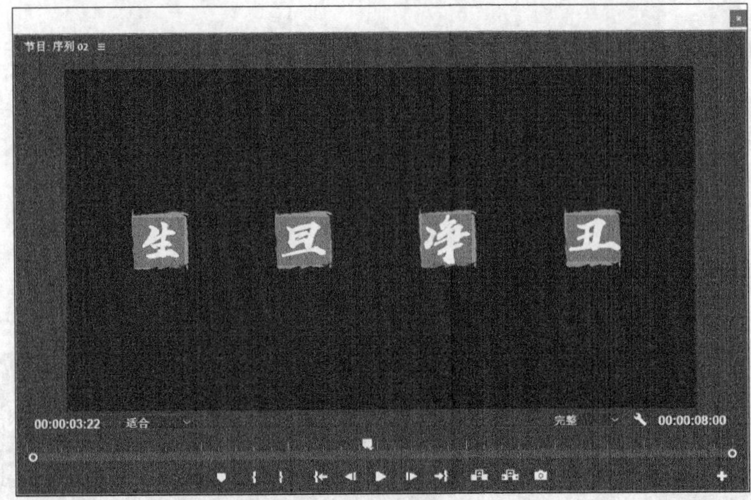

图 1.2.32　素材的属性粘贴效果图

2. 任务分析

素材的属性粘贴是视频剪辑中常用的操作方法。实施任务时，首先需要复制素材，然后设置要粘贴的对象，最后对目标素材设置属性粘贴。

3. 操作步骤

1）选择视频轨道 V1 上的图片 1，展开【运动】选项，选择缩放比例命令，设置图片缩放比例为 50%，属性设置及最终效果图如图 1.2.33 所示。

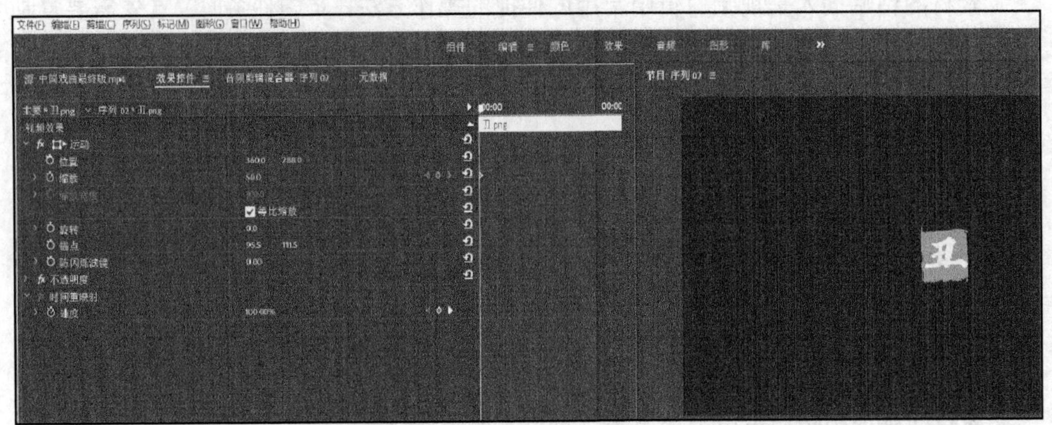

图 1.2.33　属性设置及效果图

2）在序列面板中选择素材图片 1。

3）在【效果控件】面板中展开【运动】选项。

4）将时间指针定位于 0 帧处，单击【位置】属性前的切换动画按钮，设置起始点位置为“-35，288”。在 4 秒 20 帧处设置结束点位置为“755，288”，如图 1.2.34 所示。

5）单击节目监视器面板中的【播放】按钮，即可实现图片 1 的运动效果。

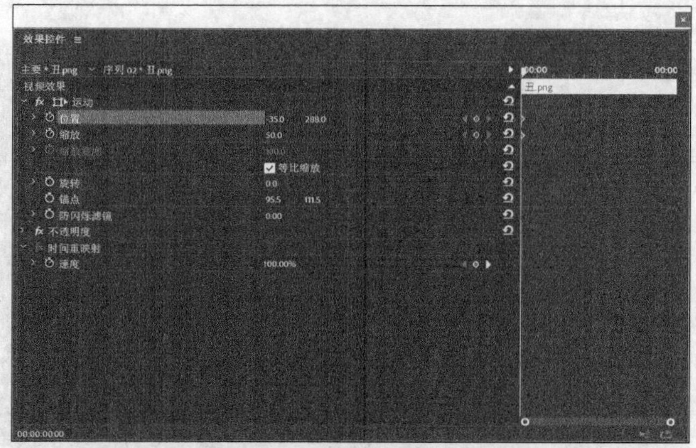

（a）设置起始点位置

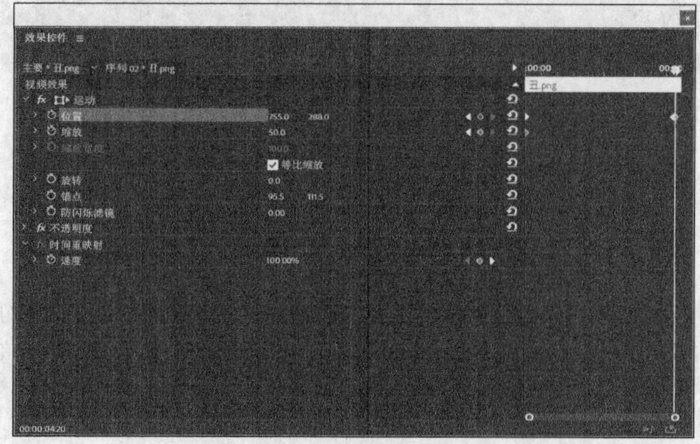

（b）设置结束点位置

图 1.2.34　图片起始点、结束点位置设置

6）将时间指针定位于 1 秒，在序列面板视频轨道 V2 上选择需要粘贴属性的目标素材。

7）选择【编辑】→【粘贴属性】命令，将前一素材的属性复制给当前素材。

8）依次选择【粘贴属性】命令到其他视频轨道的图片上，如图 1.2.35 所示。

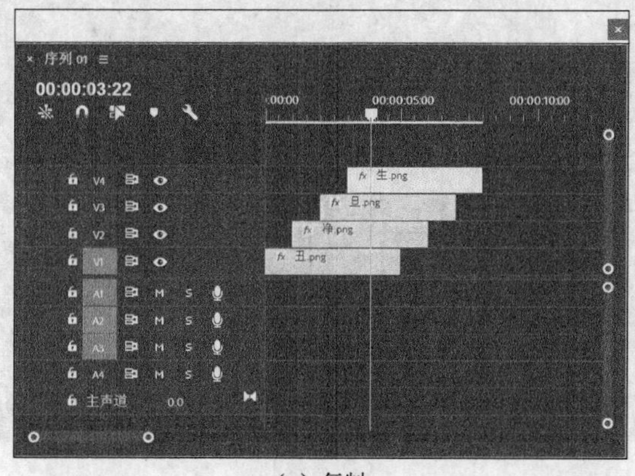

（a）复制

图 1.2.35　属性粘贴效果

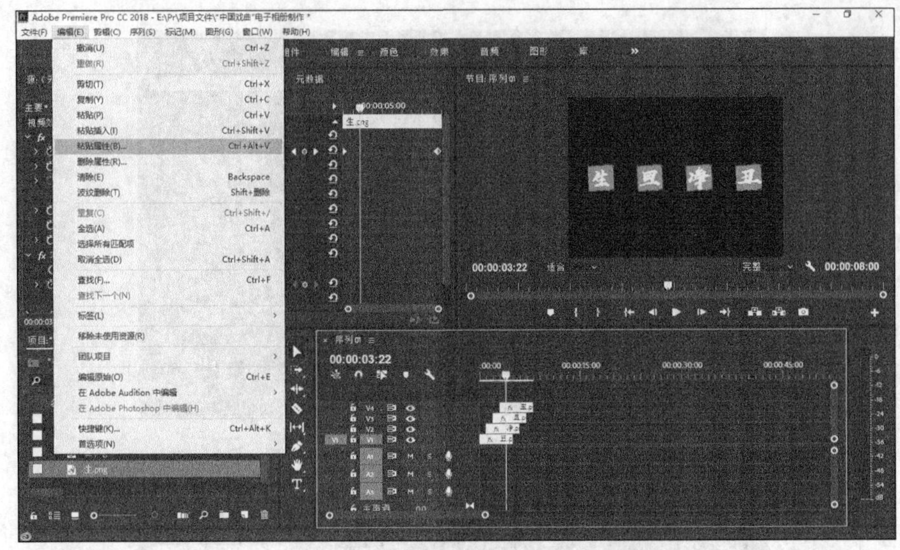

(b) 粘贴

图 1.2.35(续)

五、素材的替换

视频或动画剪辑过程中，如果对当前画面不满意，就需要用合适的素材替换当前的素材，对序列上已有的素材进行更改替换操作。素材的替换也可通过四点编辑来实现。

1. 任务效果

素材的替换效果图如图 1.2.36 所示。

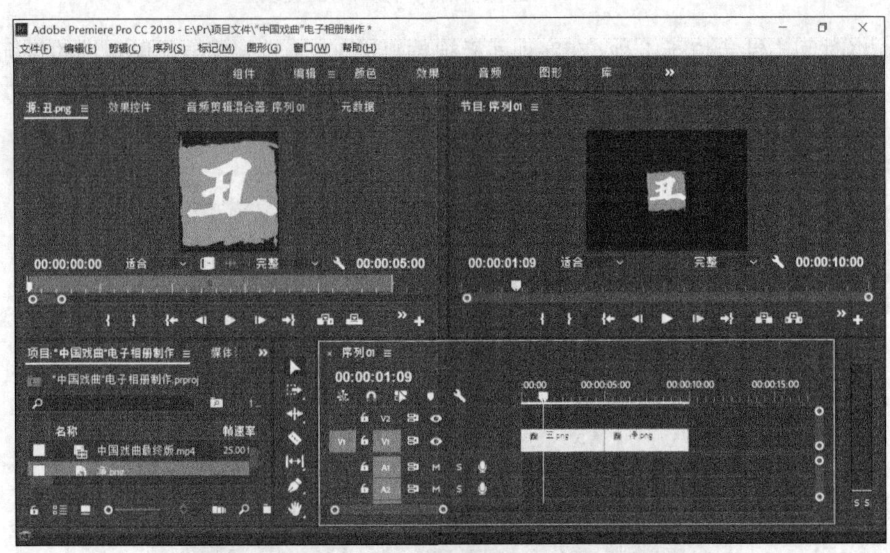

(a) 替换前

图 1.2.36 素材的替换效果图

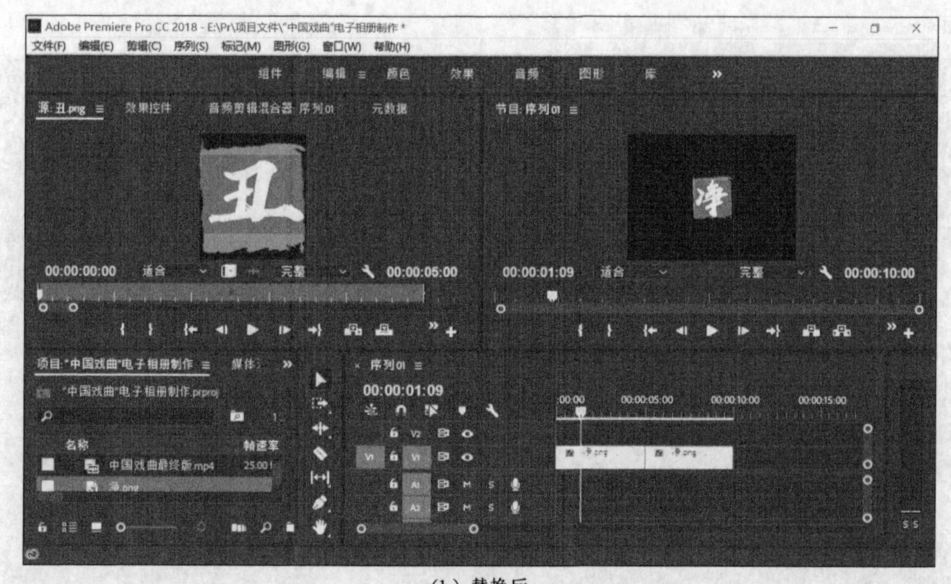

（b）替换后

图 1.2.36（续）

2. 任务分析

素材的替换是视频剪辑中常用的操作方法。实施任务时，首先选择要替换的素材，然后选择要替换对象的位置，最后对目标素材进行替换。

3. 操作步骤

若时间线上的某段素材不合适，则需要用其他素材来替换，可以通过素材替换功能实现。具体有以下两种方法。

方法一

1）在项目面板中双击用来替换的素材，使其在素材监视器面板中显示，如图 1.2.37 所示。

图 1.2.37　显示替换素材

2）给这个素材设置入点和出点（默认情况下，若不设置入点，则将素材的第一帧作为入点；若不设置出点，则将素材的最后一帧作为出点）。

3）按住 Alt 键，同时将用来替换的素材从素材监视器面板中拖到序列面板中需要被替换的素材上，释放鼠标左键，被替换素材的入点和出点与替换素材的入点和出点完全吻合，这样就完成了整个替换工作，替换后的新素材片段仍会保持被替换片段的属性和效果设置，如图 1.2.38 所示。

方法二

1）在时间线上右击需要替换的素材片段。

2）在弹出的快捷菜单中选择【使用剪辑替换】命令，如图 1.2.39 所示。

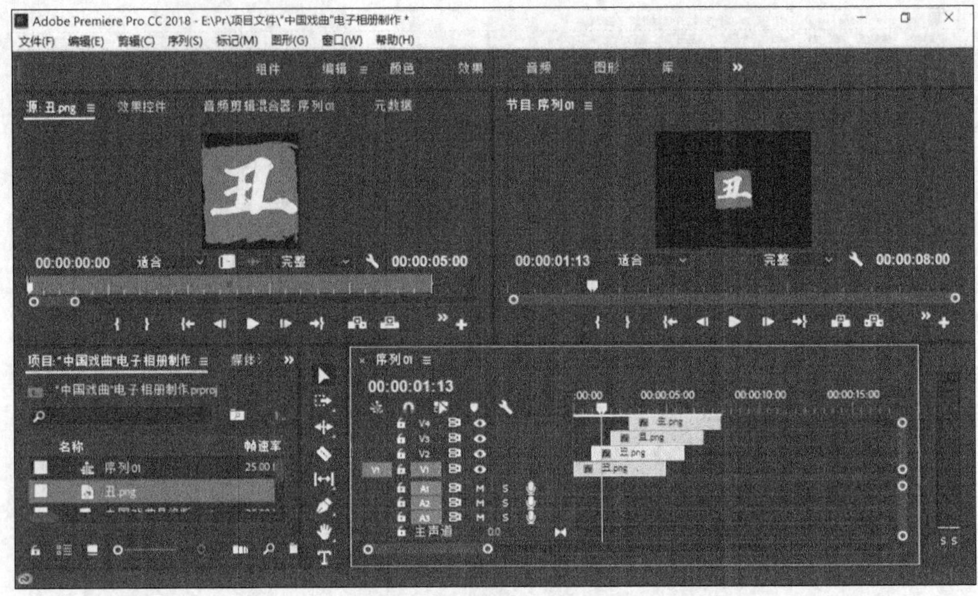

图 1.2.38 替换后素材效果

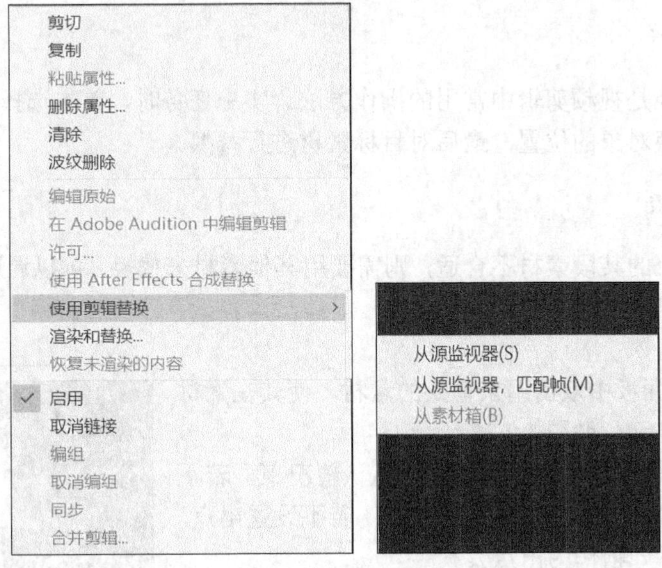

图 1.2.39 【使用剪辑替换】命令及级联菜单

3）再从弹出的级联菜单中选择三种替换方法中的一种。三种替换方法分别为“从源监视器”、“从源监视器，匹配帧”和“从素材箱”。其中，“从素材箱”需要先在项目面板中选中要替换的素材，然后选择该命令，序列面板中的素材自动被替换。

六、视、音频素材的分离

在进行素材导入时，若素材文件中既包含音频文件又包含视频文件，则该素材内音频部分与视频部分的关系称为硬相关。视、音频素材的分离命令可以快速将原来硬相关的

素材分开。

1. 任务效果

视、音频素材分离效果图如图 1.2.40 所示。

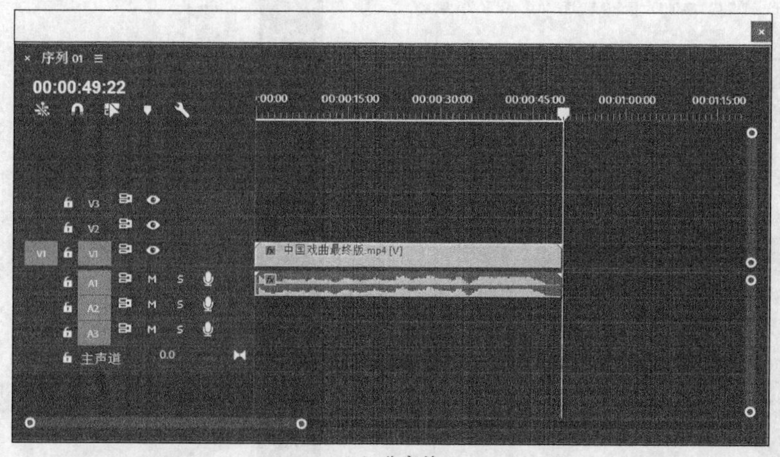

（a）分离前

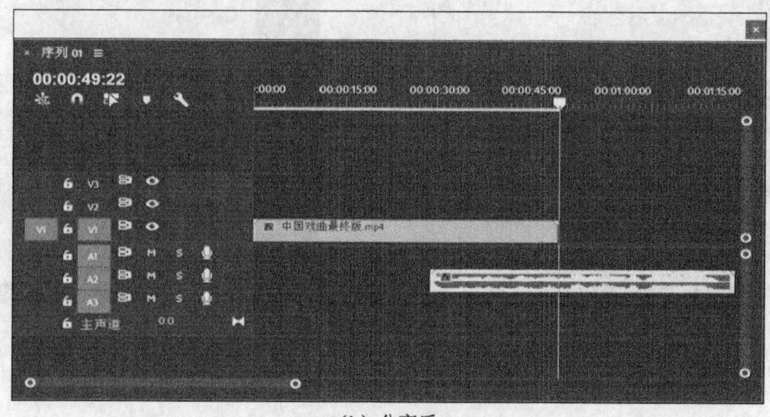

（b）分离后

图 1.2.40　视、音频素材分离效果图

2. 任务分析

对于既包含音频又包含视频的素材来说，其音频部分与视频部分存在硬相关。用户对素材进行的“复制”“移动”“删除”等操作将同时应用于素材的音频部分与视频部分，在操作过程中需要锁定一条轨道，或将视、音频分开，分别进行操作。

3. 操作步骤

1）在序列面板中选择素材。

2）选择【剪辑】→【取消链接】命令，如图 1.2.41 所示；或选中素材，右击，在弹出的快捷菜单中选择【取消链接】命令，如图 1.2.42 所示。这样就可解除相应素材内音频部分与视频部分的硬相关联系。

3）执行上述命令后，在序列面板中移动素材的视频部分将不会影响音频轨道内的素材。

图 1.2.41　剪辑菜单列表

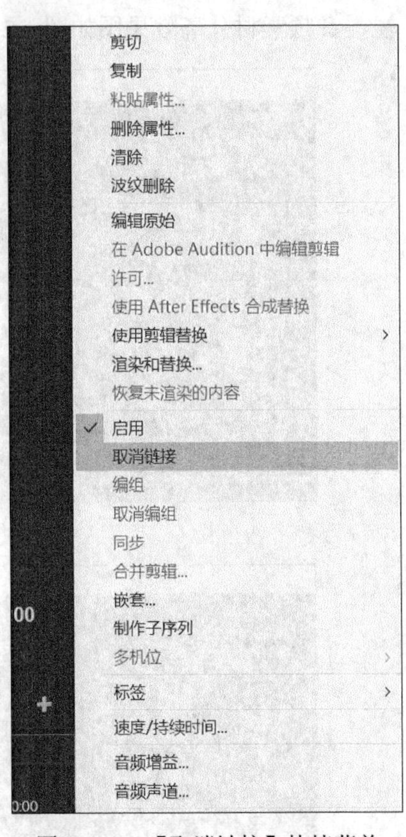

图 1.2.42　【取消链接】快捷菜单

七、视、音频素材的组合

在视频编辑过程中，若人为将两个相互独立的音频素材和视频素材联系在一起，则两者之间的关系称为软相关。视、音频素材的组合命令，可以快速将原本不相关的视、音频素材进行软相关操作。

1. 任务效果

视、音频素材组合效果图如图 1.2.43 所示。

2. 任务分析

对于独立的视、音频素材来说，操作过程中需要对其进行关联。选择需要关联的两个素材，选择【剪辑】→【编组】命令，即可在所选音频素材与视频素材之间建立软相关联系。

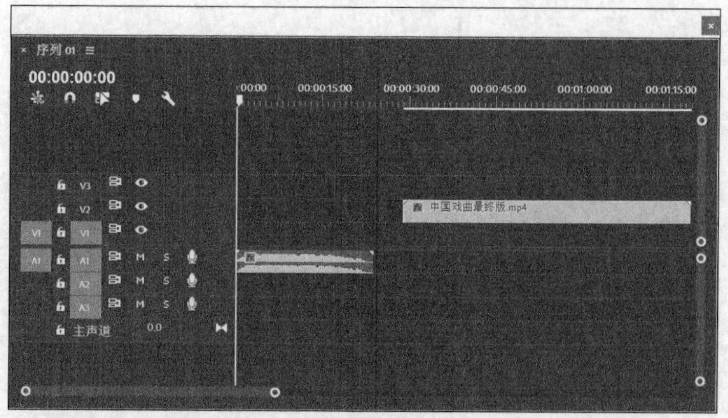

（a）组合前

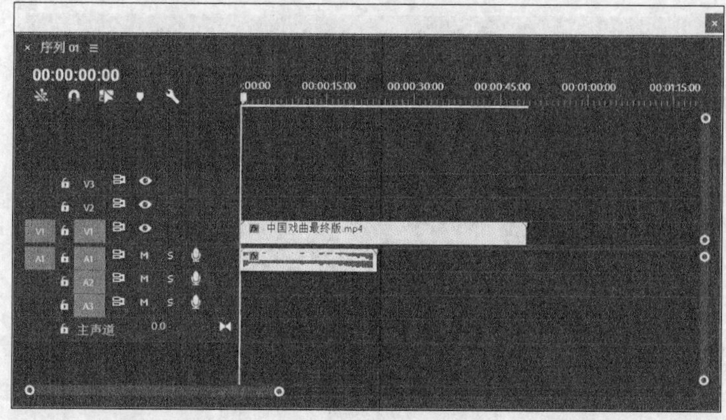

（b）组合后

图 1.2.43　视、音频素材组合效果图

3. 操作步骤

1）在序列面板中选择需要关联的两个素材。

2）选择【剪辑】→【编组】命令；或右击，在弹出的快捷菜单中选择【编组】命令，即可解除相应素材内音频部分与视频部分的软相关联系。

3）执行上述命令后，在序列面板中移动素材的视频部分将会影响音频轨道内的素材。

八、轨道的添加、删除和隐藏

在视频剪辑过程中，所有的剪辑操作都是针对添加到时间轨道中的素材进行的。熟练运用轨道的添加、删除和隐藏等一系列操作，能够节省大量的剪辑时间，因此轨道的添加、删除和隐藏是剪辑过程中必须掌握的知识点。

1. 任务效果

轨道的添加、删除和隐藏效果图如图 1.2.44 所示。

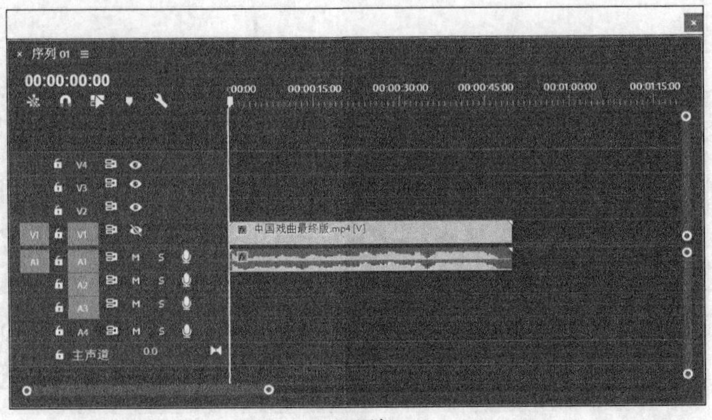

（a）添加

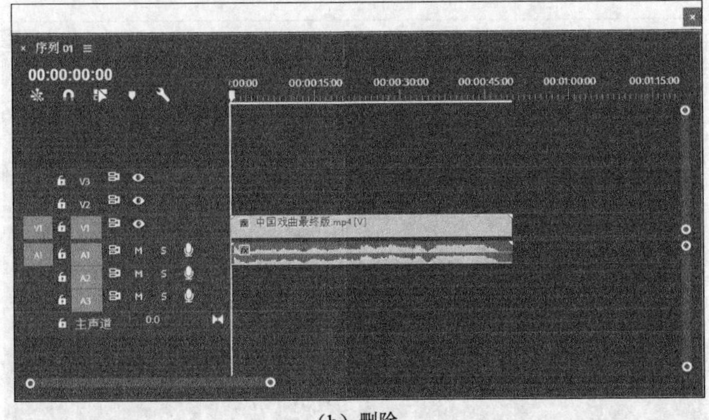

（b）删除

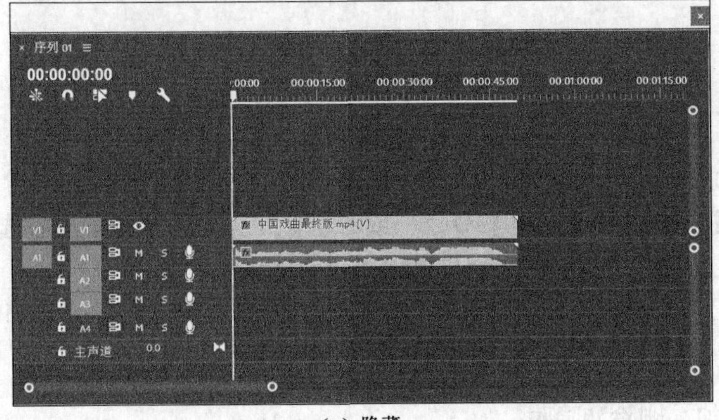

（c）隐藏

图 1.2.44 轨道的添加、删除和隐藏效果图

2. 任务分析

默认情况下，序列面板中的轨道数量为音频轨道和视频轨道各 3 条，分别称为视频 1、视频 2、视频 3 和音频 1、音频 2、音频 3。可以根据实际需要进行轨道的添加、删除、隐藏等操作。

3. 操作步骤

1）在序列面板中选择任意轨道，右击该轨道名称，弹出快捷菜单，如图 1.2.45 所示。

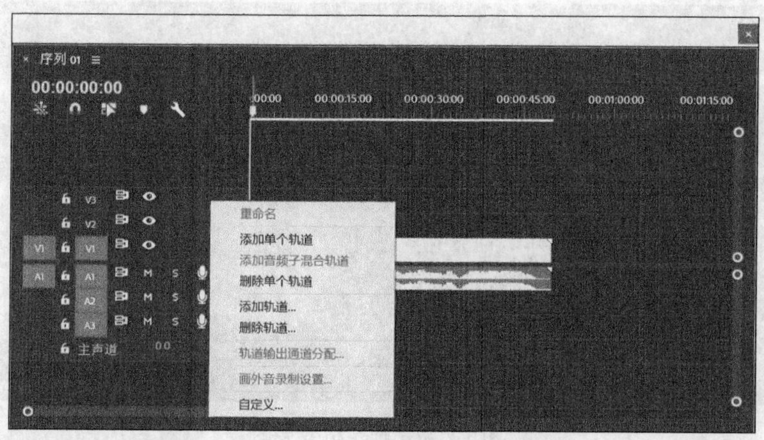

图 1.2.45　视频轨道右键菜单

2）在弹出的快捷菜单中根据需要选择【添加轨道】命令，打开【添加轨道】对话框（图 1.2.46），在其中可以进行添加轨道的操作，完成后单击【确定】按钮。

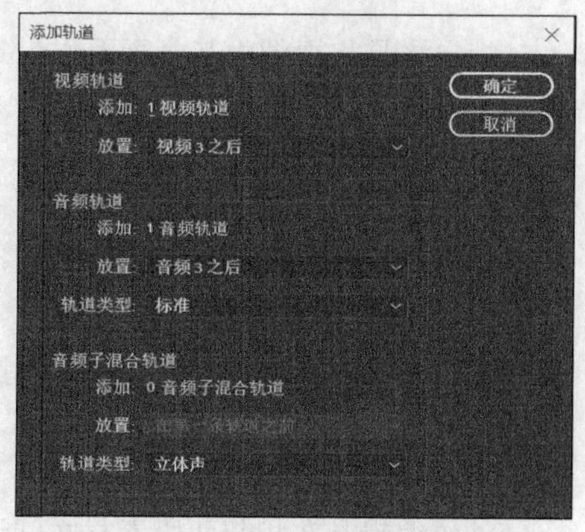

图 1.2.46　【添加轨道】对话框

3）在弹出的快捷菜单中根据需要选择【删除轨道】命令。

4）隐藏轨道的目的是方便在节目监视器中观察时间线上的素材效果。在默认情况下，高一级轨道中的素材会将低一级轨道中的素材覆盖。例如，当视频轨道 V1 与视频轨道 V2 同时存在时，在节目监视器中只会显示视频轨道 V2 上的视频素材效果。当对视频 2 中的素材透明度进行设置时，尽管视频轨道 V1 上的素材能够在节目监视器中显示出来，但是视频效果十分混乱且不利于编辑，因此有必要对视频 1 中的素材进行隐藏。

5）单击视频轨道前的切换轨道输出图标，该条视频轨道上的图像就不会出现在节目监视器中。再次单击该图标，即可恢复显示。

拓展链接

一、帧定格

帧定格是指画面的定格效果，是在特定情节要求下实现动态画面静止效果的一种操作方法。

1. 任务效果

帧定格效果图如图 1.2.47 所示。

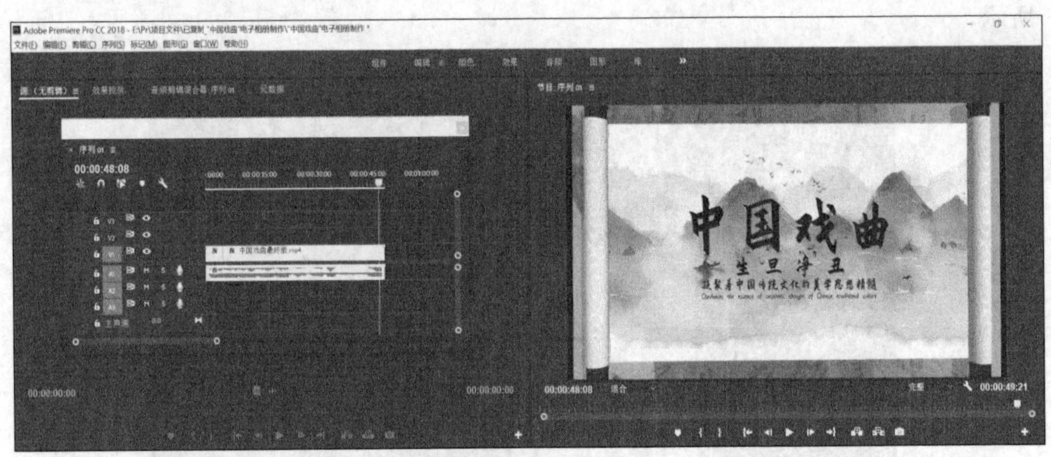

图 1.2.47　帧定格效果图

2. 任务分析

帧定格是将视频中某一画面作为定帧画面进行处理的方式。在选用视频素材位置设置帧定格即可。

3. 操作步骤

1）将指定素材拖至序列面板。

2）在素材上右击。

3）在弹出的快捷菜单中选择【帧定格】命令。

二、波纹编辑

波纹编辑是在相邻两段素材之间进行的操作，能在不影响相邻素材的情况下，对序列内某一素材的入点或出点进行调整。

1. 任务效果

波纹编辑效果图如图 1.2.48 所示。

2. 任务分析

波纹编辑工具能在序列中向左移动前面素材的出发点，缩短其播放时间与播放内容。同时，后面素材不发生任何变化，但其在序列上的位置随着前面素材持续时间的减少而调整。两段素材之间不会出现空隙，但两段素材的总长度会缩短。

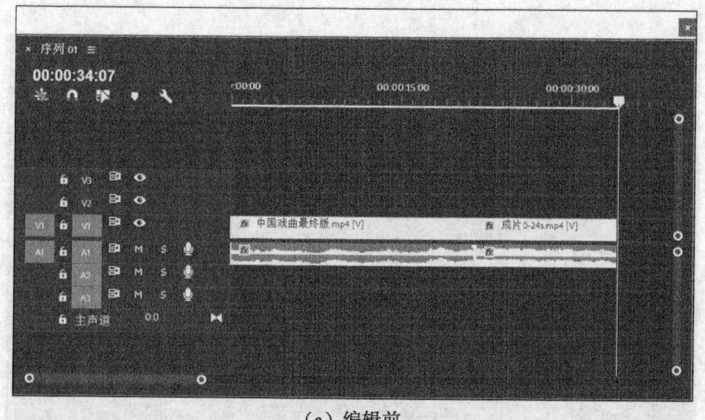

（a）编辑前

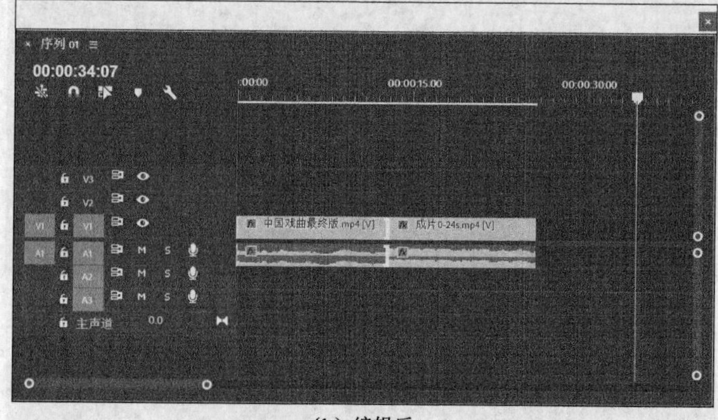

（b）编辑后

图 1.2.48　波纹编辑效果图

3. 操作步骤

1）在素材监视器面板中分别为素材 A 和素材 B 设置入点和出点，并将其添加到视频轨道 V1 上。

2）将指定素材拖至序列面板。

3）在素材位置右击。

4）单击工具面板中的【波纹编辑工具】按钮，将其置于素材 A 的末尾，当光标变为右括号与双击箭头样式的图标时，向左拖动即可。

三、外滑编辑

外滑编辑是在相邻两段素材之间进行的操作，能在不影响相邻素材总长度的情况下，使素材的播放内容发生改变。

1. 任务效果

外滑编辑效果图如图 1.2.49 所示。

（a）编辑前

（b）编辑后

图 1.2.49 外滑编辑效果图

2. 任务分析

外滑编辑不会影响三段素材的总长度，但是设置素材的播放内容会发生改变，设置素材的入点和出点会同时向原始素材的末端移动；反之则会向原始素材的起始端移动。

3. 操作步骤

1）在素材监视器面板中分别为素材 A、素材 B 和素材 C 设置入点和出点，并将其依次添加到视频轨道 V1 上。

2）单击工具面板中的【外滑工具】按钮，将其置于序列面板中素材 B 上，并向左拖动鼠标。

四、内滑编辑

内滑编辑能在保持序列持续不变的情况下，在序列内修改素材的入点和出点，但内滑编辑不是修改当前操作的素材，而是修改与该素材相邻的其他素材。

1. 任务效果

内滑编辑效果图如图 1.2.50 所示。

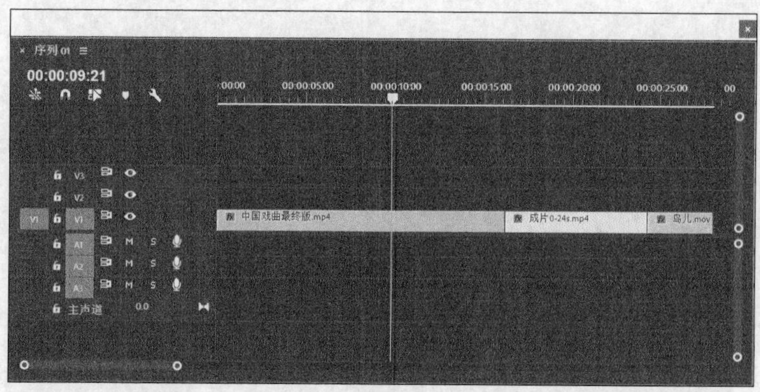

（a）编辑前

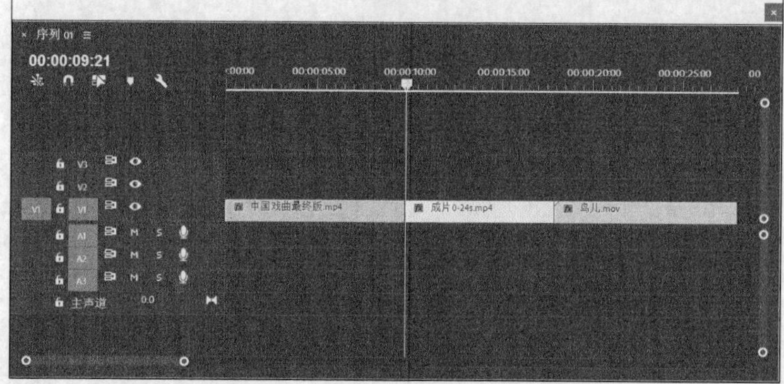

（b）编辑后

图 1.2.50 内滑编辑效果图

2. 任务分析

内滑编辑针对相邻两段素材进行操作，选择内滑编辑工具可以修改一段素材的入点和出点，但内滑编辑不是修改当前操作的素材，而是修改与该素材相邻的其他素材，使其播放内容发生改变。

3. 操作步骤

1）在素材监视器面板中分别为素材 A、素材 B 和素材 C 设置入点和出点，并将其依次添加到视频轨道 V1 上。

2）单击工具面板中的【内滑工具】按钮，将其置于序列面板中素材 B 上，并向左拖动。

3）使序列内素材 A 的出点与素材 C 的入点同时向左移动，素材 A 的持续时间减少，素材 C 的持续时间增加，且两者增减时间相同，素材 B 的播放内容与持续时间不变。

子项目三

基本效果处理

在运用 Premiere 2018 制作电子相册过程中，特效是完成高品质相册必不可少的重要环节。本子项目通过对相册目录展示、人物出场效果设置、画面退场效果设置、动画转场效果设置及动画音频效果设置五个任务的详细介绍，使读者掌握 Premiere 2018 软件特效制作的基本流程，掌握 Premiere 2018 软件转场及音频的基本编辑操作。

学习目标

知识目标

掌握 Premiere 2018 软件中效果控件的基本原理及设置方法。

掌握效果面板中转场特效的组成及功能。

掌握音频设置的基本原理。

掌握音频特效的设置方法。

熟练掌握各项面板的配合使用方法。

能力目标

能用 Premiere 2018 软件设置物体运动、比例、旋转、透明度等特效。

能用 Premiere 2018 软件设置各种转场特效。

能用 Premiere 2018 软件进行音频设置。

能在效果控件中进行转场及音频的各项特效设置。

素质目标

培养学生严谨、踏实的基本素质。

培养学生的编辑创新意识。

培养学生主动探究、举一反三的实际操作能力。

培养学生热爱行业、精益求精的工匠精神。

任务一 相册目录展示

任务说明

本任务主要运用位置运动效果进行设置。运动特效的设置是视频编辑过程中必不

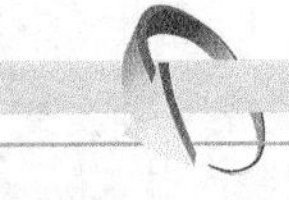

可少的一部分，主要是通过效果控件面板中的基本设置选项实现的。为静止的相册目录图片添加运动效果，实现目录图片中的生、旦、净、丑从屏幕下方依次走进屏幕的效果。

知识准备

在视频剪辑过程中，既要让静止的素材运动起来，又要动得合理、自然、顺畅，动得符合规律。动画运动规律是研究时间、空间、张数、速度的概念及其相互关系的规律。只有掌握动画运动规律，才能处理好动画中动作的节奏。

任务实施

1. 任务效果

相册目录展示效果图如图 1.3.1 所示。

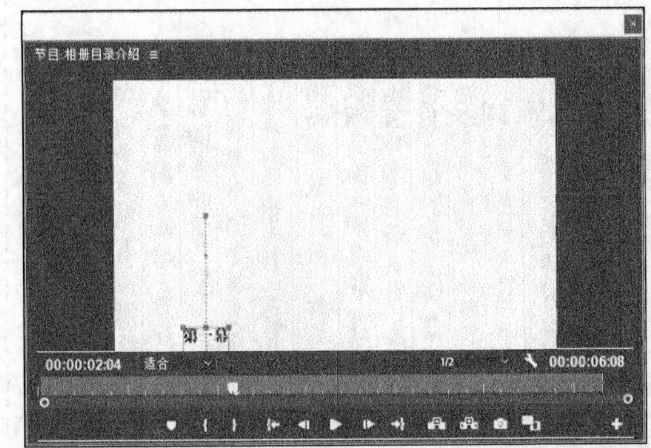

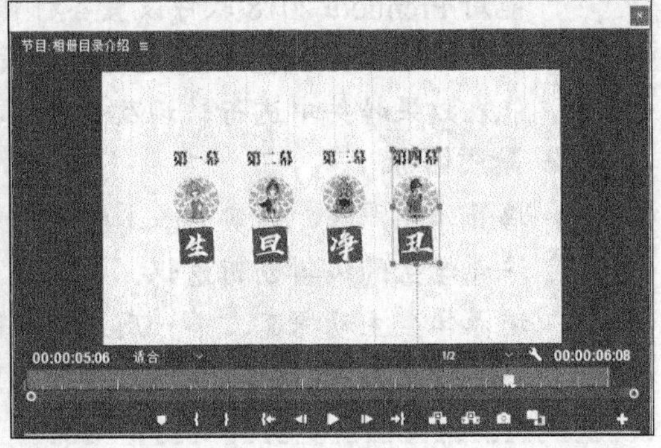

图 1.3.1　相册目录展示效果图

2. 任务分析

图像的运动是视频剪辑中的常用操作方法。实施任务时，首先需要在效果控件面板中设置好运动的起始位置并设置关键帧，然后设置运动的终点位置并设置关键帧，最后通过播放实现图像的运动效果。

3. 操作步骤

1）在项目面板空白处右击，在弹出的快捷菜单中选择【新建项目】→【序列】命令，打开【新建序列】对话框，完成新建序列操作，如图 1.3.2 所示。

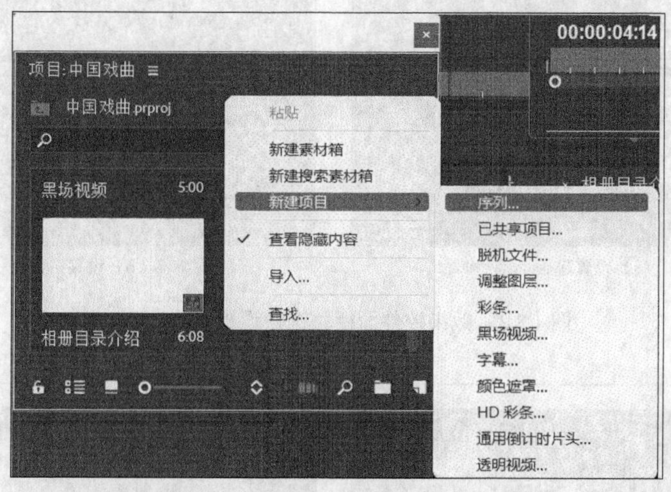

图 1.3.2 【新建项目】→【序列】命令

2）在项目面板空白处右击，在弹出的快捷菜单中选择【导入】命令，将相册目录第一幕、第二幕、第三幕、第四幕及底纹文字素材文件导入项目面板。

3）将“底纹文字”素材拖至序列面板 V1 轨道。

4）将“第一幕”素材拖至序列面板 V2 轨道 0 秒位置。

5）单击选中序列面板 V2 轨道中的“第一幕”素材。

6）打开【效果控件】面板，展开【运动】选项。

7）将时间指针置于 0 帧位置，单击【位置】属性前的切换动画按钮，设置起始点位置为“285，980”，如图 1.3.3（a）所示。

8）将时间指针置于 1 秒位置，设置结束点位置为“285，400”，如图 1.3.3（b）所示。

9）单击节目监视器面板中的【播放】按钮，即可实现相册目录第一幕从屏幕下方向屏幕中间运动的效果。

10）将“第二幕”素材拖至序列面板 V3 轨道 1 秒位置。

11）单击选中序列面板 V3 轨道中的“第二幕”素材。

12）打开【效果控件】面板，展开【运动】选项。

13）将时间指针置于 1 秒位置，单击【位置】属性前的切换动画按钮，设置起始点位置为“505，980”，如图 1.3.4（a）所示。

14）将时间指针置于 2 秒位置，设置结束点位置为“505，400”，如图 1.3.4（b）所示。

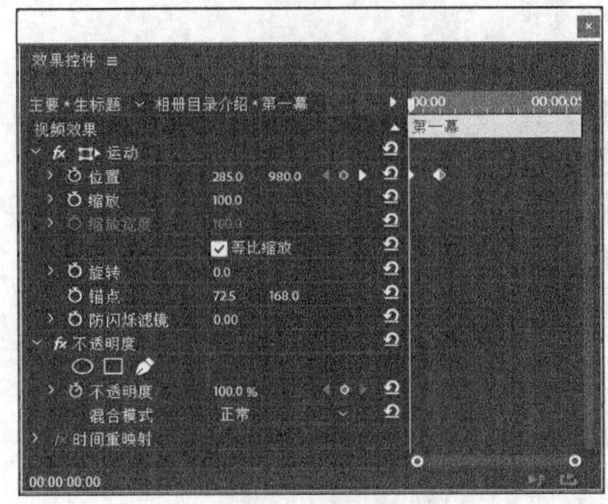

（a）设置起点　　　　　　（b）设置结束点

图 1.3.3　效果控件面板关键帧设置（第一幕）

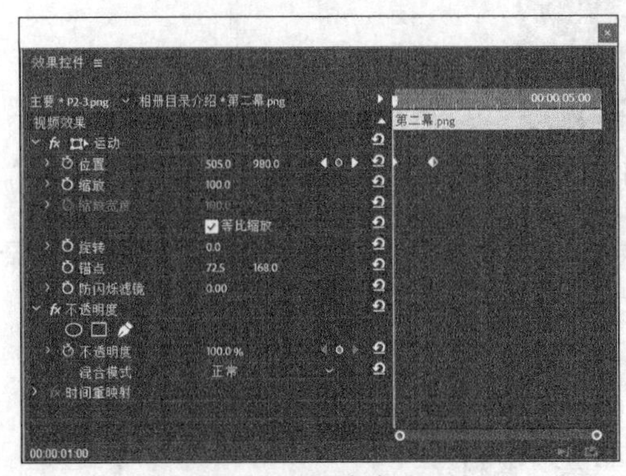

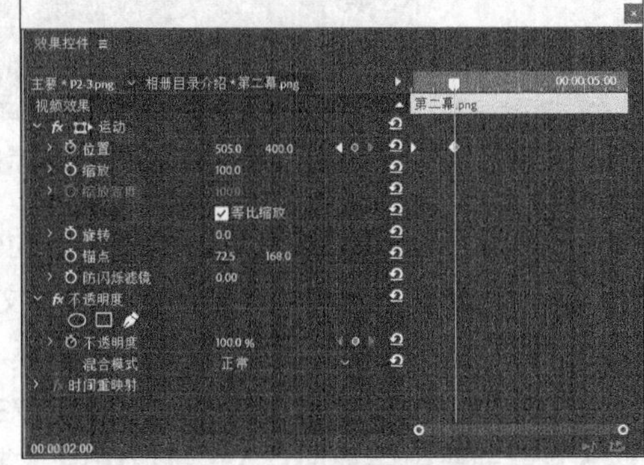

（a）设置起点　　　　　　（b）设置结束点

图 1.3.4　效果控件面板关键帧设置（第二幕）

15）单击节目监视器面板中的【播放】按钮，即可实现相册目录第二幕从屏幕下方向屏幕中间运动的效果。

16）将“第三幕”素材拖至序列面板 V4 轨道 2 秒位置。

17）单击选中序列面板 V4 轨道中的“第三幕”素材。

18）打开【效果控件】面板，展开【运动】选项。

19）将时间指针置于 2 秒位置，单击【位置】属性前的切换动画按钮，设置起始点位置为“737，980”，如图 1.3.5（a）所示。

20）将时间指针置于 3 秒位置，设置结束点位置为“737，400”，如图 1.3.5（b）所示。

21）单击节目监视器面板中的【播放】按钮，即可实现相册目录第三幕从屏幕下方向屏幕中间运动的效果。

22）将“第四幕”素材拖至序列面板 V5 轨道 3 秒位置。

23）单击选中序列面板 V5 轨道中的“第四幕”素材。

24）打开【效果控件】面板，展开【运动】选项。

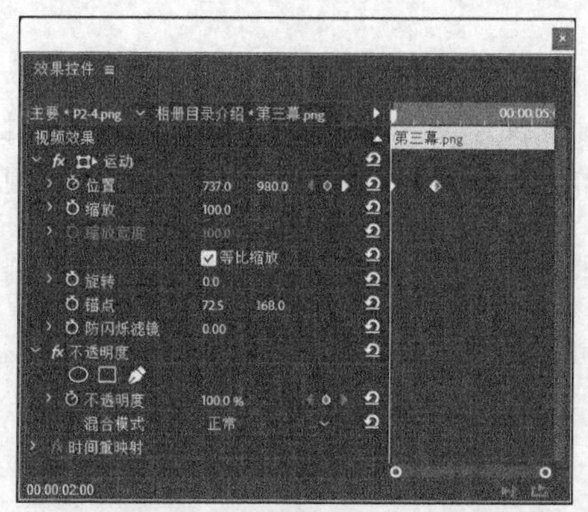

(a) 设置起点

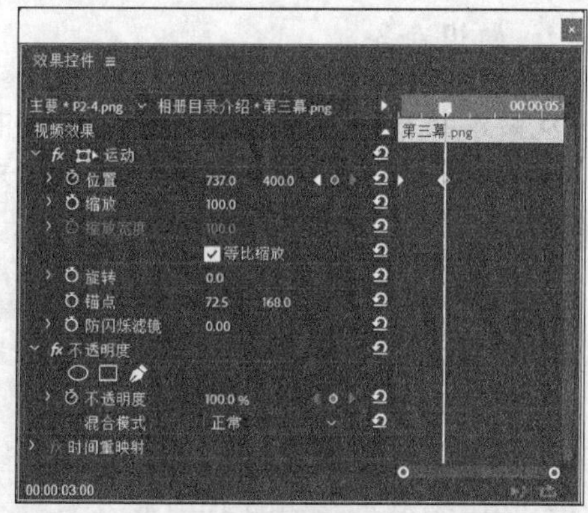

(b) 设置结束点

图 1.3.5　效果控件面板关键帧设置（第三幕）

25）将时间指针置于 3 秒位置，单击【位置】属性前的切换动画按钮，设置起始点位置为“960，980”，如图 1.3.6（a）所示。

26）将时间指针置于 4 秒位置，设置结束点位置为“960，400”，如图 1.3.6（b）所示。

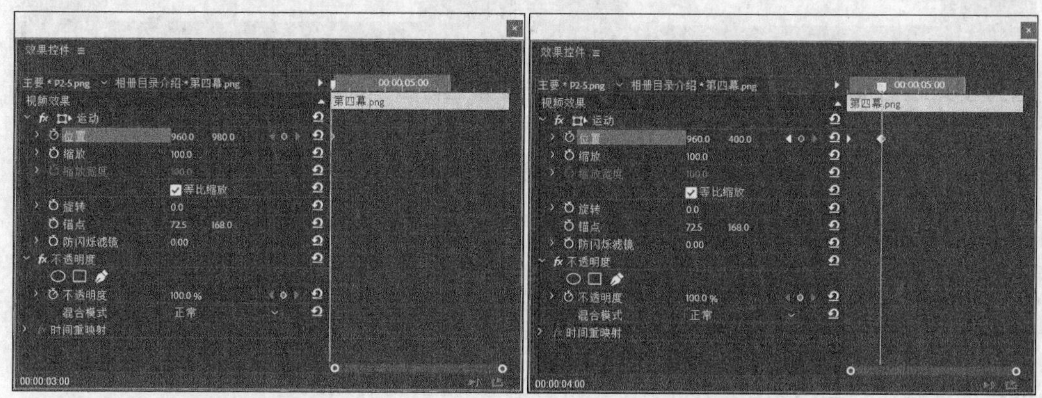

(a) 设置起点　　(b) 设置结束点

图 1.3.6　效果控件面板关键帧设置（第四幕）

27）单击节目监视器面板中的【播放】按钮，即可实现相册目录第四幕从屏幕下方向屏幕中间运动的效果。

任务二　人物出场效果设置

任务说明

本任务主要运用位置、旋转运动效果进行设置。特效的设置主要是通过效果控件面板中的基本设置选项实现的。为人物出场图片添加运动效果，实现戏曲人物出场的效果。

知识准备

戏曲人物由屏幕外旋转出现在屏幕中间，不仅涉及人物的旋转特效，在旋转过程中还要通过人物从小到大的方式实现。只有掌握人物运动的规律，才能更好地实现动画效果。

任务实施

1. 任务效果

人物出场效果图如图 1.3.7 所示。

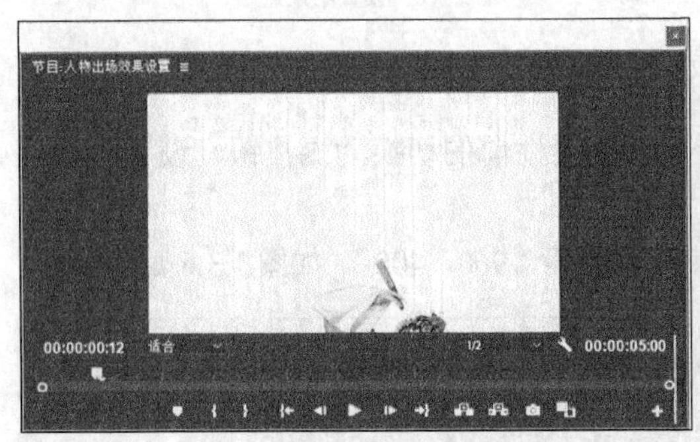

(a) 出场前

(b) 出场后

图 1.3.7　人物出场效果图

2. 任务分析

图像的运动和变形缩放及旋转是常见的视频剪辑效果。实施任务时，首先需要在效果控件面板中设置好运动、比例及起始位置并设置关键帧，然后设置运动、比例及旋转的终点位置并设置关键帧，最后通过播放实现人物出场的效果。

3. 操作步骤

1）在项目面板空白处右击，在弹出的快捷菜单中选择【新建项目】→【序列】命令，打开【新建序列】对话框，完成新建序列操作。

2）在项目面板空白处右击，在弹出的快捷菜单中选择【导入】命令，将“底纹文字”及“人物”素材图片导入项目面板。

3）将“底纹文字”素材拖至序列面板 V1 轨道；将“人物”素材拖至序列面板 V2 轨道。

4）在序列面板中选择“人物”素材，打开【效果控件】面板，展开【运动】选项，设置锚点为“252，874”。

5）将时间指针置于 0 帧位置，单击【位置】、【缩放】及【旋转】属性前的切换动画按钮，设置起始点位置为“518，1088”、缩放比例为 36%、旋转角度为 137°，

如图 1.3.8 所示。

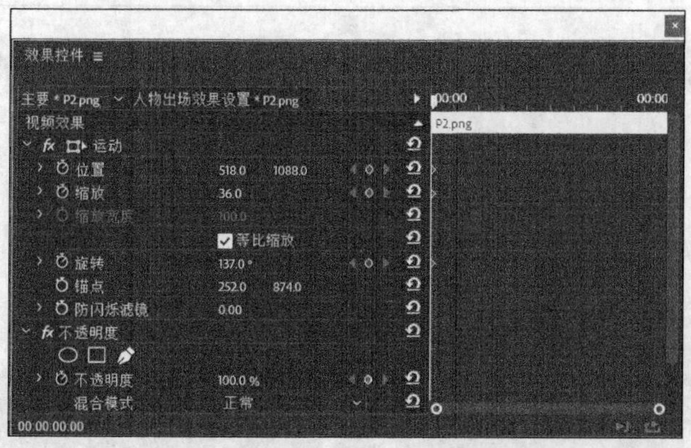

图 1.3.8　人物出场起点参数设置

6）将时间指针置于 1 秒位置，设置结束点位置为“518，1088”、缩放比例为 126%、旋转角度为 0°，如图 1.3.9 所示。

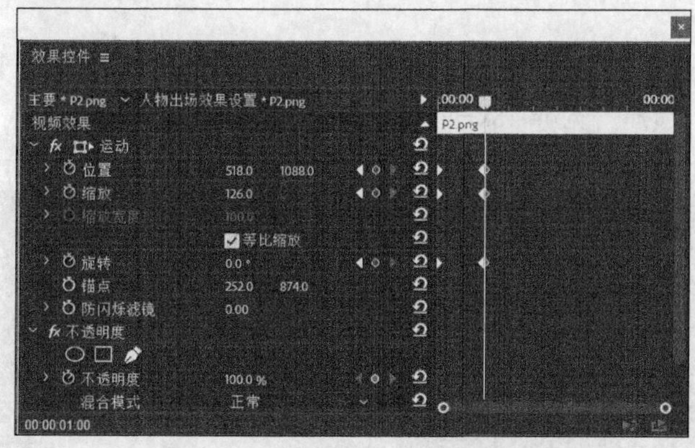

图 1.3.9　人物出场结束点参数设置

7）单击节目监视器面板中的【播放】按钮，即可实现人物旋转出场效果。

拓展链接

飞驰的小汽车动画效果

飞驰的小汽车主要通过图像的运动及缩放比例的变化实现动画效果。

1. 任务效果

飞驰的小汽车效果图如图 1.3.10 所示。

2. 任务分析

飞驰的小汽车通过运用多种素材及位置与缩放比例的变化实现动画效果。操作过程中，需要注意素材放置的位置与运动关键帧的设置，通过综合案例巩固知识。

（a）效果图（一）

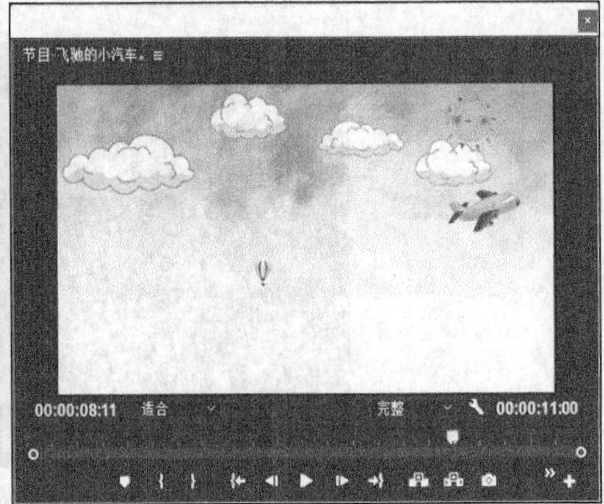

（b）效果图（二）

图 1.3.10 飞驰的小汽车效果图

3. 操作步骤

1）打开 Premiere 2018 软件，选择【文件】→【新建】→【序列】命令，打开【新建序列】对话框，选择“宽屏 48kHz”的序列，如图 1.3.11 所示。

图 1.3.11 【新建序列】对话框（宽屏）

2）在项目面板空白处双击，将“小汽车”“背景”“公路”“树”等素材导入项目面板。

3）在项目面板中选中“背景”素材，按住鼠标左键拖至序列面板 V1 轨道，在“背

景”素材上右击，在弹出的快捷菜单中选择【速度/持续时间】命令，如图 1.3.12 所示，打开【剪辑速度/持续时间】对话框，更改素材的持续时间为 11 秒。选中“背景”素材，打开【效果控件】面板，设置素材缩放比例为画面大小。

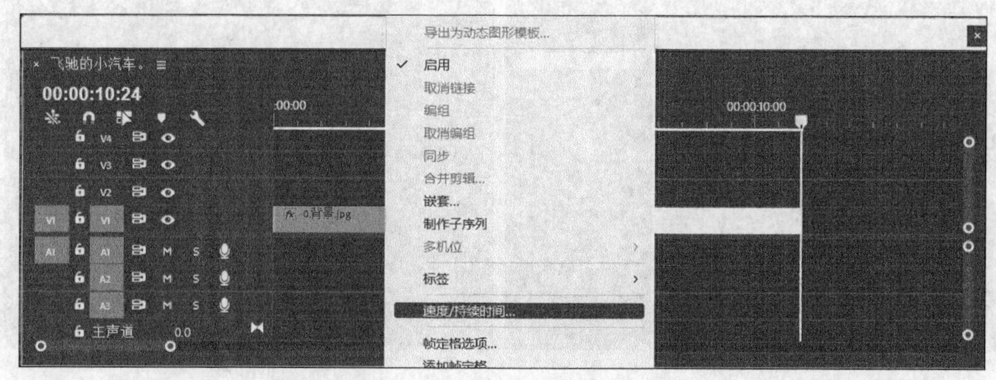

图 1.3.12　“背景”素材右键菜单

4）在项目面板中选中“太阳”素材，按住鼠标左键拖至序列面板 V2 轨道，在“太阳”素材上右击，在弹出的快捷菜单中选择【取消链接】命令，如图 1.3.13 所示，删除音频，并选择【速度/持续时间】命令，打开【剪辑速度/持续时间】对话框，更改素材的持续时间为 11 秒。

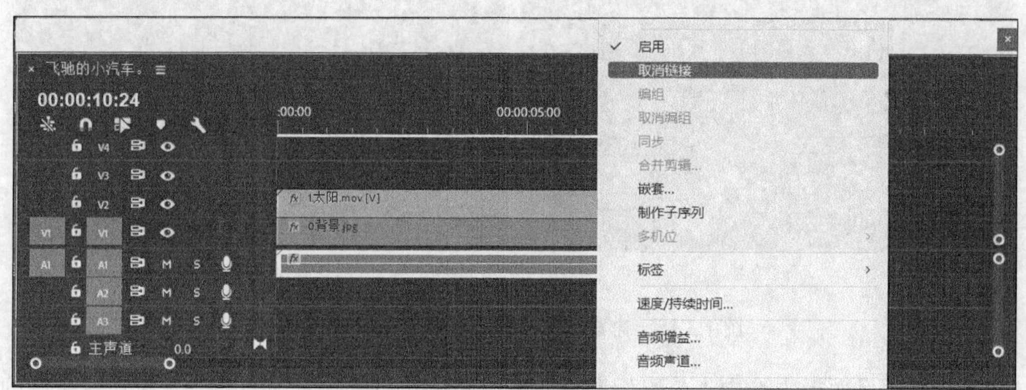

图 1.3.13　“太阳”素材右键菜单

5）选中“太阳”素材，打开【效果控件】面板，设置素材缩放比例为 24%，单击【位置】属性前的切换动画按钮，设置 0 秒位置关键帧为“760，220”，1 秒位置关键帧为“600，74”，如图 1.3.14 所示。

6）在项目面板中选中“树”素材，按住鼠标左键拖动至序列面板 V3 轨道，在序列面板中选择“树”素材，右击，在弹出的快捷菜单中选择【速度/持续时间】命令，打开【剪辑速度/持续时间】对话框，更改素材的持续时间为 7 秒。

7）选中“树”素材，打开【效果控件】面板，展开【运动】选项，设置素材缩放比例为 75%，单击【位置】属性前的切换动画按钮，设置 0 秒位置关键帧为“919，657”，1 秒位置关键帧为“919，325”，2 秒位置关键帧为“919，325”，5 秒位置关键帧为“−265，

325”，6 秒位置关键帧为“-265，325”，7 秒位置关键帧为“-265，609”，如图 1.3.15 所示。

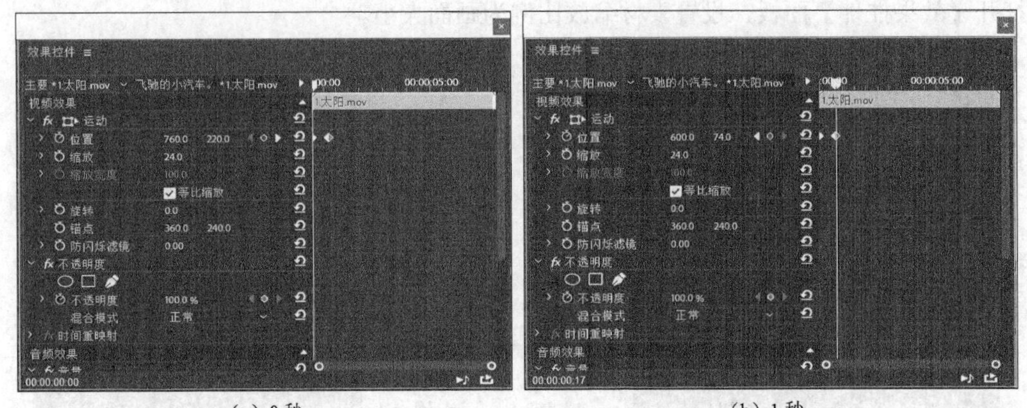

（a）0 秒　　（b）1 秒

图 1.3.14　“太阳”素材 0 秒和 1 秒位置关键帧设置

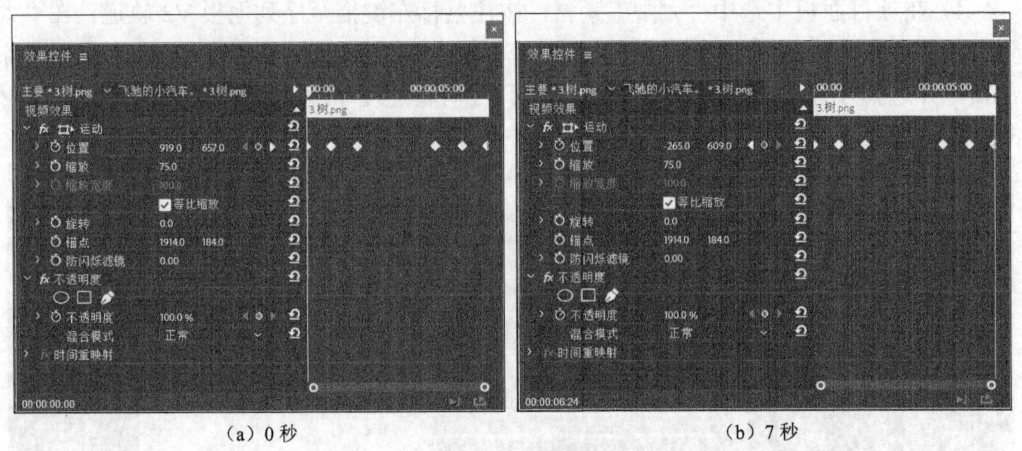

（a）0 秒　　（b）7 秒

图 1.3.15　树素材 0 秒和 7 秒位置关键帧设置

8）在项目面板中选中“公路”素材，按住鼠标左键拖至序列面板 V4 轨道，在序列面板中选择“公路”素材，右击，在弹出的快捷菜单中选择【速度/持续时间】命令，打开【剪辑速度/持续时间】对话框，更改素材的持续时间为 7 秒。

9）选中“公路”素材，打开【效果控件】面板，展开【运动】选项，设置素材缩放比例为 93%，单击【位置】属性前的切换动画按钮，设置 0 秒位置关键帧为“919，632”，1 秒位置关键帧为“919，515”，2 秒位置关键帧为“919，515”，5 秒位置关键帧为“-360，515”，6 秒位置关键帧为“-360，515”，7 秒位置关键帧为“-360，653”，如图 1.3.16 所示。

10）在项目面板中选中“小汽车”素材，按住鼠标左键拖至序列面板 V5 轨道 1 秒处，在序列面板中选择“小汽车”素材，右击，在弹出的快捷菜单中选择【速度/持续时间】命令，打开【剪辑速度/持续时间】对话框，更改素材的持续时间为 5 秒，如图 1.3.17 所示。

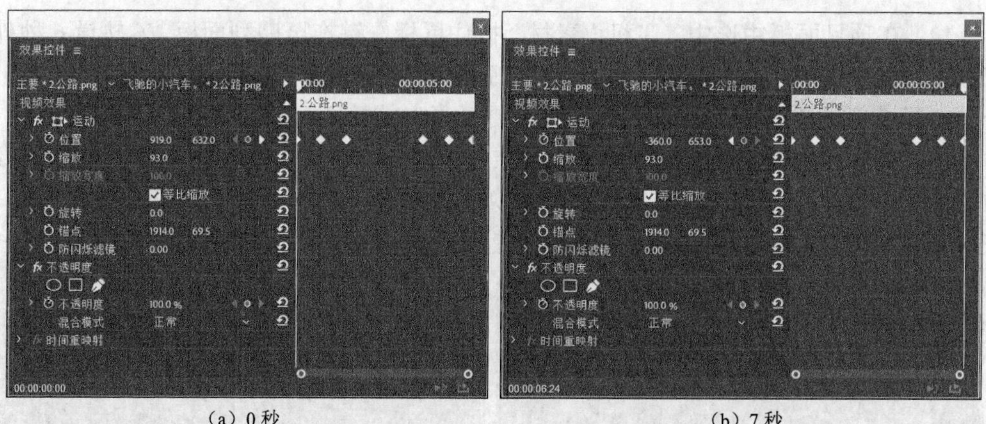

（a）0 秒　　（b）7 秒

图 1.3.16　“公路”素材 0 秒和 7 秒位置关键帧设置

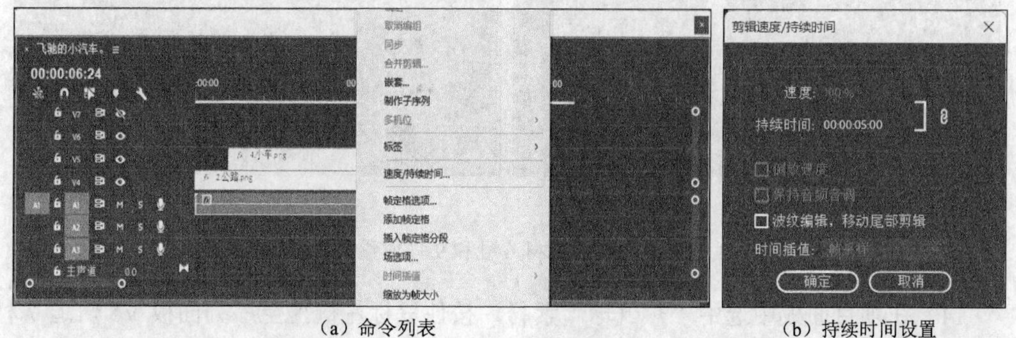

（a）命令列表　　（b）持续时间设置

图 1.3.17　“小汽车”素材序列面板和持续时间设置

11）选中“小汽车”素材，打开【效果控件】面板，展开【运动】选项，设置素材缩放比例为 65%，单击【位置】属性前的切换动画按钮，设置 1 秒位置关键帧为“-86，485”，2 秒位置关键帧为“360，485”，5 秒位置关键帧为“360，485”，6 秒位置关键帧为“805，485”，如图 1.3.18 所示。

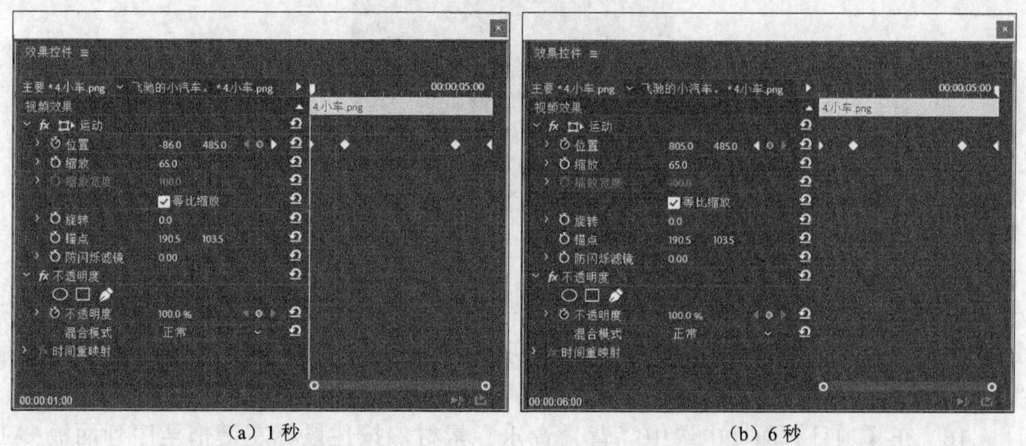

（a）1 秒　　（b）6 秒

图 1.3.18　“小汽车”素材 1 秒和 6 秒位置关键帧设置

12）在项目面板中选中“飞机”素材，按住鼠标左键拖至序列面板 V6 轨道 6 秒处，在序列面板中选择“飞机”素材，右击，在弹出的快捷菜单中选择【速度/持续时间】命令，打开【剪辑速度/持续时间】对话框，更改素材的持续时间为 5 秒。

13）选中“飞机”素材，打开【效果控件】面板，展开【运动】选项，设置素材缩放比例为 50%，单击【位置】属性前的切换动画按钮，设置 6 秒位置关键帧为“-62，288”，9 秒位置关键帧为“775，225”，设置旋转角度为-14°，如图 1.3.19 所示。

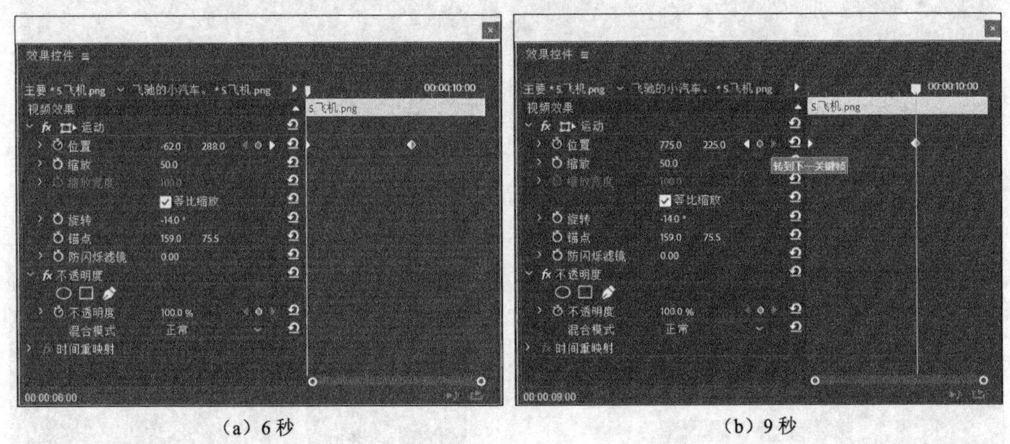

（a）6 秒　　（b）9 秒

图 1.3.19　“飞机”素材 6 秒和 9 秒位置关键帧设置

14）在项目面板中选中“热气球”素材，按住鼠标左键拖至序列面板 V5 轨道 7 秒 13 帧处，在序列面板中选择“热气球”素材，右击，在弹出的快捷菜单中选择【速度/持续时间】命令，打开【剪辑速度/持续时间】对话框，更改素材的持续时间为 3 秒 12 帧，如图 1.3.20 所示。

图 1.3.20　“热气球”素材—设置持续时间

15）选中“热气球”素材，打开【效果控件】面板，展开【运动】选项，设置素材缩放比例为 67%，单击【位置】属性前的切换动画按钮，设置 7 秒 13 帧位置关键帧为“227，246”，9 秒位置关键帧为“342，416”，如图 1.3.21 所示。

16）在【项目】面板中选中“背景音乐”素材，按住鼠标左键拖至序列面板 A1 轨道 0 秒处，在序列面板中选择“背景音乐”素材，将时间指针拖至 11 秒处，选择

工具面板中的【剃刀工具】在 11 秒处进行裁剪，并删除多余音频，如图 1.3.22 所示。

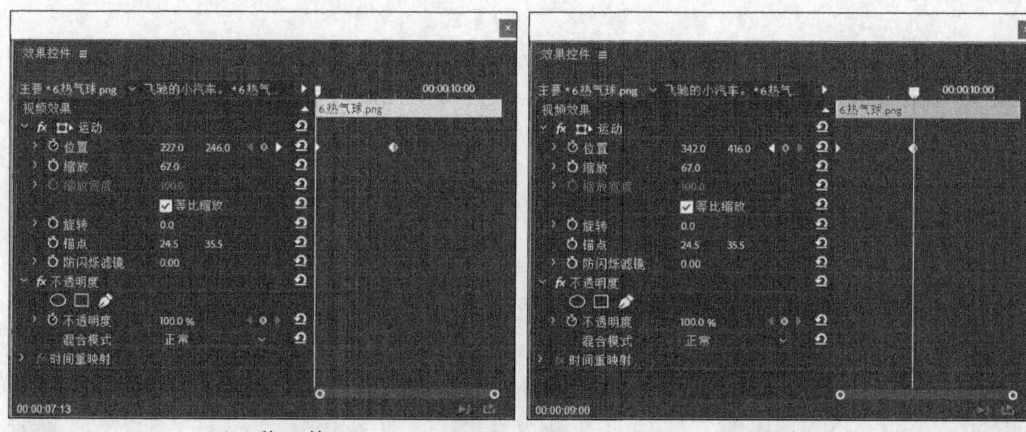

（a）7 秒 13 帧　　　　（b）9 秒

图 1.3.21 "热气球"素材 7 秒 13 帧和 9 秒位置关键帧设置

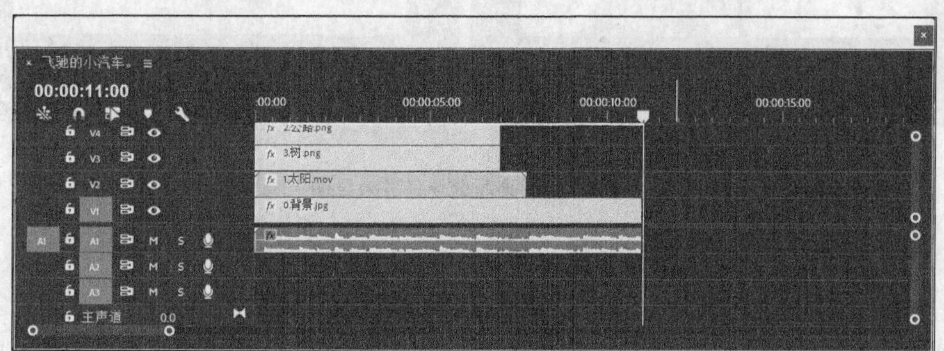

图 1.3.22 添加背景音乐

17）单击节目监视器面板中的【播放】按钮，即可实现飞驰的小汽车动画效果。

任务三 画面退场效果设置

任务说明

本任务主要运用位置、旋转、不透明度运动效果设置。特效的设置主要是通过效果控件面板中的基本设置选项实现的。为静止的人物素材图片添加运动、旋转、不透明度关键帧，实现画面淡化退场的效果。

知识准备

画面退场效果不仅涉及旋转的设置，消失的过程还要通过不透明度的设置实现。只有设置旋转、不透明度关键帧，才能更好地实现动画效果。

任务实施

应用图像旋转退场的运动特效，在旋转退场的过程中实现逐渐淡化效果。在运动的同时，还需要应用不透明度特效，从而制作出人物淡化旋转退场的效果。

1. 任务效果

画面退场任务效果图如图 1.3.23 所示。

（a）退场前　　（b）退场后

图 1.3.23　画面退场任务效果图

2. 任务分析

图像的运动和不透明度设置是常见的视频剪辑效果。实施任务时，首先需要在效果控件面板中设置运动及不透明度的起始位置并设置关键帧，然后设置运动及不透明度的终点位置并设置关键帧，最后通过播放实现人物淡化旋转退场的效果。

3. 操作步骤

1）在项目面板空白处右击，在弹出的快捷菜单中选择【新建项目】→【序列】命令，打开【新建序列】对话框。

2）在项目面板空白处右击，在弹出的快捷菜单中选择【导入】命令，将“戏曲行当”素材、“戏曲人物”素材及“底纹文字”图片素材导入项目面板。

3）将“底纹文字”素材拖至序列面板 V1 轨道，将“戏曲人物”素材拖至 V2 轨道，将“戏曲行当”素材拖至 V3 轨道。

4）在序列面板中选择“戏曲人物”素材。打开【效果控件】面板，展开【运动】选项，设置锚点为“252，874”。

5）将时间指针定位在 0 秒位置，单击【位置】、【缩放】、【旋转】、【不透明度】属性前的切换动画按钮，设置起始点位置为“518，1088”、缩放比例为 36%、旋转角度为 137°、不透明度为 10%，如图 1.3.24（a）所示。

6）将时间指针定位在 1 秒位置，设置位置参数为“518，1088”、缩放比例为 126%、

旋转角度为 0°、不透明度为 100%，如图 1.3.24（b）所示。

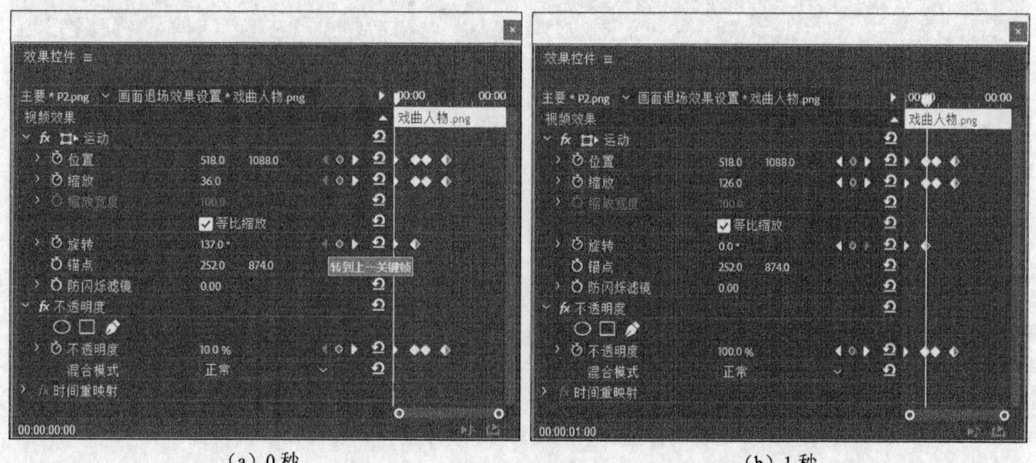

（a）0 秒　　　　（b）1 秒

图 1.3.24　“戏曲人物”素材 0 秒位置和 1 秒位置参数设置

7）将光标定位在 1 秒 12 帧位置，设置位置参数为“518，1088”、缩放比例为 126%，不透明度为 100%，如图 1.3.25（a）所示。

8）将光标定位在 2 秒 9 帧位置，设置位置参数为“922，1088”、缩放比例为 87%、旋转角度为 0°、不透明度为 10%，如图 1.3.25（b）所示。

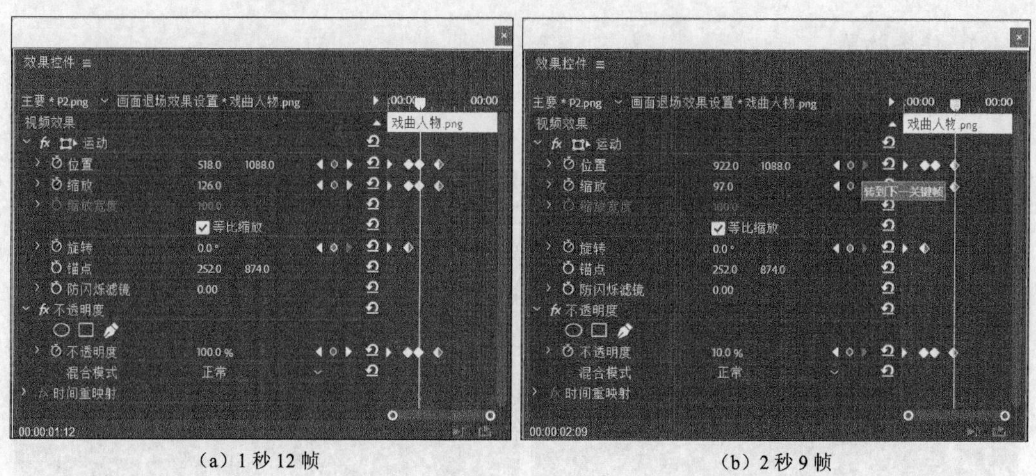

（a）1 秒 12 帧　　　　（b）2 秒 9 帧

图 1.3.25　“戏曲人物”素材 1 秒 12 帧位置和 2 秒 9 帧参数设置

9）在序列面板中选择“戏曲行当”素材。打开【效果控件】面板，展开【运动】选项，设置位置参数为“148，363”，设置锚点为“139，518”。

10）将时间指针定位在 1 秒 12 帧位置，单击【旋转】、【不透明度】属性前的切换动画按钮，设置旋转角度为-10°、不透明度为 100%，如图 1.3.26（a）所示。

11）将时间指针定位在 3 秒位置，设置旋转角度为 90°、不透明度为 10%，如图 1.3.26（b）所示。

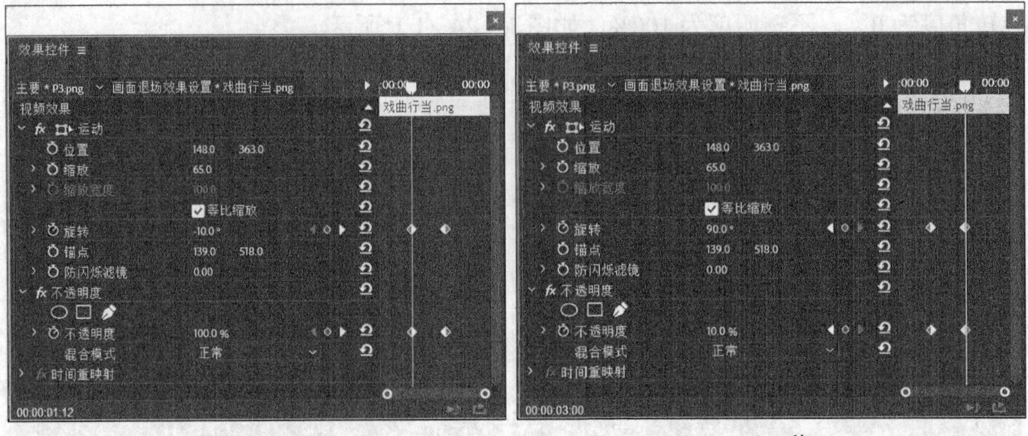

（a）1 秒 12 帧　　（b）3 秒

图 1.3.26　“戏曲行当”素材 1 秒 12 帧位置和 3 秒位置参数设置

12）单击节目监视器面板中的【播放】按钮，即可实现画面淡化退场的效果。

拓展链接

戏曲人物介绍动画效果制作

戏曲人物介绍主要通过素材的运动、比例、透明度的变化及时间线嵌套实现动画效果。

1. 任务效果

戏曲人物介绍效果图如图 1.3.27 所示。

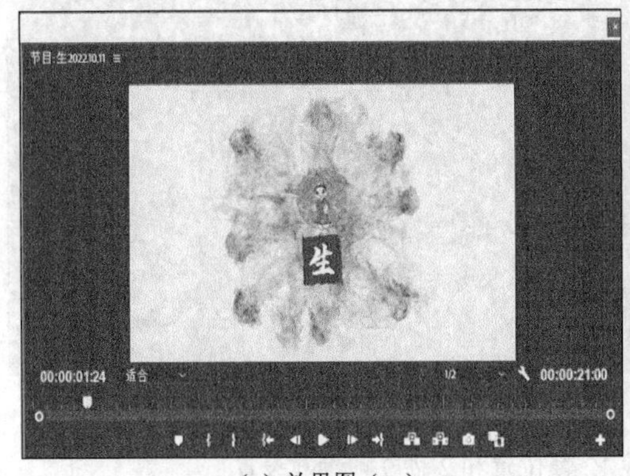

（a）效果图（一）　　（b）效果图（二）

图 1.3.27　戏曲人物介绍效果图

2. 任务分析

戏曲人物介绍运用多张戏曲人物素材图片，采用位置、比例与不透明度的变化实现动画效果。操作过程中，需要注意素材运动关键帧的设置、缩放比例与不透明度的设置及嵌套时间线的设置，通过综合案例巩固知识。

3. 操作步骤

1）打开 Premiere 2018 软件，在项目面板空白处右击，在弹出的快捷菜单中选择【新建项目】→【序列】命令，打开【新建序列】对话框，新建序列，命名为“生角色人物介绍”。

2）在项目面板空白处双击，将“生角色介绍”的相关素材导入项目面板。

3）在项目面板中选中素材“特效视频（2）”，按住鼠标左键拖至“生角色人物介绍”面板 V1 轨道，在素材“特效视频（2）”上右击，在弹出的快捷菜单中选择【速度/持续时间】命令，打开【剪辑速度/持续时间】对话框，更改素材的持续时间为 3 秒。选中“特效视频（2）”素材，打开【效果控件】面板，展开【运动】选项，设置素材缩放比例为302%，如图 1.3.28 所示。

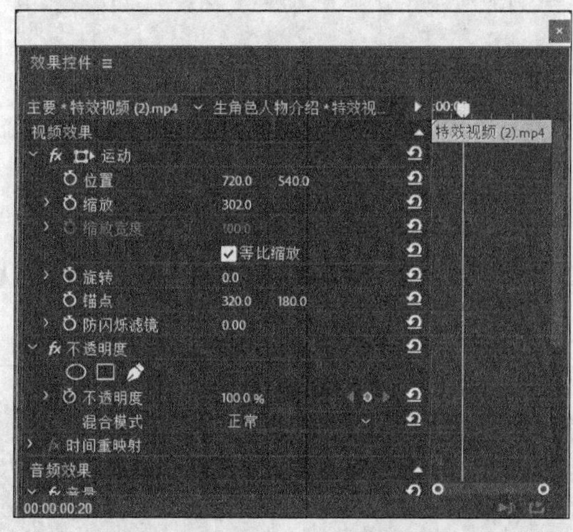

图 1.3.28　“特效视频（2）”素材参数设置

4）在项目面板中选中“透明图片”素材，按住鼠标左键拖至“生角色人物介绍”面板 V2 轨道，在“透明图片”素材上右击，在弹出的快捷菜单中选择【速度/持续时间】命令，打开【剪辑速度/持续时间】对话框，更改素材的持续时间为 3 秒。选中“透明图片”素材，打开【效果控件】面板，展开【运动】选项，设置素材缩放比例为当前画面大小。

5）在项目面板中选中“生介绍”素材，按住鼠标左键拖至“生角色人物介绍”面板 V3 轨道，在“生介绍”素材上右击，在弹出的快捷菜单中选择【速度/持续时间】命令，打开【剪辑速度/持续时间】对话框，更改素材的持续时间为 3 秒。

6）选中“生介绍”素材，打开【效果控件】面板，展开【运动】选项，设置素材位置为“593，540”，缩放比例为 83%，如图 1.3.29 所示。

7）在项目面板中选中“生文字”素材，按住鼠标左键拖至“生角色人物介绍”面板 V4 轨道，在“生文字”素材上右击，在弹出的快捷菜单中选择【速度/持续时间】命令，打开【剪辑速度/持续时间】对话框，更改素材的持续时间为 3 秒。

8）选中“生文字”素材，打开【效果控件】面板，展开【运动】选项，设置素材位置为“192，254”，缩放比例为 97%，如图 1.3.30 所示。

9）在项目面板中选中“生人物”素材，按住鼠标左键拖至“生角色人物介绍”面板V5轨道，在“生人物”素材上右击，在弹出的快捷菜单中选择【速度/持续时间】命令，打开【剪辑速度/持续时间】对话框，更改素材的持续时间为3秒。

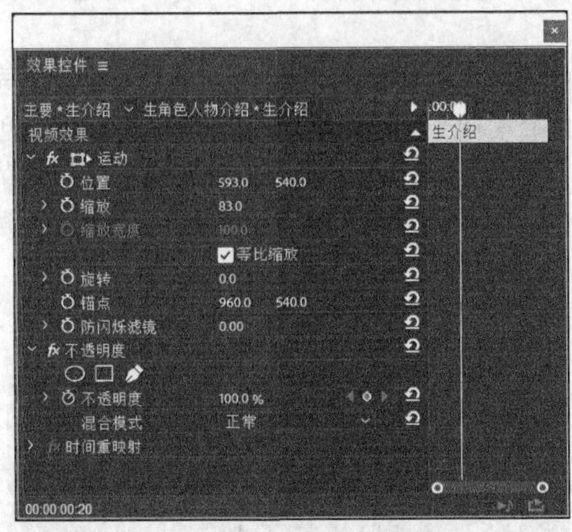

图1.3.29　“生介绍”素材参数设置

10）选中“生人物”素材，打开【效果控件】面板，展开【运动】选项，设置缩放比例为93%，如图1.3.31所示。

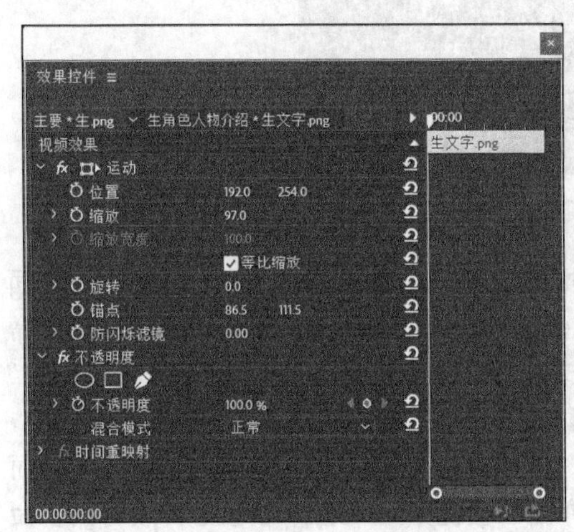

图1.3.30　“生文字”素材参数设置

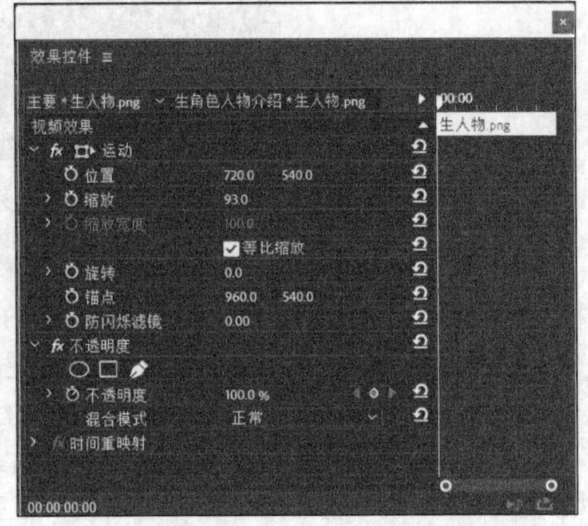

图1.3.31　“生人物”素材参数设置

11）单击节目监视器面板中的【播放】按钮，即可实现生角色人物介绍效果，如图1.3.32所示。

12）在项目面板空白处右击，在弹出的快捷菜单中选择【新建项目】→【序列】命令，打开【新建序列】对话框，新建序列，命名为“旦角色人物介绍”。

13）在项目面板空白处双击，将“旦角色介绍”的相关素材导入项目面板。

14）在项目面板中选中“特效视频（2）”素材，按住鼠标左键拖至“旦角色人物介绍”面板V1轨道，在“特效视频（2）”素材上右击，在弹出的快捷菜单中选择【速度/

持续时间】命令，打开【剪辑速度/持续时间】对话框，更改素材的持续时间为 3 秒。选中“特效视频（2）”素材，打开【效果控件】面板，展开【运动】选项，设置素材缩放比例为 302%。

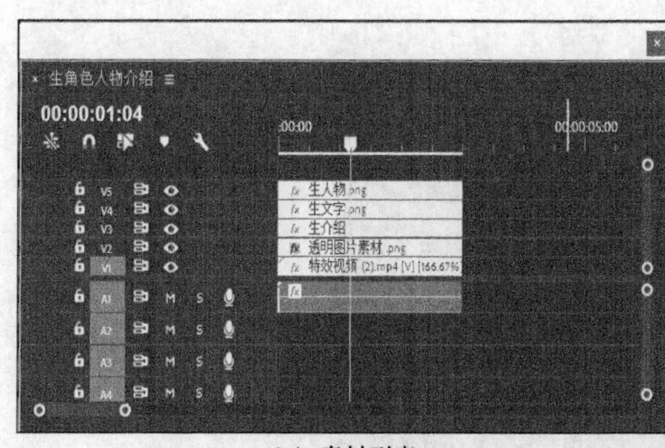

（a）素材列表

（b）效果图

图 1.3.32　生角色人物介绍素材列表与节目监视器效果图

15）在项目面板中选中“透明图片”素材，按住鼠标左键拖至“旦角色人物介绍”面板 V2 轨道，在“透明图片”素材上右击，在弹出的快捷菜单中选择【速度/持续时间】命令，打开【剪辑速度/持续时间】对话框，更改素材的持续时间为 3 秒。选中“透明图片”素材，打开【效果控件】面板，展开【运动】选项，设置素材缩放比例为当前画面大小。

16）在项目面板中选中“旦介绍”素材，按住鼠标左键拖至“旦角色人物介绍”面板 V3 轨道，在“旦介绍”素材上右击，在弹出的快捷菜单中选择【速度/持续时间】命令，打开【剪辑速度/持续时间】对话框，更改素材的持续时间为 3 秒。

17）选中“旦介绍”素材，打开【效果控件】面板，展开【运动】选项，设置素材位置为“661，540”，缩放比例为 100%，如图 1.3.33 所示。

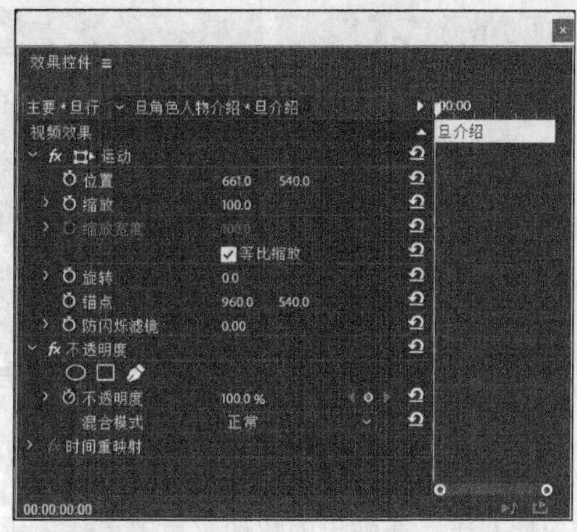

图 1.3.33　“旦介绍”素材参数设置

18）在项目面板中选中“旦文字”素材，按住鼠标左键拖至“旦角色人物介绍”面板 V4 轨道，在“旦文字”素材上右击，在弹出的快捷菜单中选择【速度/持续时间】命令令，打开【剪辑速度/持续时间】对话框，更改素材的持续时间为 3 秒。

19）选中“旦文字”素材，打开【效果控件】面板，展开【运动】选项，设置素材位置为“193，216”，缩放比例为 100%，如图 1.3.34 所示。

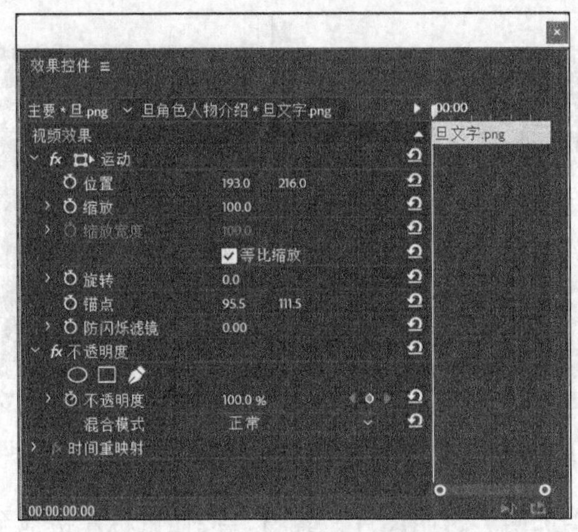

图 1.3.34 “旦文字”素材参数设置

20）在项目面板中选中“旦人物”素材，按住鼠标左键拖至“旦角色人物介绍”面板 V5 轨道，在“旦人物”素材上右击，在弹出的快捷菜单中选择【速度/持续时间】命令，打开【剪辑速度/持续时间】对话框，更改素材的持续时间为 3 秒。选中“旦人物”素材，打开【效果控件】面板，展开【运动】选项，设置缩放比例为 93%。

21）单击节目监视器面板中的【播放】按钮，即可实现旦角色人物介绍效果，如图 1.3.35 所示。

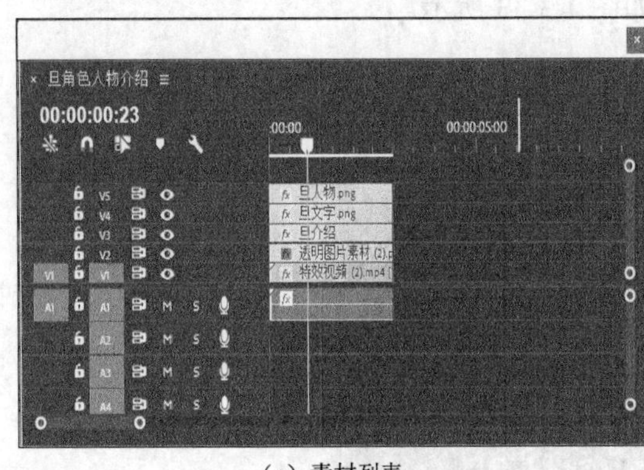

（a）素材列表

（b）效果图

图 1.3.35 旦角色人物介绍素材列表与节目监视器效果图

22）在项目面板空白处右击，在弹出的快捷菜单中选择【新建项目】→【序列】命令，打开【新建序列】对话框，新建序列，命名为“净角色人物介绍”。

23）在项目面板空白处双击，将“净角色介绍”的相关素材导入项目面板。

24）在项目面板中选中“特效视频（2）”素材，按住鼠标左键拖至“净角色人物介

绍”面板 V1 轨道，在“特效视频（2）”素材上右击，在弹出的快捷菜单中选择【速度/持续时间】命令，打开【剪辑速度/持续时间】对话框，更改素材的持续时间为 3 秒。选中“特效视频（2）”素材，打开【效果控件】面板，展开【运动】选项，设置素材缩放比例为 302%。

25）在项目面板中选中“透明图片”素材，按住鼠标左键拖至“净角色人物介绍”面板 V2 轨道，在“透明图片”素材上右击，在弹出的快捷菜单中选择【速度/持续时间】命令，打开【剪辑速度/持续时间】对话框，更改素材的持续时间为 3 秒。选中“透明图片”素材，打开【效果控件】面板，展开【运动】选项，设置素材缩放比例为当前画面大小。

26）在项目面板中选中“净介绍”素材，按住鼠标左键拖至“净角色人物介绍”面板 V3 轨道，在“净介绍”素材上右击，在弹出的快捷菜单中选择【速度/持续时间】命令，打开【剪辑速度/持续时间】对话框，更改素材的持续时间为 3 秒。

27）选中“净介绍”素材，打开【效果控件】面板，展开【运动】选项，设置素材位置为“675，540”，缩放比例为 100%，如图 1.3.36 所示。

28）在项目面板中选中“净文字”素材，按住鼠标左键拖至“净角色人物介绍”面板 V4 轨道，在“净文字”素材上右击，在弹出的快捷菜单中选择【速度/持续时间】命令，打开【剪辑速度/持续时间】对话框，更改素材的持续时间为 3 秒。

29）选中“净文字”素材，打开【效果控件】面板，设置素材位置为“196，204”，缩放比例为 116%，如图 1.3.37 所示。

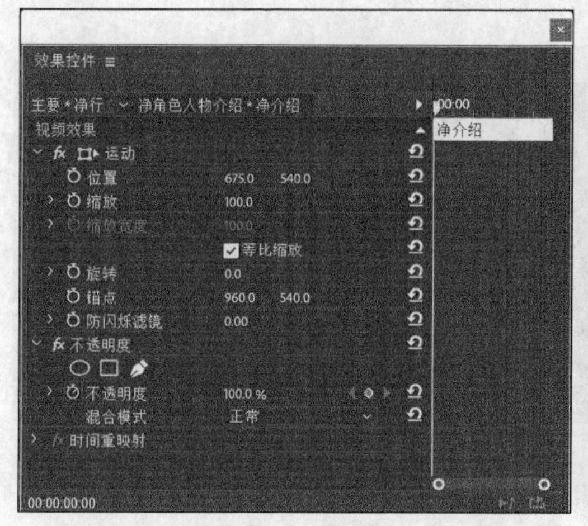

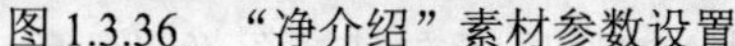
图 1.3.36　“净介绍”素材参数设置

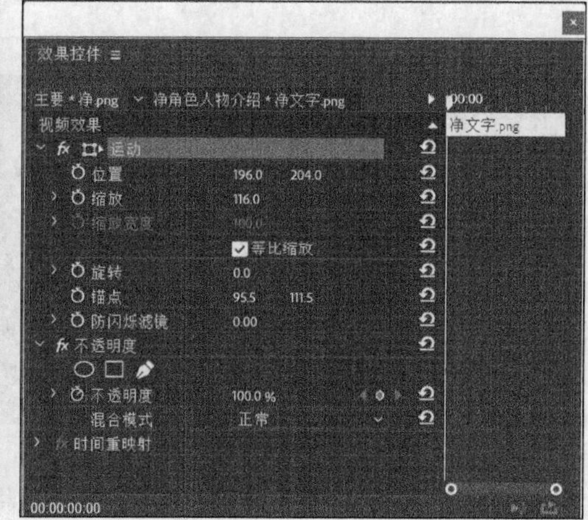

图 1.3.37　“净文字”素材参数设置

30）在项目面板中选中“净人物”素材，按住鼠标左键拖至“净角色人物介绍”面板 V5 轨道，在“净人物”素材上右击，在弹出的快捷菜单中选择【速度/持续时间】命令，打开【剪辑速度/持续时间】对话框，更改素材的持续时间为 3 秒。

31）选中“净人物”素材，打开【效果控件】面板，展开【运动】选项，设置缩放比例为 93%，如图 1.3.38 所示。

32）单击节目监视器面板中的【播放】按钮，即可实现净角色人物介绍效果，如图 1.3.39 所示。

33）在项目面板空白处右击，在弹出的快捷菜单中选择【新建项目】→【序列】命令，打开【新建序列】对话框，新建序列，命名为“丑角色人物介绍”。

34）在项目面板空白处双击，将“丑角色介绍”的相关素材导入项目面板。

35）在项目面板中选中“特效视频（2）”素材，按住鼠标左键拖至“丑角色人物介绍”面板 V1 轨道，在“特效视频（2）”素材上右击，在弹出的快捷菜单中选择【速度/持续时间】命令，打开【剪辑速度/持续时间】对话框，更改素材的持续时间为 3 秒。选中“特效视频（2）”素材，打开【效果控件】面板，设置素材缩放比例为 302%。

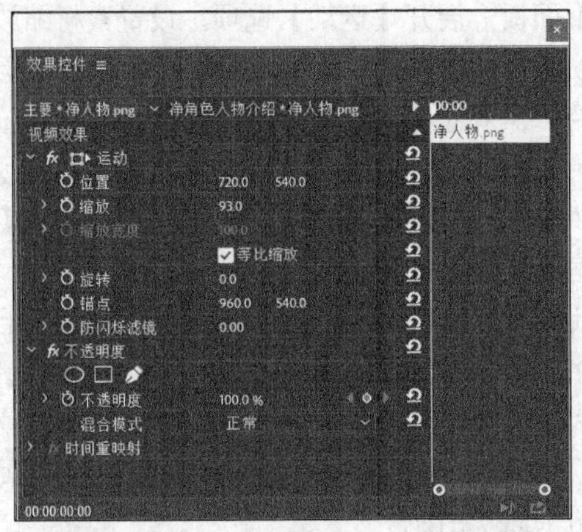

图 1.3.38　“净人物”素材参数设置

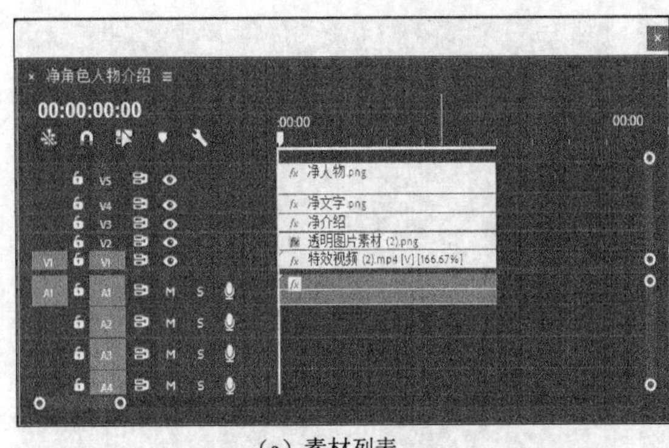

（a）素材列表

（b）效果图

图 1.3.39　净角色人物介绍素材列表与节目监视器效果图

36）在项目面板中分别选中“透明图片”素材，按住鼠标左键拖至“丑角色人物介绍”面板 V2 轨道，在“透明图片”素材上右击，在弹出的快捷菜单中选择【速度/持续时间】命令，打开【剪辑速度/持续时间】对话框，更改素材的持续时间为 3 秒。选中“透明图片”素材，打开【效果控件】面板，展开【运动】选项，设置素材缩放比例为当前画面大小。

37）在项目面板中选中“丑介绍”素材，按住鼠标左键拖至“丑角色人物介绍”面板 V3 轨道，在“丑介绍”素材上右击，在弹出的快捷菜单中选择【速度/持续时间】命令，打开【剪辑速度/持续时间】对话框，更改素材的持续时间为 3 秒。

38）选中“丑介绍”素材，打开【效果控件】面板，展开【运动】选项，设置素材位置为“708，540”，缩放比例为97%，如图1.3.40所示。

39）在项目面板中选中“丑文字”素材，按住鼠标左键拖至“丑角色人物介绍”面板V4轨道，在“丑文字”素材上右击，在弹出的快捷菜单中选择【速度/持续时间】命令，打开【剪辑速度/持续时间】对话框，更改素材的持续时间为3秒。

40）选中“丑文字”素材，打开【效果控件】面板，展开【运动】选项，设置素材位置为“250，190”，缩放比例为100%，如图1.3.41所示。

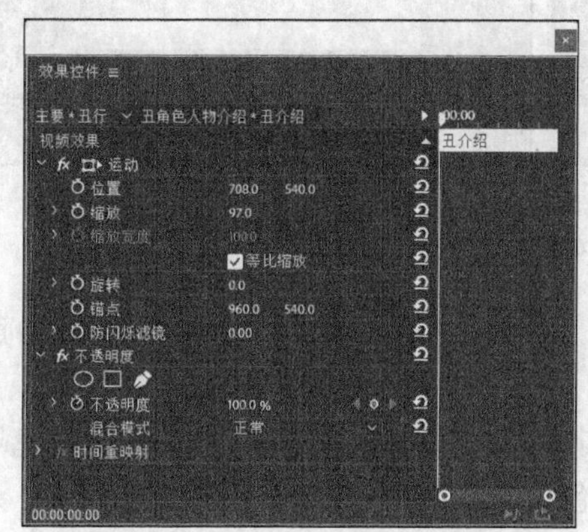

图1.3.40　“丑介绍”素材参数设置

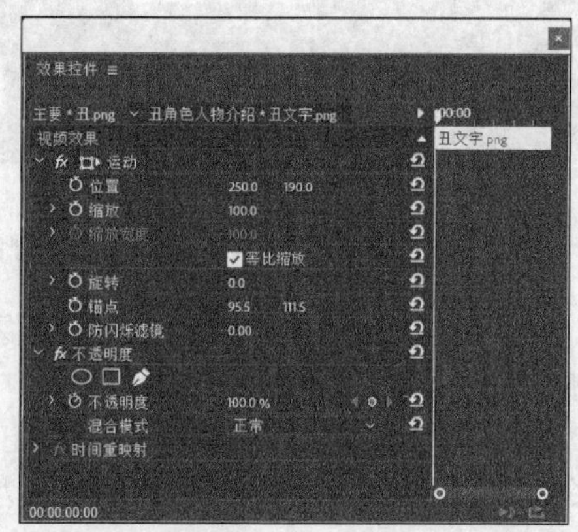

图1.3.41　“丑文字”素材参数设置

41）在项目面板中选中“丑人物”素材，按住鼠标左键拖至“丑角色人物介绍”面板V5轨道，在“丑人物”素材上右击，在弹出的快捷菜单中选择【速度/持续时间】命令，打开【剪辑速度/持续时间】对话框，更改素材的持续时间为3秒。

42）选中“丑人物”素材，打开【效果控件】面板，展开【运动】选项，设置缩放比例为200%，如图1.3.42所示。

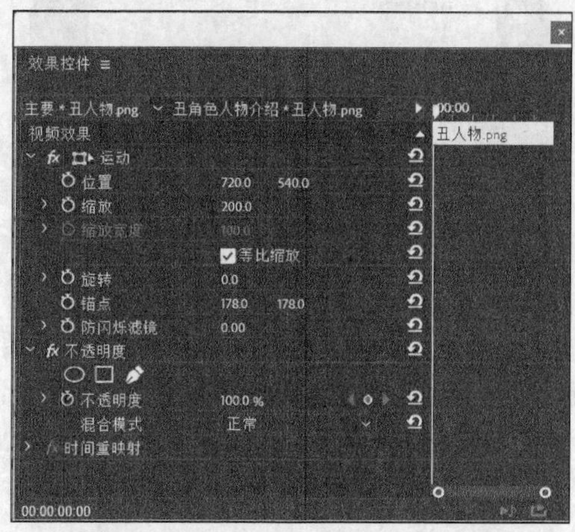

图1.3.42　“丑人物”素材参数设置

43）单击节目监视器面板中的【播放】按钮，即可实现丑角色人物介绍效果，如图1.3.43所示。

44）在项目面板空白处右击，在弹出的快捷菜单中选择【新建项目】→【序列】命令，打开【新建序列】对话框，新建序列，命名为“生、旦、净、丑角色人物介绍”。

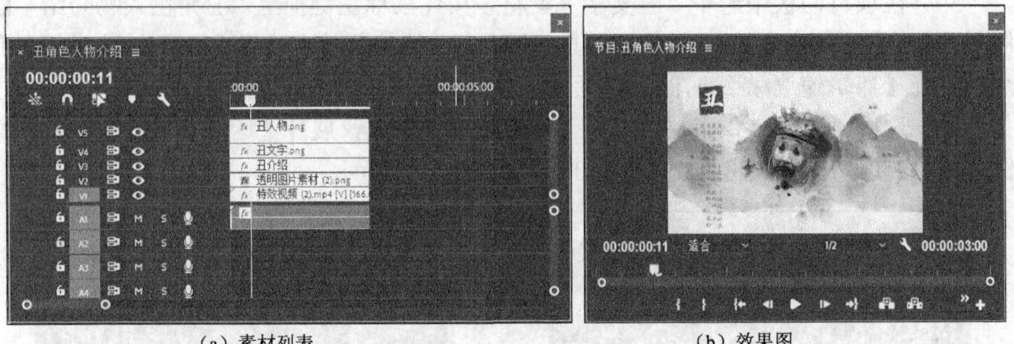

（a）素材列表　　（b）效果图

图 1.3.43　丑角色人物介绍素材列表和节目监视器效果图

45）在项目面板空白处双击，将图像序列“金色线”素材及相关图片素材导入项目面板。

46）在项目面板空白处右击，在弹出的快捷菜单中选择【新建项目】→【颜色遮罩】命令，在打开的列表中选择白色，命名为“白色背景”，如图 1.3.44 所示。

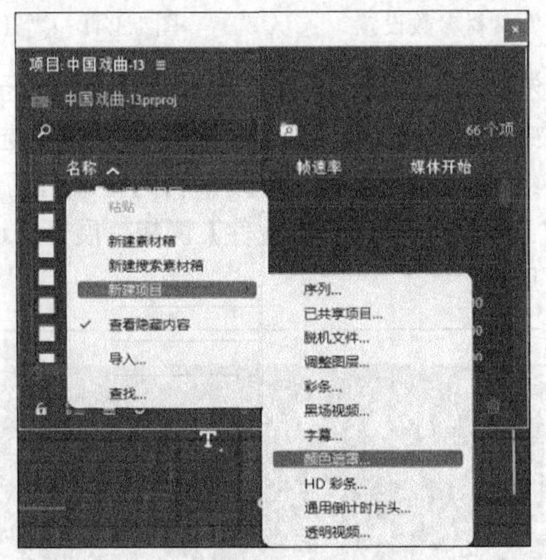

图 1.3.44　【新建项目】→【颜色遮罩】命令

47）在项目面板中选择“白色背景”素材，按住鼠标左键拖至“生、旦、净、丑角色人物介绍”面板 V1 轨道，在“白色背景”素材上右击，在弹出的快捷菜单中选择【速度/持续时间】命令，打开【剪辑速度/持续时间】对话框，更改素材的持续时间为 21 秒。选中“白色背景”素材，打开【效果控件】面板，展开【运动】选项，设置素材缩放比例为当前画面大小。

48）在项目面板中选择“特效视频（1）”素材，按住鼠标左键拖至“生、旦、净、丑角色人物介绍”面板 V2 轨道，在“特效视频（1）”素材上右击，在弹出的快捷菜单中选择【速度/持续时间】命令，打开【剪辑速度/持续时间】对话框，更改素材的持续时间

为 3 秒。选中“特效视频（1）”素材，打开【效果控件】面板，展开【运动】选项，设置素材不透明度的混合模式为差值，如图 1.3.45 所示。

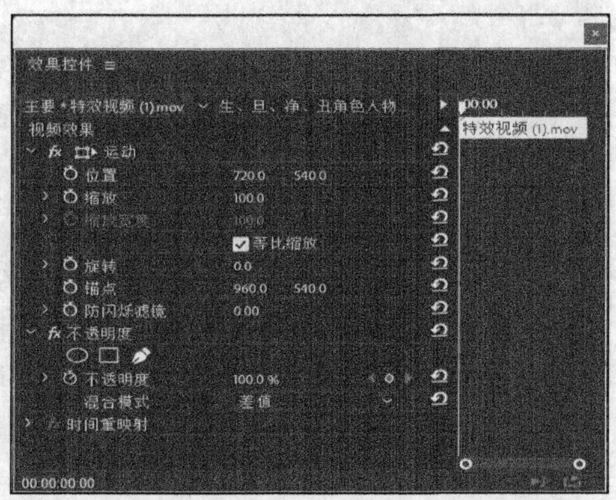

图 1.3.45　“视频特效（1）”素材参数设置

49）在“生、旦、净、丑角色人物介绍”序列面板中复制“特效视频（1）”素材，用组合键 Ctrl+V 粘贴三份，分别置于 V2 轨道 5 秒 7 帧处、10 秒 14 帧处、15 秒 20 帧处，如图 1.3.46 所示。

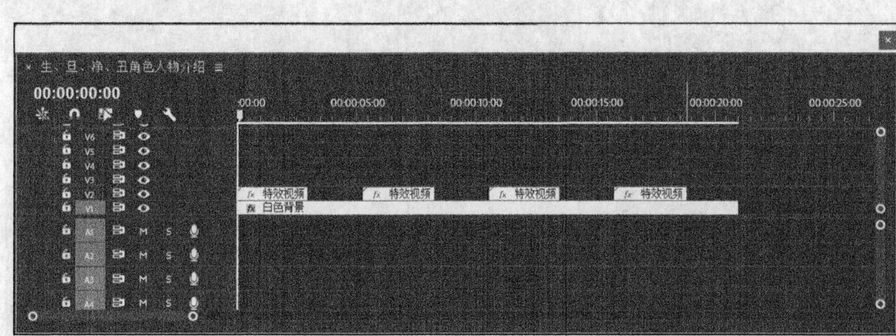

图 1.3.46　复制“特效视频（1）”素材

50）在项目面板中选中“生标题”素材，按住鼠标左键拖至 V3 轨道，在 V3 轨道上选中“生标题”素材，右击，在弹出的快捷菜单中选择【速度/持续时间】命令，打开【剪辑速度/持续时间】对话框，更改素材的持续时间为 3 秒。选中“生标题”素材，打开【效果控件】面板，展开【运动】选项，单击【缩放】属性前的切换动画按钮，设置 0 秒缩放比例为“30”，1 秒 11 帧缩放比例为“178”，设置 2 秒 4 帧位置关键帧为“720，540”，缩放比例为“178”，如图 1.3.47 所示。

51）在项目面板中选择“旦标题、净标题、丑标题”素材，分别拖至 V3 轨道 5 秒 7 帧处、10 秒 14 帧处、15 秒 20 帧处，如图 1.3.48 所示。

52）分别选中“旦标题、净标题、丑标题”素材，右击，在弹出的快捷菜单中选择【速度/持续时间】命令，打开【剪辑速度/持续时间】对话框，更改素材的持续时间为 3 秒。在 V3 轨道上选择“生标题”素材右击，在弹出的快捷菜单中选择【复制】命令，分别在“旦标题、净标题、丑标题”素材上右击，在弹出的快捷菜单中选择【粘贴属性】命令，如图 1.3.49 所示。

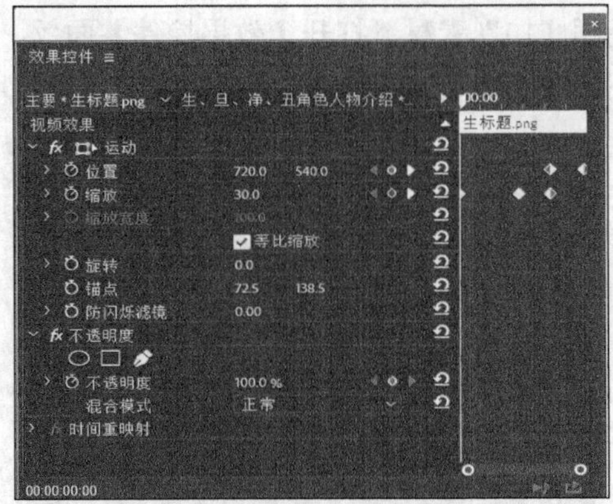

图 1.3.47 “生标题”素材缩放关键帧参数设置

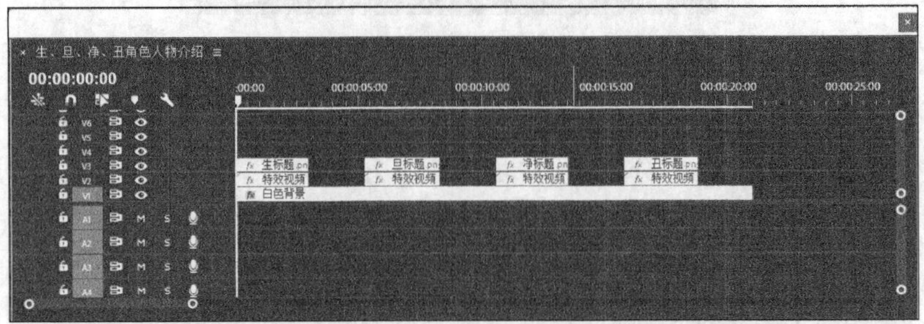

图 1.3.48 “旦标题、净标题、丑标题”素材位置

图 1.3.49 在快捷菜单中选择【粘贴属性】命令

53）在项目面板中选择序列“生角色人物介绍”，按住鼠标左键拖至V4轨道2秒7帧处，进行时间线嵌套，如图1.3.50所示。

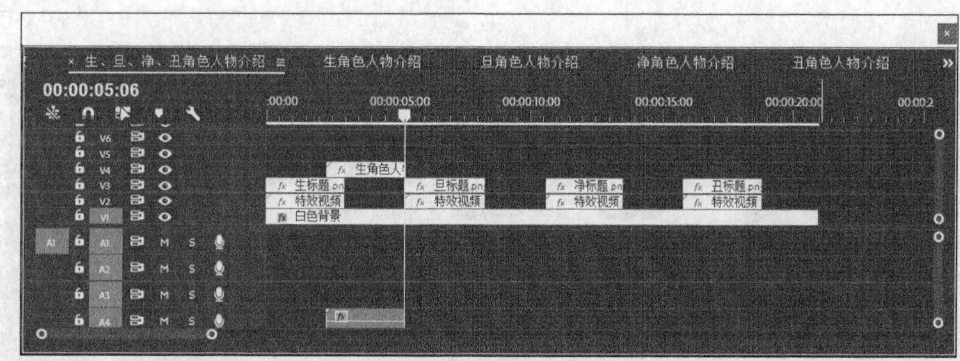

图1.3.50　嵌套时间线序列面板

54）在轨道上选择该序列，打开【效果控件】面板，单击【位置】属性前的切换动画按钮，设置2秒7帧处的位置关键帧为“720，1614”，设置3秒处的位置关键帧为“720，535”，如图1.3.51所示。

55）在项目面板中选择“旦角色人物介绍”序列、“净角色人物介绍”序列、“丑角色人物介绍”序列，分别拖至V4轨道7秒14帧处、12秒20帧处、18秒处，如图1.3.52所示。

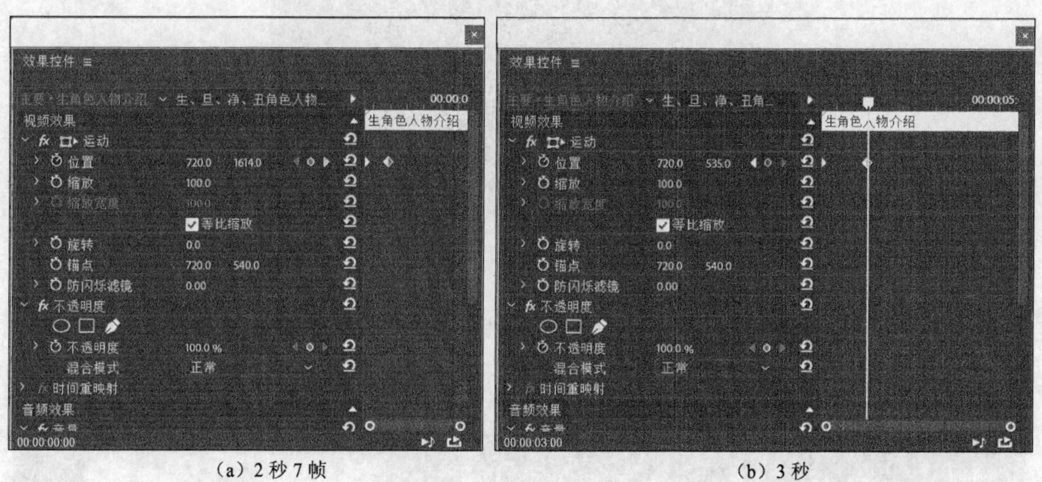

（a）2秒7帧　　（b）3秒

图1.3.51　V4轨道素材2秒7帧位置和3秒位置生角色人物介绍参数设置

56）在序列面板V4轨道上选择“生角色人物介绍”素材，右击，在弹出的快捷菜单中选择【复制】命令，分别在V4轨道上选择“旦角色人物介绍”序列素材、“净角色人物介绍”序列素材、“丑角色人物介绍”序列素材，右击，在弹出的快捷菜单中选择【粘贴属性】命令。

57）在项目面板中选择“金色线”素材，按住鼠标左键拖至“生、旦、净、丑角色人物介绍”面板V5轨道，将指针定位到21秒，选择工具面板中的【剃刀工具】裁剪素材的长度为 21 秒。选中“金色线”素材，打开【效果控件】面板，设置素材不透明度为 31%，混合模式选择“发光度”，如图 1.3.53 所示。

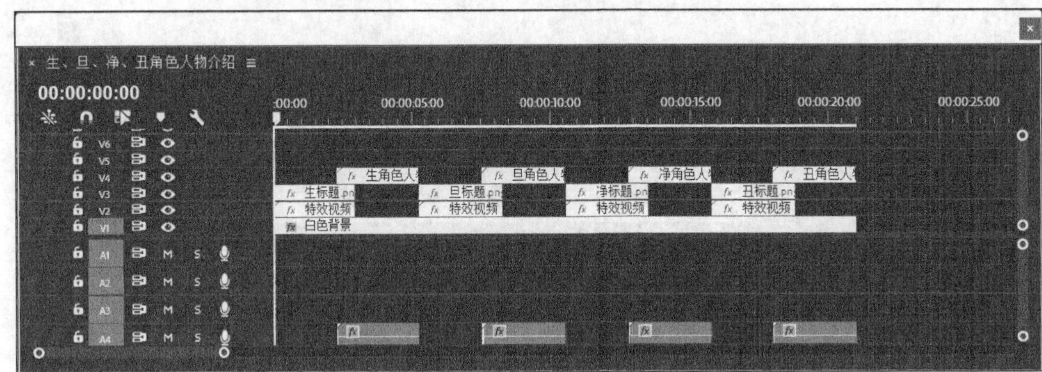

图 1.3.52　V4 轨道序列面板

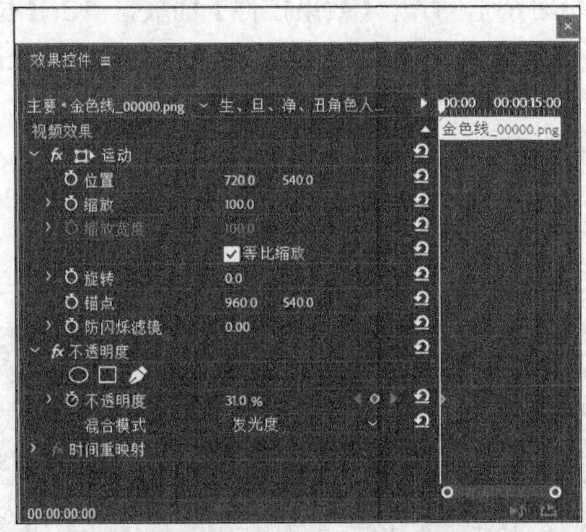

图 1.3.53　“金色线”素材参数设置

58）单击节目监视器面板中的【播放】按钮，即可实现戏曲人物介绍效果，如图 1.3.54 所示。

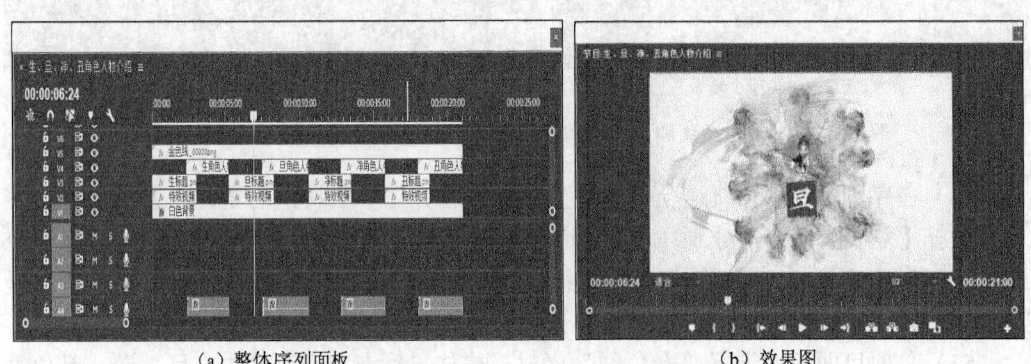

（a）整体序列面板　　（b）效果图

图 1.3.54　戏曲人物介绍整体序列面板及节目监视器效果图

任务四　动画转场效果设置

任务说明

视频后期特效制作最重要的一步是添加视频转场效果。作为一个专业级的视频制作软件，Premiere 2018 具有丰富的转场效果可供选择。

知识准备

在 Premiere 2018 软件中，根据功能可分为 8 大类、40 多种转场特效。每一种转场特效都有其独特的效果，但其使用方法基本相同。

根据转场影响边数，转场方式可分为单边转场和双边转场两大类。单边转场方式只影响相邻编辑点的前一个或后一个片段，其空白区域会透出低层轨道画面，但低层画面只是被动透出而已；双边转场方式需要两个片段参与。

单边转场的添加需要先选中一种转场方式，然后按住 Ctrl 键将其拖至某一片段的开头或结尾处。双边转场只需按住左键拖至片段相邻处。另外，转场的标志也有差异，在操作过程中需要注意区分。双边转场有左、中、右三种对齐方式，但左、右对齐与单边转场有差异。

本任务以分组的形式对转场特效的具体内容进行详尽的分析与论述。转场效果面板如图 1.3.55 所示。

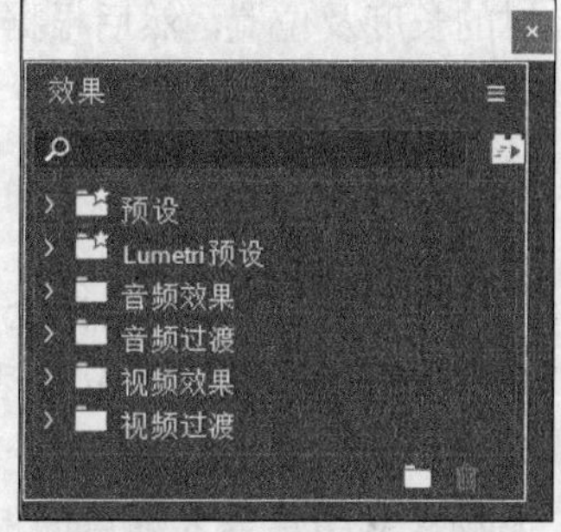

图 1.3.55　转场效果面板

任务实施

一、3D 运动转场特效

3D 运动转场特效包括立方体旋转、翻转特效。

1. 任务效果

3D 运动转场特效效果图如图 1.3.56 所示。

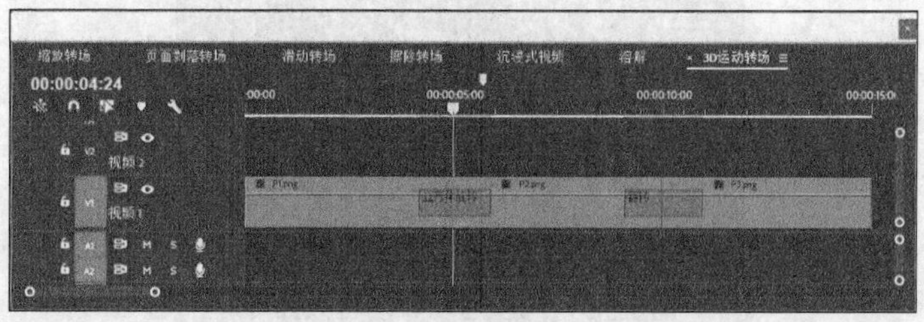

（a）设置参数

图 1.3.56　3D 运动转场特效效果图

(b) 效果图（一）

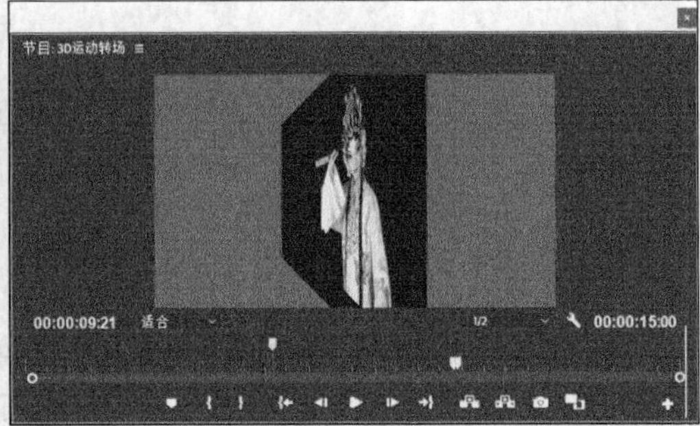

(c) 效果图（二）

图 1.3.56（续）

2. 任务分析

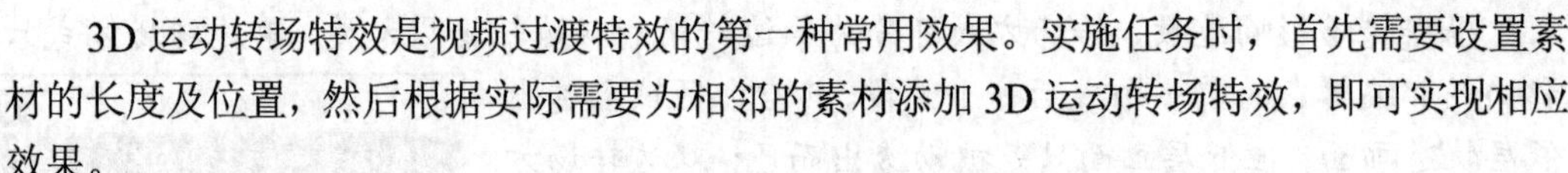

3D 运动转场特效是视频过渡特效的第一种常用效果。实施任务时，首先需要设置素材的长度及位置，然后根据实际需要为相邻的素材添加 3D 运动转场特效，即可实现相应效果。

3. 操作步骤

1）在项目面板空白处右击，在弹出的快捷菜单中选择【新建项目】→【序列】命令，打开【新建序列】对话框，完成新建序列操作。

2）在项目面板空白处右击，在弹出的快捷菜单中选择【导入】命令，将两张戏曲人物素材图片导入项目面板。

3）在项目面板中同时选中所需素材，按住鼠标左键直接拖至序列面板视频 V1 轨道。

4）在序列面板中，在任一选中素材位置右击，在弹出的快捷菜单中选择【缩放为当前画面大小】命令，使素材适配当前画面。

5）打开效果面板，双击【视频过渡】图标，展开视频过渡特效（也可单击【视频过渡】→【3D 运动】特效命令左边的下三角按钮），如图 1.3.57 所示。

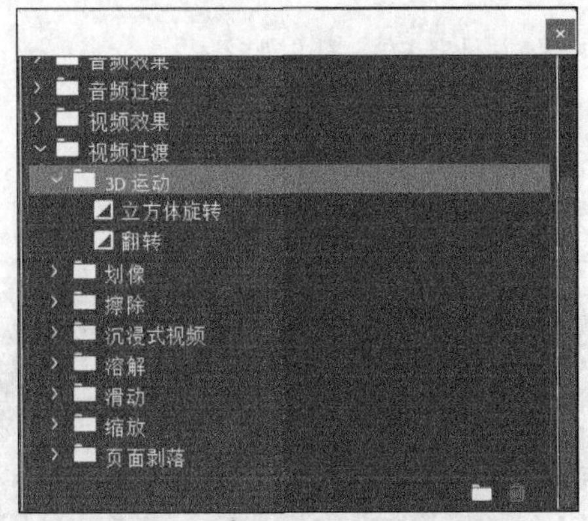

图 1.3.57　3D 运动转场特效命令

6）在打开的下拉列表中选择【立方体旋转】特效命令，按住鼠标左键将其拖至序

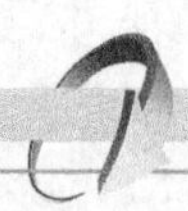

列面板的 V1 轨道，在素材 P1 和素材 P2 中间位置松开鼠标左键，如图 1.3.58 所示。

（a）效果图（一）

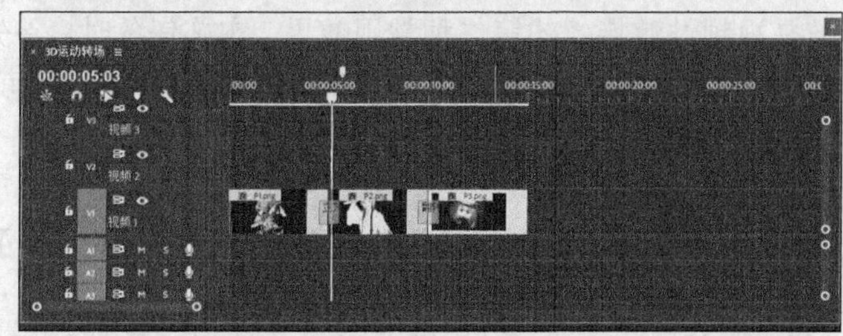

（b）效果图（二）

图 1.3.58　立方体旋转特效效果

7）单击节目监视器面板中的【播放】按钮，即可实现素材间的 3D 运动转场效果。

8）依次将其他 3D 运动转场特效拖至相邻素材之间，实现不同的视频过渡效果。

二、划像转场特效

划像转场特效包括交叉划像特效、圆划像特效、盒形划像特效、菱形划像特效四种。

1. 任务效果

划像转场特效效果图如图 1.3.59 所示。

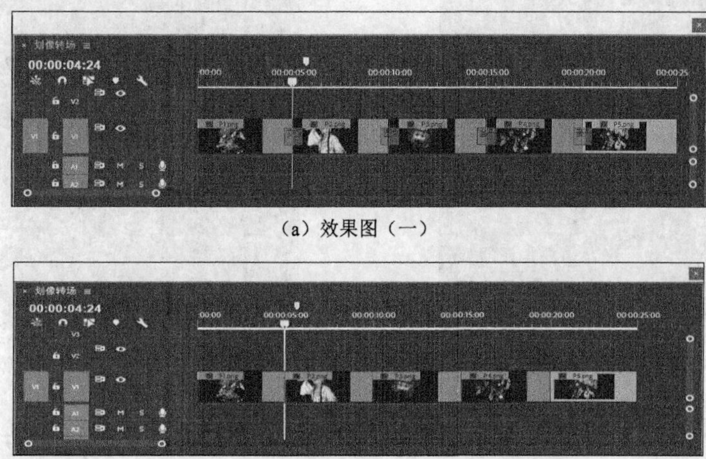

（a）效果图（一）

（b）效果图（二）

图 1.3.59　划像转场特效效果图

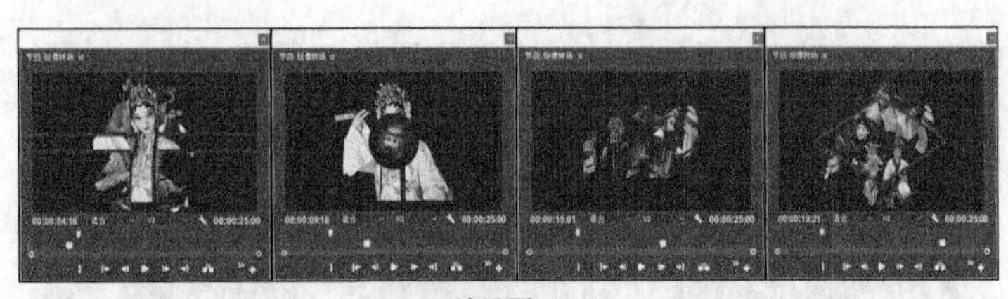

（c）效果图（三）

图 1.3.59（续）

2. 任务分析

划像转场特效是视频过渡特效的第二种常用效果。实施任务时，首先需要设置素材的长度及位置，然后根据实际需要为相邻的素材添加划像转场特效，即可实现相应效果。

3. 操作步骤

1）在项目面板空白处右击，在弹出的快捷菜单中选择【新建项目】→【序列】命令，打开【新建序列】对话框，完成新建序列操作。

2）在项目面板空白处右击，在弹出的快捷菜单中选择【导入】命令，将五张戏曲人物素材图片导入项目面板。

3）在项目面板中同时选中所需素材，按住鼠标左键直接拖拽至序列面板 V1 轨道。

4）在序列面板中，在任一选中素材位置右击，在弹出的快捷菜单中选择【缩放为当前画面大小】命令，使素材适配当前画面。

5）打开【效果】面板，依次选择【视频过渡】→【划像】转场特效命令，如图 1.3.60 所示。

6）在打开的下拉列表中选择【交叉划像】特效命令，按住鼠标左键将其拖至序列面板的 V1 轨道，在素材 P1 和素材 P2 中间位置松开鼠标左键，如图 1.3.61 所示。

图 1.3.60　划像转场特效命令

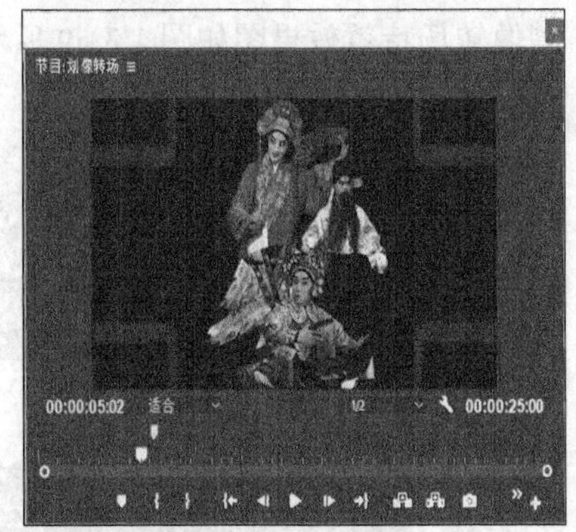

图 1.3.61　交叉划像特效效果图

7）打开效果控件面板，可以根据实际需要修改持续时间、对齐位置及相应的起始点和结束点。

8）设置持续时间为 3 秒，起始对齐位置为中心切入，结束对齐位置为 80，选中【显

示实际源】复选框，设置边宽为 29，边色为红色，选中【反向】复选框，【消除锯齿品质】选项中可以根据需要自行选择高、中、低三种不同效果，如图 1.3.62 所示。

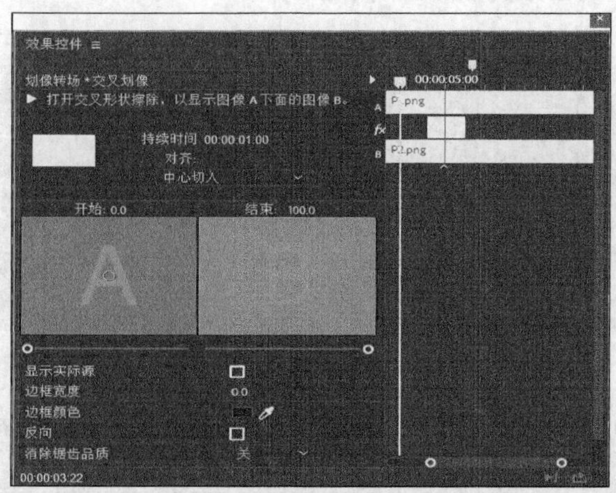

图 1.3.62　交叉划像特效参数设置

9）单击节目监视器面板中的【播放】按钮，即可实现素材间的交叉划像转场效果，如图 1.3.63 所示。

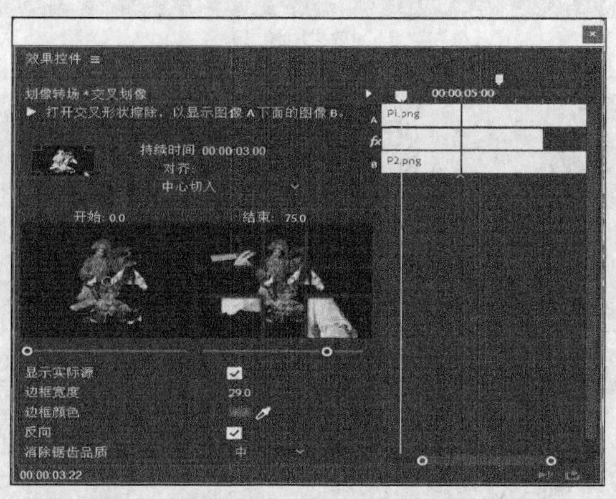

图 1.3.63　交叉划像转场特效效果展示

10）依次将其他划像转场特效拖至相邻素材之间，实现不同的视频过渡效果，并根据不同需要设置【特效控件】面板。

三、擦除转场特效

擦除转场特效包括划出转场特效、双侧平推门转场特效、带状擦除转场特效、径向划变转场特效、插入转场特效、时钟式擦除转场特效、棋盘转场特效、棋盘擦除转场特效、楔形擦除转场特效、水波块转场特效、油漆飞溅转场特效、渐变擦除转场特效、百叶窗转场特效、螺旋框转场特效、随机块转场特效、随机擦除转场特效和风车转场特效等 17 种。擦除转场特效是转场特效中效果最多的转场特效。

1. 任务效果

擦除转场特效效果图如图 1.3.64 所示。

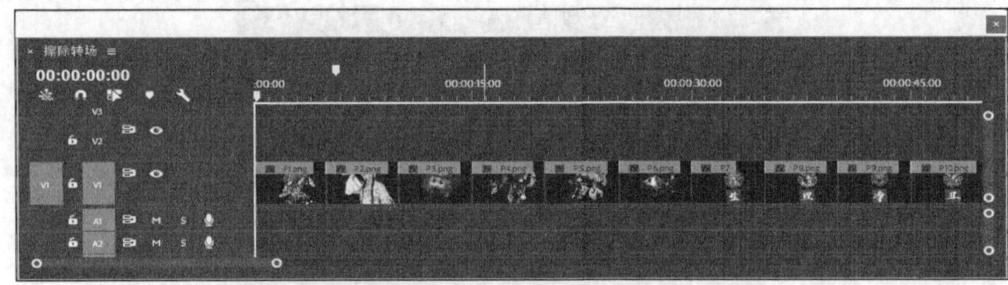

（a）效果图（一）

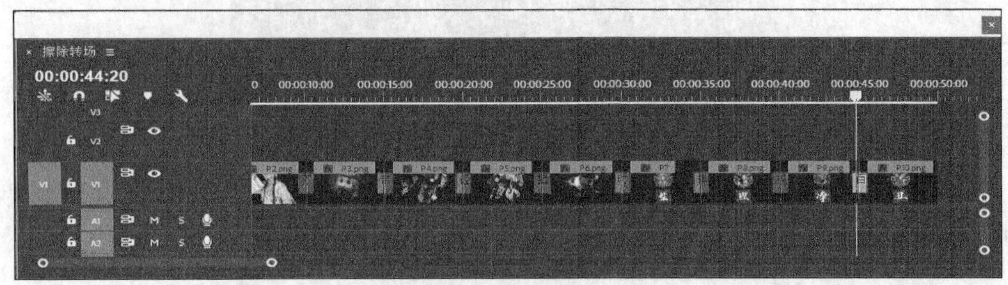

（b）效果图（二）

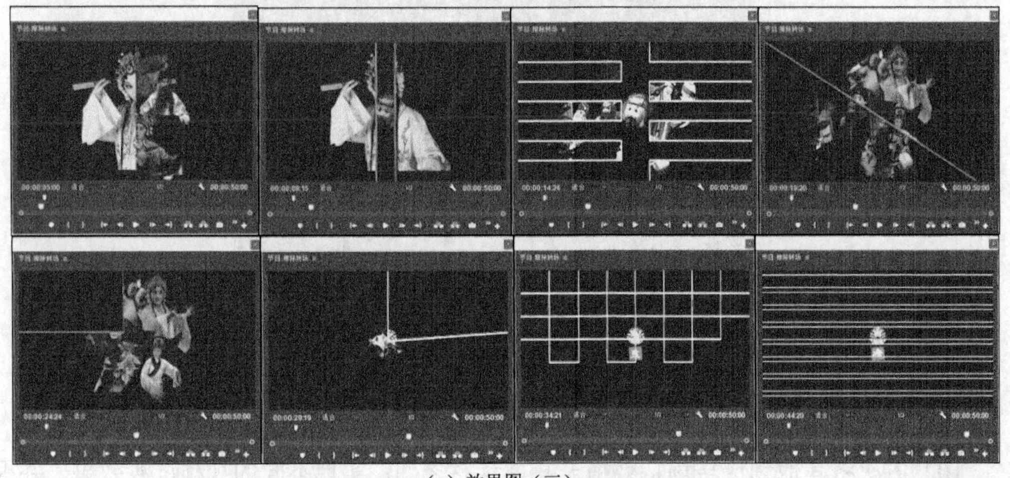

（c）效果图（三）

图 1.3.64　擦除转场特效效果图

2. 任务分析

擦除转场特效是视频过渡特效的第三种常用效果。实施任务时，首先需要设置素材的长度及位置，然后根据实际需要为所要设置素材添加擦除转场特效，即可实现相应效果。

3. 操作步骤

1）在项目面板空白处右击，在弹出的快捷菜单中选择【新建项目】→【序列】命令，打开【新建序列】对话框，完成新建序列操作。

2）在项目面板空白处右击，在弹出的快捷菜单中选择【导入】命令，将 P1 至 P10 共 10 张戏曲人物素材图片导入项目面板。

3)在项目面板中同时选中所需素材，按住鼠标左键直接拖至序列面板视频 V1 轨道。

4）在序列面板中，在任一选中素材位置右击，在弹出的快捷菜单中选择【缩放为当前画面大小】命令，使素材适配当前画面。

5）打开【效果】面板，选择【视频过渡】→【擦除】特效命令，如图 1.3.65 所示。

6）在打开的列表中选择【划出】特效命令，按住鼠标左键将其拖至序列面板的 V1 轨道，在素材 P1 和素材 P2 中间位置松开鼠标左键，如图 1.3.66 所示。

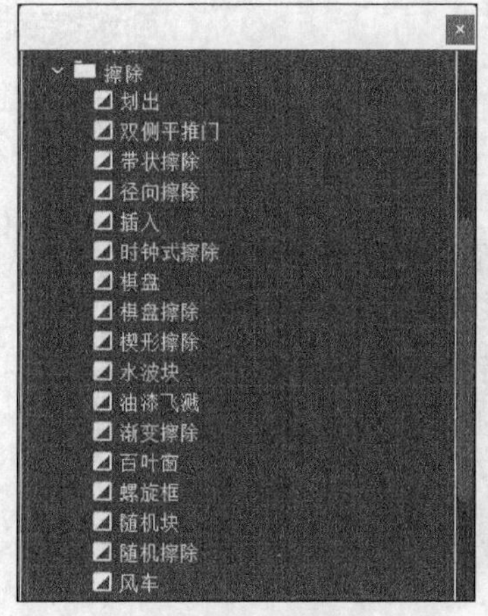

图 1.3.65　擦除转场特效命令

（a）效果图（一）

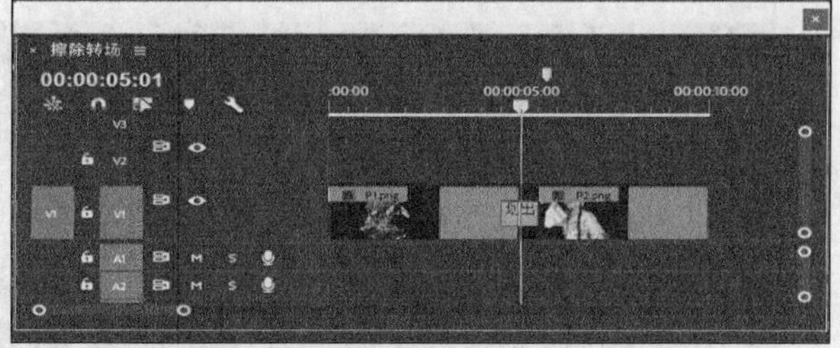

（b）效果图（二）

图 1.3.66　划出特效效果图

7）打开【效果控件】面板，可以根据实际需要修改持续时间、对齐位置及相应的起始点和结束点。

8）设置持续时间为 3 秒，起始对齐位置为中心切入，结束对齐位置为 100，选中【显示实际源】复选框，设置边宽为 10，边色为绿色，选中【反向】复选框，【消除锯齿品质】选项可以根据需要自行选择高、中、低三种不同效果，如图 1.3.67 所示。

9）单击节目监视器面板中的【播放】按钮，即可实现素材间的划出转场效果，如图 1.3.68 所示。

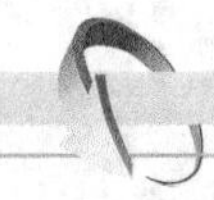

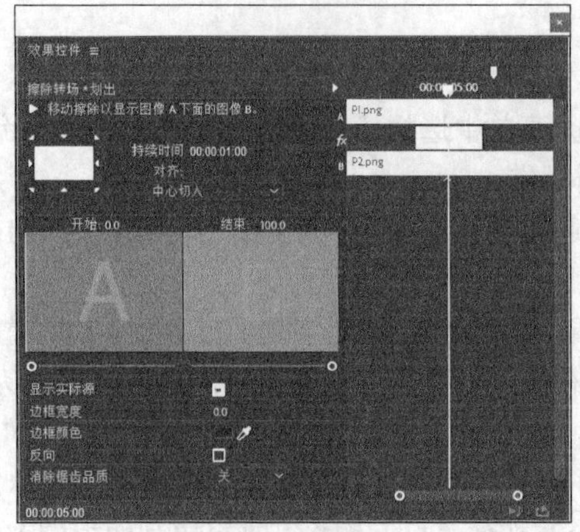

图 1.3.67　划出转场特效参数设置

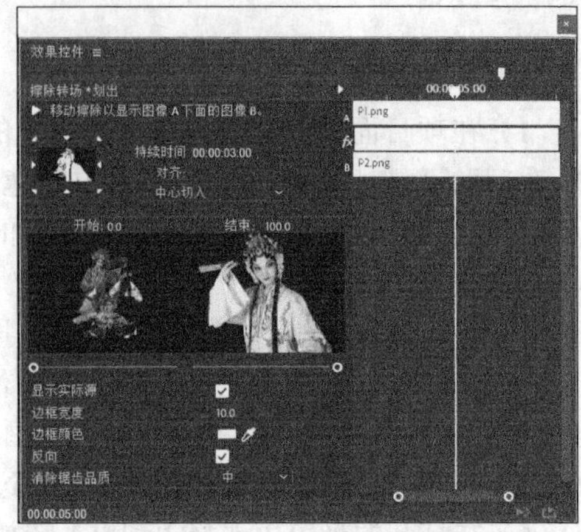

图 1.3.68　划出转场特效效果图

10）依次将其他擦除转场特效拖至相邻素材之间，实现不同的视频过渡效果，并根据不同需要设置【效果控件】面板。

四、沉浸式视频转场

沉浸式视频转场特效包括 VR 光圈擦除转场特效、VR 光线转场特效、VR 渐变擦除转场特效、VR 漏光转场特效、VR 球形模糊转场特效、VR 色度泄露转场特效、VR 随机块转场特效和 VR 默比乌斯缩放转场特效等。

1. 任务效果

沉浸式视频转场特效效果图如图 1.3.69 所示。

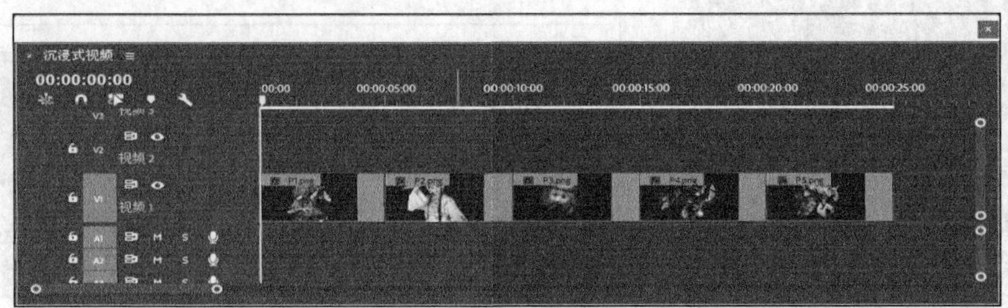

（a）效果图（一）

（b）效果图（二）

图 1.3.69　沉浸式视频转场特效效果图

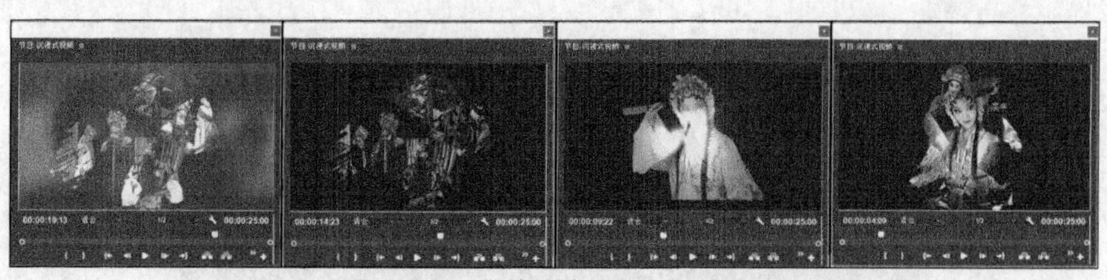

（c）效果图（三）

图 1.3.69（续）

2. 任务分析

沉浸式视频转场特效是视频过渡特效的第四种常用效果。实施任务时，首先需要设置素材的长度及位置，然后根据实际需要为所要设置素材添加沉浸式视频转场特效，即可实现相应效果。

3. 操作步骤

1）在项目面板空白处右击，在弹出的快捷菜单中选择【新建项目】→【序列】命令，打开【新建序列】对话框，完成新建序列操作。

2）在项目面板空白处右击，在弹出的快捷菜单中选择【导入】命令，将 P1 至 P5 共 5 张戏曲人物素材图片导入项目面板。

3）在项目面板中同时选中所需素材，按住鼠标左键直接拖至序列面板视频 V1 轨道。

4）在序列面板中，在任一选中素材位置右击，在弹出的快捷菜单中选择【缩放为当前画面大小】命令，使素材适配当前画面。

5）打开【效果】面板，选择【视频过渡】→【沉浸式视频】特效命令，如图 1.3.70 所示。

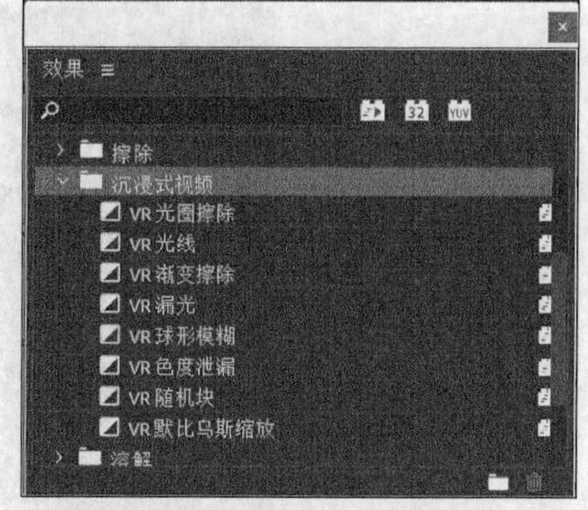

图 1.3.70　沉浸式视频特效命令

6）在打开的下拉列表中选择【VR 光圈擦除】特效命令，按住鼠标左键将其拖至序列面板的 V1 轨道，在素材 P1 和素材 P2 中间位置松开鼠标左键，如图 1.3.71 所示。

7）打开【效果控件】面板，可以根据实际需要修改持续时间、对齐位置及 VR 光圈擦除的帧布局、目标点，以及设置羽化半径。

8）设置持续时间为 3 秒，起始对齐位置为中心切入，结束对齐位置为 100，选中【显示实际源】复选框，设置帧布局为单像，目标点为“720，540”，羽化数值为 0.6，如图 1.3.72 所示。

9）单击节目监视器面板中的【播放】按钮，即可实现素材间的转场效果。

10）依次将其他沉浸式视频转场特效拖至相邻素材之间，实现不同的视频过渡效果，并根据不同需要设置【效果控件】面板。

（a）效果图（一）

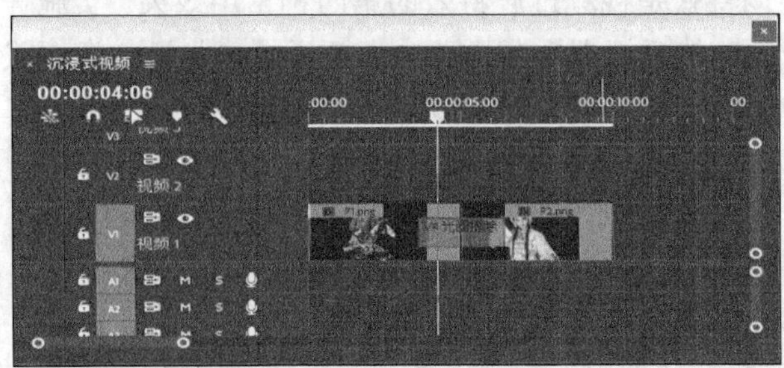

（b）效果图（二）

图 1.3.71　VR 光圈擦除特效效果

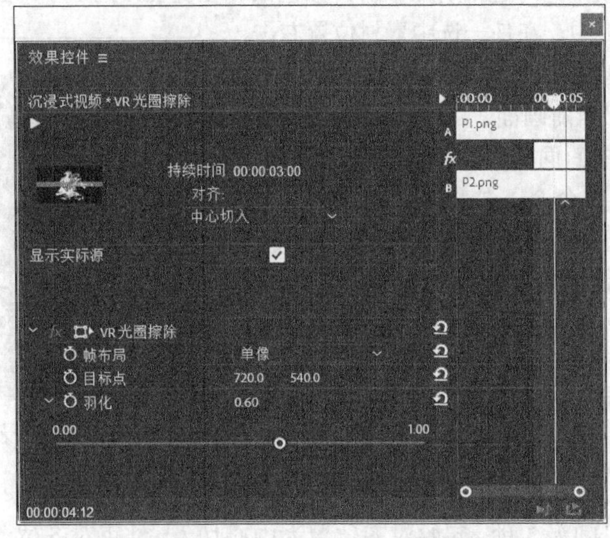

图 1.3.72　VR 光圈擦除特效参数设置

五、溶解转场特效

溶解转场特效包括 MorphCut 转场特效、交叉溶解转场特效、叠加溶解转场特效、白场过渡转场特效、胶片溶解转场特效、非叠加溶解转场特效和黑场过渡转场特效等。

1. 任务效果

溶解转场特效效果图如图 1.3.73 所示。

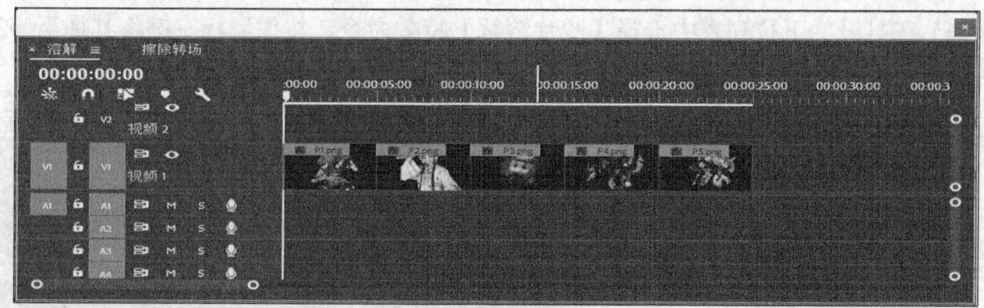

（a）效果图（一）

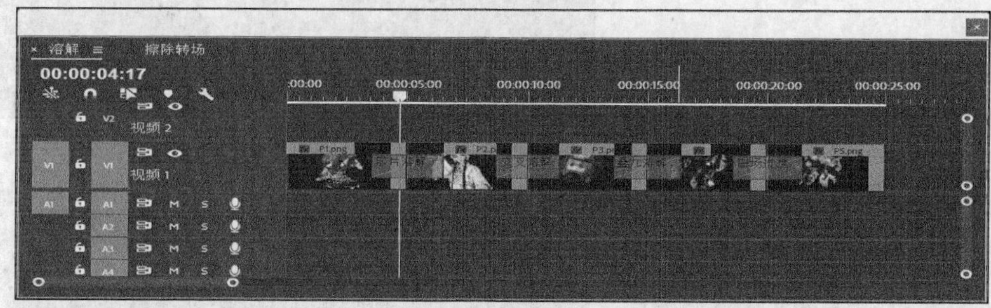

（b）效果图（二）

（c）效果图（三）

图 1.3.73　溶解转场特效效果图

2. 任务分析

溶解转场特效是视频过渡特效的第五种常用效果。实施任务时，首先需要设置素材的长度及位置，然后根据实际需要为所要设置素材添加溶解转场特效，即可实现相应效果。

3. 操作步骤

1）在项目面板空白处右击，在弹出的快捷菜单中选择【新建项目】→【序列】命令，打开【新建序列】对话框，完成新建序列操作。

2）在项目面板空白处右击，在弹出的快捷菜单中选择【导入】命令，将 P1 至 P5 共 5 张戏曲人物素材图片导入项目面板。

3）在项目面板中同时选中所需素材，按住鼠标左键直接拖至序列面板视频 V1 轨道。

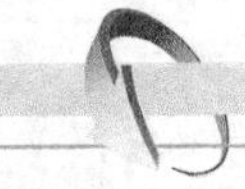

4）在序列面板中，在任一选中素材位置右击，在弹出的快捷菜单中选择【缩放为当前画面大小】命令，使素材适配当前画面。

5）打开【效果】面板，选择【视频过渡】→【溶解】特效命令，如图 1.3.74 所示。

6）在打开的下拉列表中选择【胶片溶解】特效命令，按住鼠标左键将其拖至序列面板的 V1 轨道，在素材 P1 和素材 P2 中间位置松开鼠标左键，如图 1.3.75 所示。

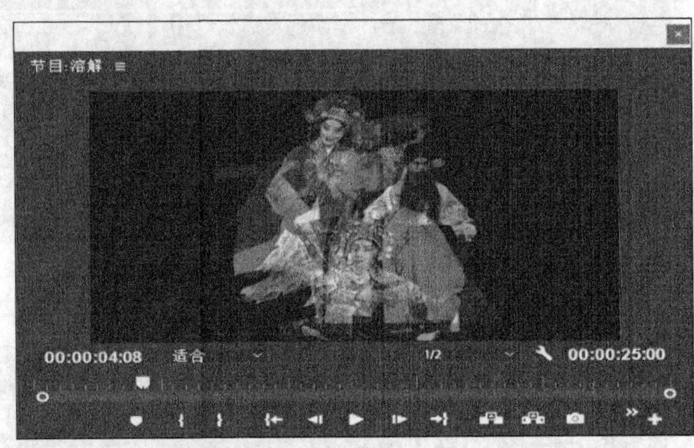

（a）效果图（一）

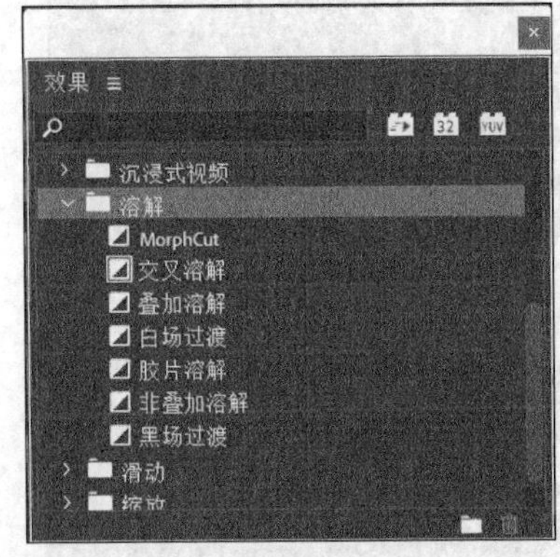

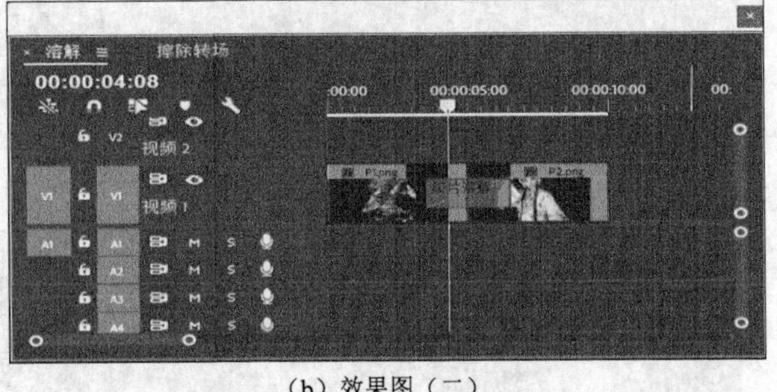

（b）效果图（二）

图 1.3.74　溶解转场特效命令

图 1.3.75　胶片溶解效果图

7）打开【效果控件】面板，可以根据实际需要修改持续时间和对齐位置，以及选择是否显示来源。

8）单击节目监视器面板中的【播放】按钮，即可实现素材间的转场效果。

9）依次将其他溶解转场特效拖至相邻素材之间，实现不同的视频过渡效果，并根据不同需要设置【效果控件】面板。

六、滑动转场特效

滑动转场特效包括中心拆分转场特效、带状滑动转场特效、拆分转场特效、推转场特效和滑动转场特效等。

1. 任务效果

滑动转场特效效果图如图 1.3.76 所示。

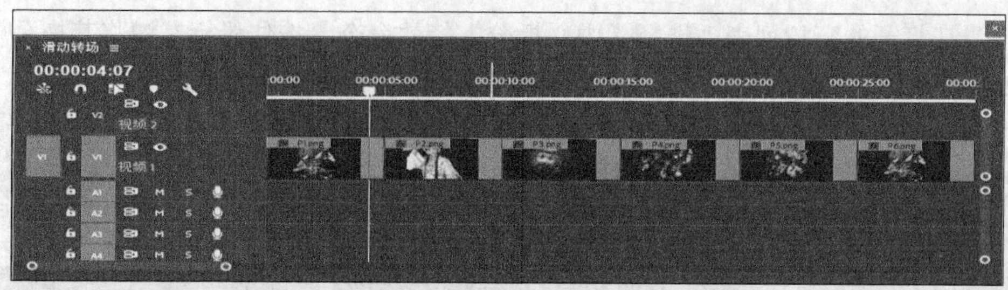

（a）效果图（一）

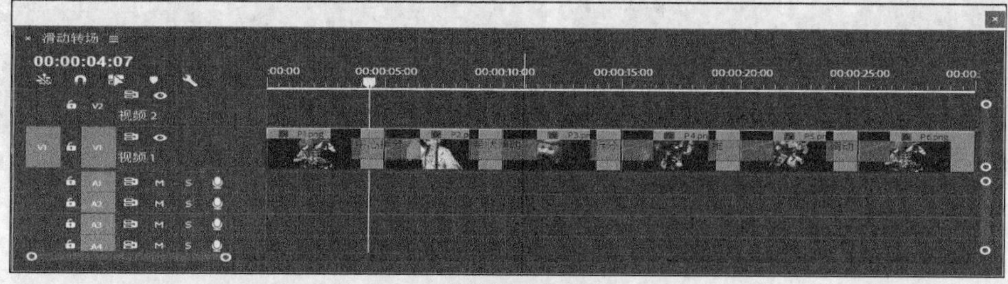

（b）效果图（二）

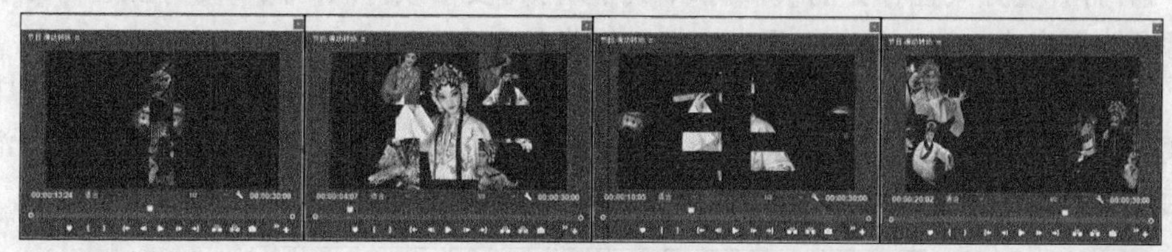

（c）效果图（三）

图 1.3.76 滑动转场特效效果图

2. 任务分析

滑动转场特效是视频过渡特效的第六种常用效果。实施任务时，首先需要设置素材的长度及位置，然后根据实际需要为所要设置素材添加滑动转场特效，即可实现相应效果。

3. 操作步骤

1）在项目面板空白处右击，在弹出的快捷菜单中选择【新建项目】→【序列】命令，打开【新建序列】对话框，完成新建序列操作。

2）在项目面板空白处右击，在弹出的快捷菜单中选择【导入】命令，将 P1 至 P6 共 6 张戏曲人物素材图片导入项目面板。

3）在项目面板中同时选中所需素材，按住鼠标左键直接拖至序列面板视频 V1 轨道。

4）在序列面板中，在任一选中素材位置右击，在弹出的快捷菜单中选择【缩放为当前画面大小】命令，使素材适配当前画面。

5）打开【效果】面板，选择【视频过渡】→【滑动】特效命令，如图 1.3.77 所示。

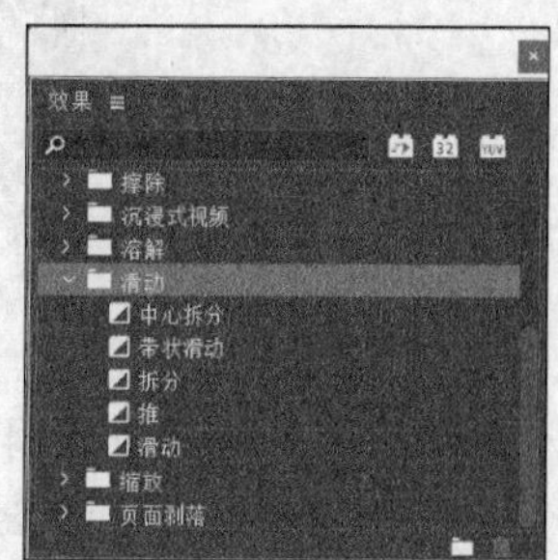

图 1.3.77 滑动转场特效命令

6）在打开的下拉列表中选择【中心拆分】特效命令，按住鼠标左键将其拖至序列面板的V1轨道，在素材P1和素材P2中间位置松开鼠标左键，如图1.3.78所示。

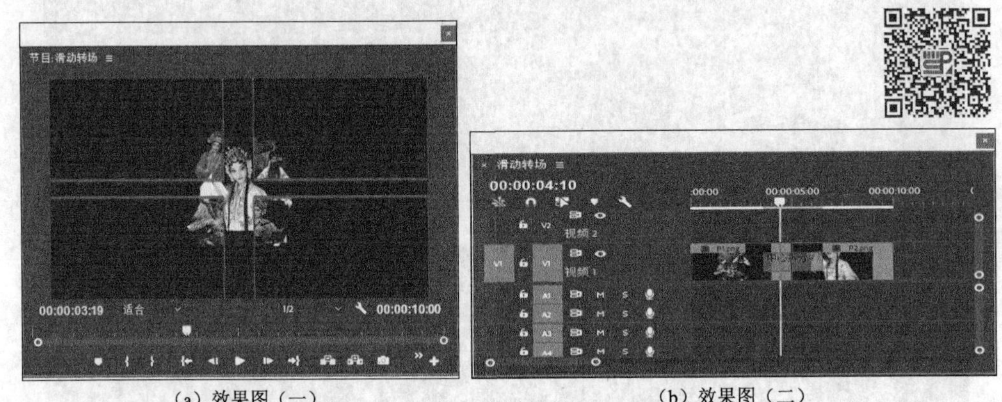

（a）效果图（一）　　（b）效果图（二）

图1.3.78　中心拆分转场特效效果展示

7）打开【效果控件】面板，可以根据实际需要修改持续时间、对齐位置，显示实际源及边框宽度、边框颜色、反向、消除锯齿品质。

8）设置持续时间为3秒，起始对齐位置为中心切入，结束对齐位置为100，选中【显示实际源】复选框，设置边框宽度为6，边框颜色为绿色，选中【反向】复选框，消除锯齿品质选择“中”如图1.3.79所示。

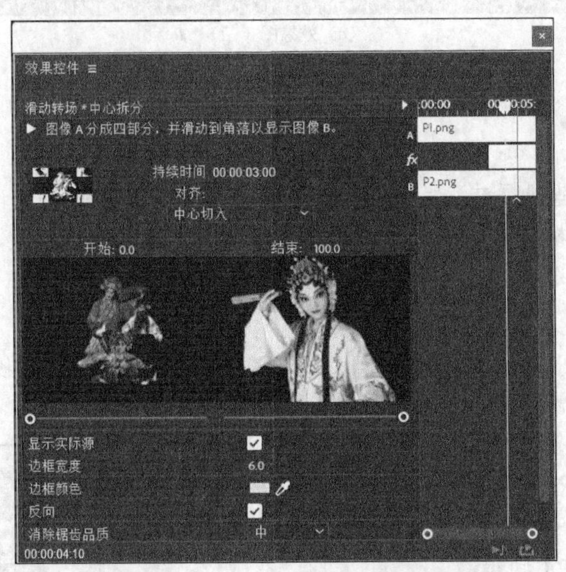

图1.3.79　中心拆分转场特效参数设置

9）单击节目监视器面板中的【播放】按钮，即可实现素材间的转场效果。

10）依次将其他滑动转场特效拖至相邻素材之间，实现不同的视频过渡效果，并根据不同需要设置【效果控件】面板。

七、缩放转场特效

缩放转场特效包括交叉缩放转场特效。

1. 任务效果

缩放转场特效应用序列面板如图 1.3.80 所示。

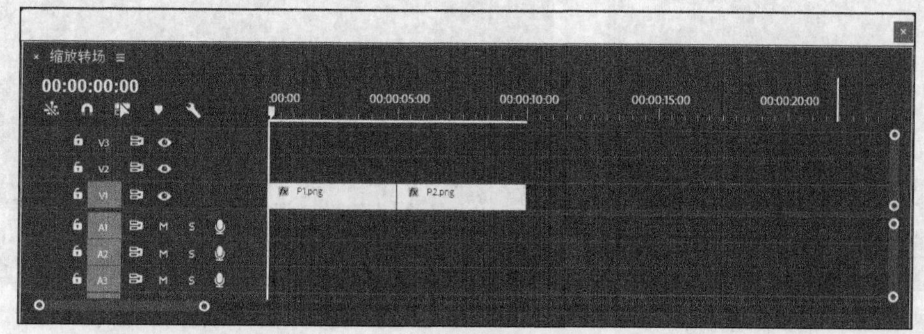

（a）缩放特效命令

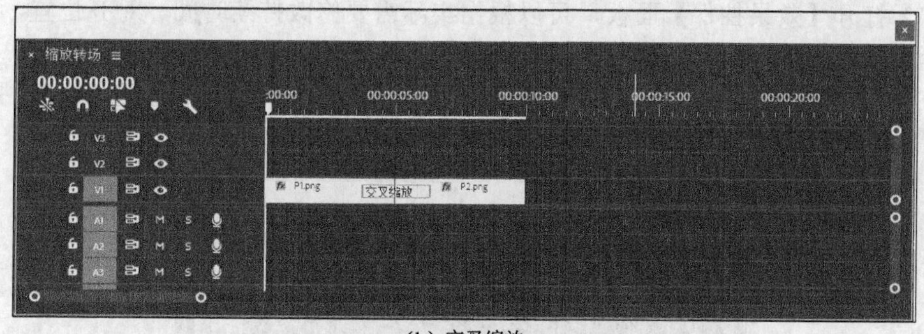

（b）交叉缩放

图 1.3.80　缩放转场特效应用序列面板

2. 任务分析

缩放转场特效是视频过渡特效的第七种常用效果。实施任务时，首先需要设置素材的长度及位置，然后根据实际需要为所要设置素材添加缩放转场特效，即可实现相应效果。

3. 操作步骤

1）在项目面板空白处右击，在弹出的快捷菜单中选择【新建项目】→【序列】命令，打开【新建序列】对话框，完成新建序列操作。

2）在项目面板空白处右击，在弹出的快捷菜单中选择【导入】命令，将 P1 至 P2 共 2 张戏曲人物素材图片导入项目面板。

3）在项目面板中同时选中所需素材，按住鼠标左键直接拖至序列面板视频 V1 轨道。

4）在序列面板中，在任一选中素材位置右击，在弹出的快捷菜单中选择【缩放为当前画面大小】命令，使素材适配当前画面。

5）打开【效果】面板，选择【视频过渡】→【缩放】特效命令，如图 1.3.81 所示。

6）在打开的列表中选中【交叉缩放】特效命令，按住鼠标左键将其拖至序列面板的 V1 轨道，在素材 P1 和素材 P2 中间位置松开鼠标左键，如图 1.3.82 所示。

图 1.3.81 缩放转场特效命令

图 1.3.82 交叉缩放转场特效效果展示

7）打开【效果控件】面板，可以根据实际需要修改持续时间、对齐位置，显示实际源。

8）设置持续时间为 3 秒，起始对齐位置为中心切入，结束对齐位置为 100，选中【显示实际源】复选框，如图 1.3.83 所示。

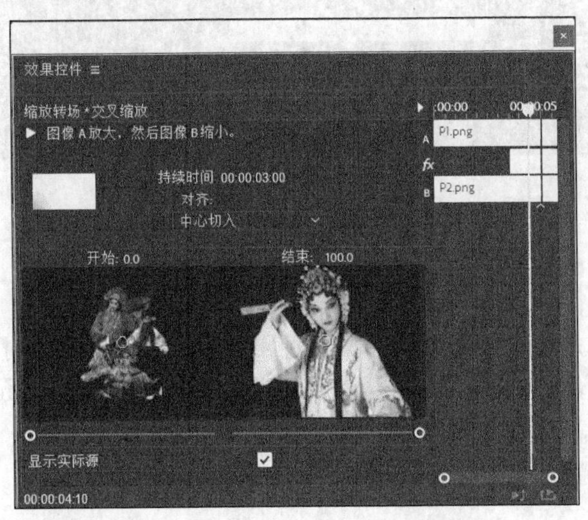

图 1.3.83 交叉缩放转场特效参数设置

9）单击节目监视器面板中的【播放】按钮，即可实现素材间的转场效果。

八、页面剥落转场特效

页面剥落转场特效包括翻页转场特效。

1. 任务效果

页面剥落转场特效效果图如图 1.3.84 所示。

(a) 效果图（一）

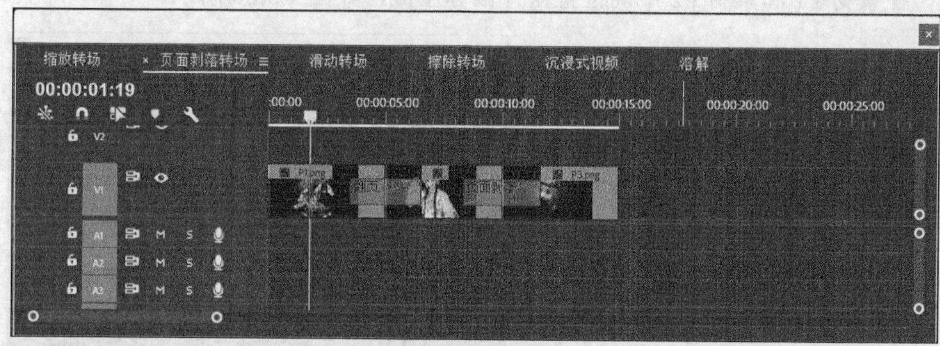

(b) 效果图（二）

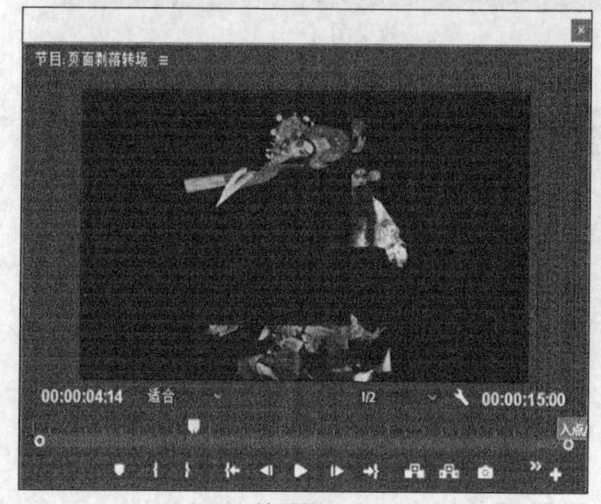

(c) 效果图（三）

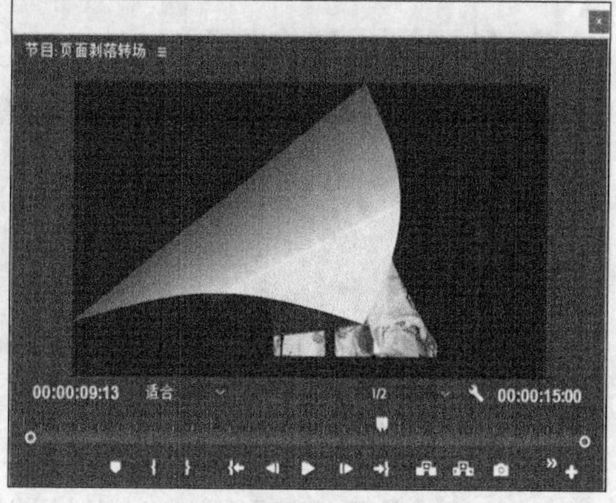

(d) 效果图（四）

图 1.3.84　页面剥落转场特效效果图

2. 任务分析

页面剥落转场特效是视频过渡特效的第八种常用效果。实施任务时，首先需要设置素材的长度及位置，然后根据实际需要为所要设置素材添加页面剥落转场特效，即可实现相应效果。

3. 操作步骤

1）在项目面板空白处右击，在弹出的快捷菜单中选择【新建项目】→【序列】命令，打开【新建序列】对话框，完成新建序列操作。

2）在项目面板空白处右击，在弹出的快捷菜单中选择【导入】命令，将 P1 至 P3 共 3 张戏曲人物素材图片导入项目面板。

3）在项目面板中同时选中所需素材，按住鼠标左键直接拖至序列面板视频 V1 轨道。

4）在序列面板中，在任一选中素材位置右击，在弹出的快捷菜单中选择【缩放为当前画面大小】命令，使素材适配当前画面。

5）打开【效果】面板，选择【视频过渡】→【页面剥落】特效命令，如图 1.3.85 所示。

6）在打开的列表中选择【翻页】特效命令，按住鼠标左键将其拖至序列面板的 V1 轨道，在素材 P1 和素材 P2 中间位置松开鼠标左键，如图 1.3.86 所示。

图 1.3.85　页面剥落特效命令

(a) 效果图（一）

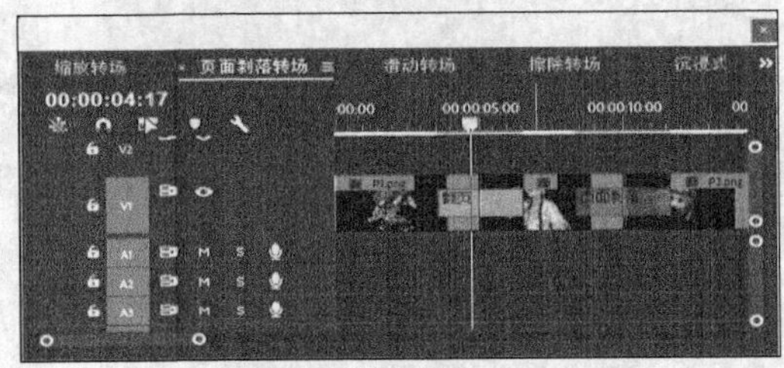

(b) 效果图（二）

图 1.3.86　翻页转场特效效果图

7）打开【效果控件】面板，可以根据实际需要修改持续时间、对齐位置，显示实际源及反向。

8）设置持续时间为 3 秒，起始对齐位置为中心切入，结束对齐位置为 100，选中【显示实际源】复选框，选中【反向】复选框，如图 1.3.87 所示。

9）单击节目监视器面板中的【播放】按钮，即可实现素材间的转场效果。

10）依次将其他页面剥落转场特效拖至相邻素材之间，实现不同的视频过渡效果，并根据不同需要设置效果控件面板。

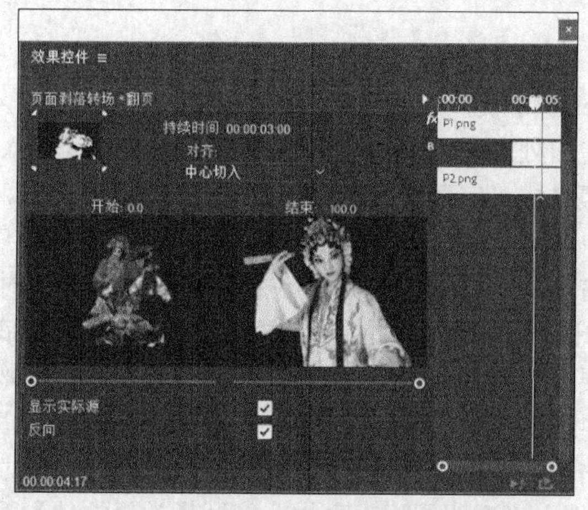

图 1.3.87　翻页转场特效参数设置

拓展链接

卷轴翻开的效果主要通过图像的运动及转场特效实现。

1. 任务效果

翻开的卷轴效果图如图 1.3.88 所示。

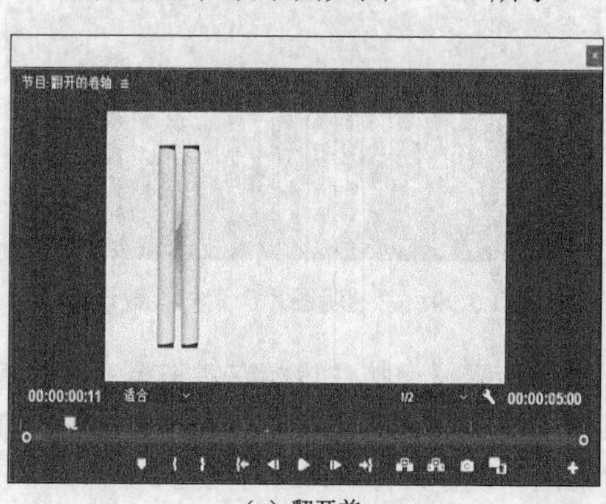

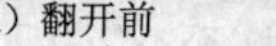

（a）翻开前

（b）翻开后

图 1.3.88　翻开的卷轴效果图

2. 任务分析

翻开的卷轴运用多种戏曲素材，采用位置的变化与转场特效实现卷轴翻开的效果。操作过程中，需要注意素材位置的放置、关键帧的设置与转场特效的设置，通过综合案例巩固知识。

3. 操作步骤

1）打开 Premiere 2018 软件，新建项目和序列。

2）在项目面板空白处双击，在弹出的快捷菜单中选择【导入】命令，导入“底纹文字”、“透明图片”素材、“字幕素材-中国戏曲”、“卷轴”素材。

3）在项目面板中选中“底纹文字”素材，按住鼠标左键拖至序列面板 V1 轨道，在“底纹文字”素材上右击，在弹出的快捷菜单中选择【速度/持续时间】命令，打开【剪辑速度/持续时间】对话框，设置素材的持续时间为 5 秒。选中“底纹文字”素材，打开【效果控件】面板，展开【运动】选项，设置素材缩放比例为 139%。如图 1.3.89 所示。

4）在项目面板中选中“透明图片”素材，按住鼠标左键拖至序列面板 V2 轨道，在“透明图片”素材上右击，在弹出的快捷菜单中选择【速度/持续时间】命令，设置素材的持续时间为 5 秒。选中“透明图片”素材，打开【效果控件】面板，展开【运动】选项，取消选中素材【缩放】中的【等比缩放】复选框，设置缩放高度为 85%、缩放宽度为 68%，如图 1.3.90 所示。

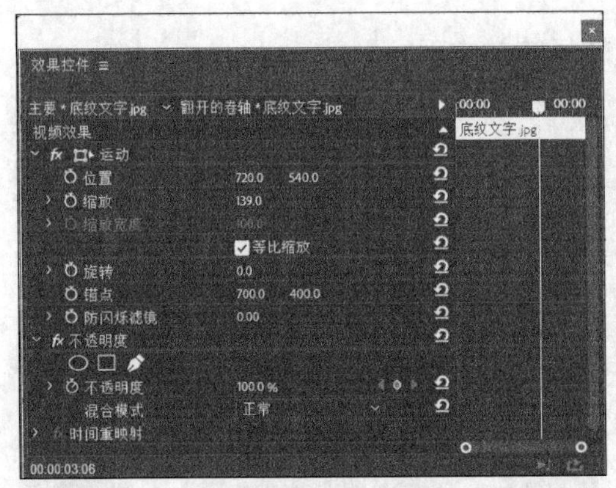

图 1.3.89 “底纹文字”素材参数设置

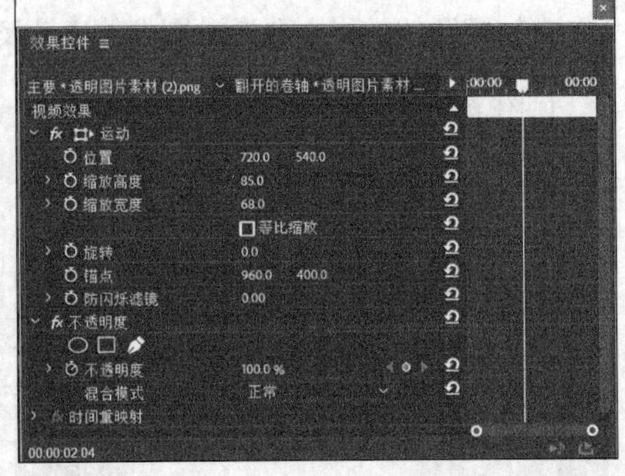

图 1.3.90 “透明图片”素材参数设置

5）在项目面板中选中“字幕素材-中国戏曲”素材，按住鼠标左键拖至序列面板 V3 轨道，在“字幕素材-中国戏曲”素材上右击，在弹出的快捷菜单中选择【速度/持续时间】命令，打开【剪辑速度/持续时间】对话框，设置素材的持续时间为 5 秒。

6）在项目面板中选中“卷轴”素材，按住鼠标左键拖至序列面板 V4 轨道，在序列面板中选择“卷轴”素材右击，在弹出的快捷菜单中选择【速度/持续时间】命令，打开【剪辑速度/持续时间】对话框，更改素材的持续时间为 5 秒。选中“卷轴”素材，打开【效果控件】面板，展开【运动】选项，设置素材缩放比例为 75%，素材位置设置为“220，540”，如图 1.3.91 所示。

7）在序列面板中选中“卷轴”素材，按住组合键 Ctrl+C 复制，选中 V5 轨道，按住组合键 Ctrl+V 粘贴，在序列面板中选择“卷轴”素材，单击【位置】属性前的切换动画按钮，设置 0 秒位置关键帧为“220，540”，设置 12 帧位置关键帧为“315，540”，设置 3 秒 4 帧位置关键帧为“1005，540”，设置 4 秒 5 帧位置关键帧为“1222，540”，

如图 1.3.92 所示。

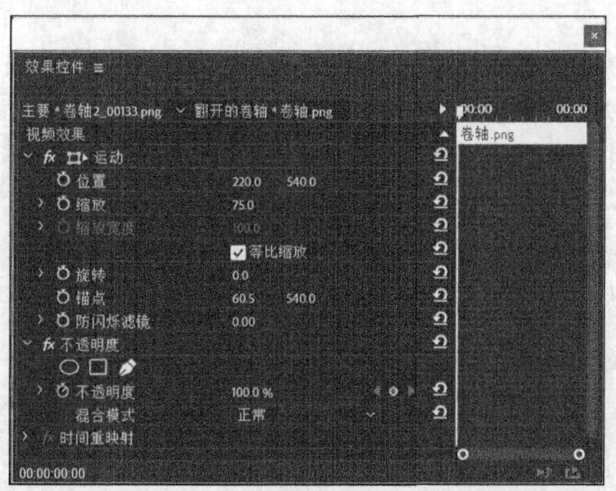

图 1.3.91　V4 轨道“卷轴”素材参数设置

8）在效果面板中选择【视频过渡】→【擦除】→【划出】转场特效命令，按住鼠标左键分别拖到“透明图片”素材和“字幕素材-中国戏曲”上。在序列面板中分别选中“透明图片”素材和“字幕素材-中国戏曲”上的【划出】转场特效命令，打开【效果控件】面板，展开【运动】选项，设置持续时间为“5 秒”，起始位置为“11”，结束位置为“100”，如图 1.3.93 所示。

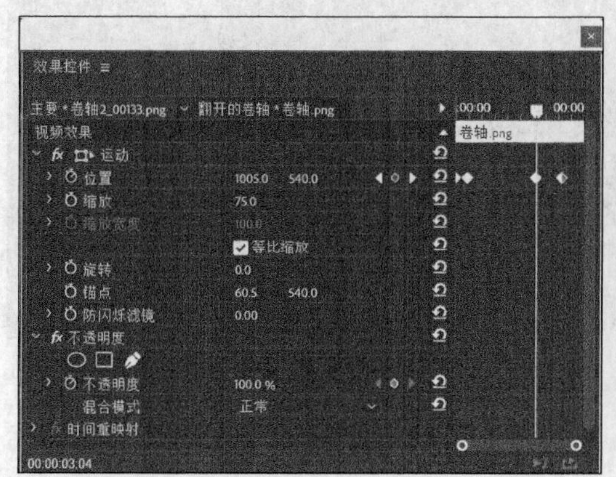

图 1.3.92　V5 轨道“卷轴”素材参数设置

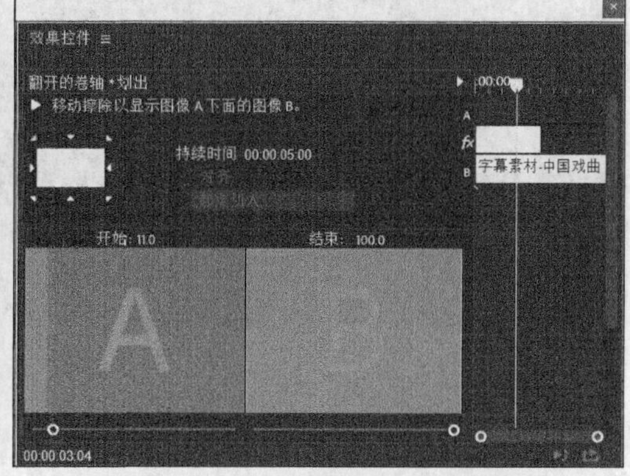

图 1.3.93　划出转场特效参数设置

9）单击节目监视器面板中的【播放】按钮，即可实现翻开卷轴效果。

任务五　动画音频效果设置

任务说明

本任务可为画面添加合适的声音、背景音乐等，从而增强视频的整体效果。

知识准备

声音是数字电影及动画不可缺少的部分，几乎每部影片都需要进行音频处理。音频特效任务要求读者初步掌握为音频素材添加和设置关键帧的方法；熟悉音量控制方法；掌握音频素材的编辑方法；熟悉音频转场和音频滤镜的使用方法。

Premiere 2018 软件默认三条音频轨道，可以通过【新建项目】→【序列】命令创建序列面板，根据【添加轨道】命令添加轨道。同样，也可以通过【删除轨道】命令删除轨道。此外，还可以通过音量调整级别，拖动滑块可以调节音量。

任务实施

一、添加关键帧

音频关键帧的添加是音频各种效果设置的基本操作，合理运用关键帧的设置，能够很大程度地提高整部影片的效果。

1. 任务效果

音频特效效果图如图 1.3.94 所示。

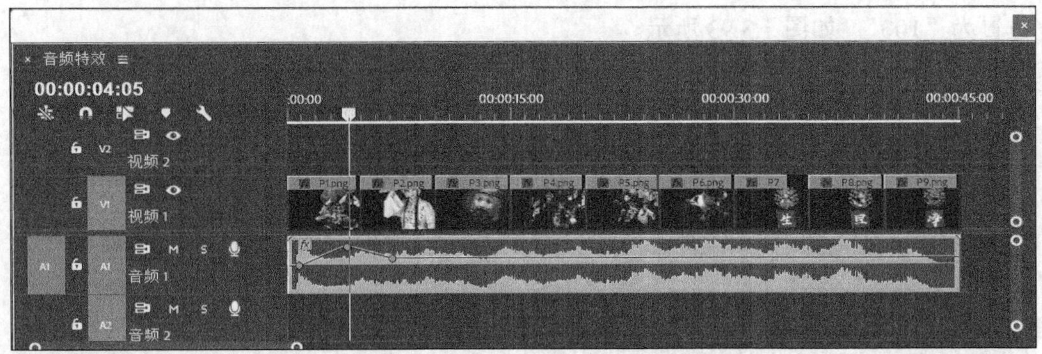

图 1.3.94 音频特效效果图

2. 任务分析

对于一部影片来说，声音的编辑起着重要作用，无论是同期配音还是后期配乐，都是必不可少的。实施任务时，首先需要设置素材的长度及位置，然后根据实际需要进行剪辑，即可实现相应效果。

3. 操作步骤

1）在项目面板空白处右击，在弹出的快捷菜单中选择【新建项目】→【序列】命令，打开【新建序列】对话框，完成新建序列操作。

2）在项目面板空白处右击，在弹出的快捷菜单中选择【导入】命令，将音频素材导入项目面板。

3）在项目面板中同时选中所需素材，按住鼠标左键直接将音频素材拖至序列面板A1轨道。

4）选择音频轨道A1上的音频素材，拖至音频轨道右侧滚动条，使其显示出【显示关键帧】按钮。

5）单击【显示关键帧】→【轨道关键帧】→【音量】按钮，将光标定位在0帧位置，设置音量级别为-∞；将光标定位在4秒位置，设置音量级别为6dB；将光标定位在7秒位置，设置音量级别为2.5dB，如图1.3.95所示。

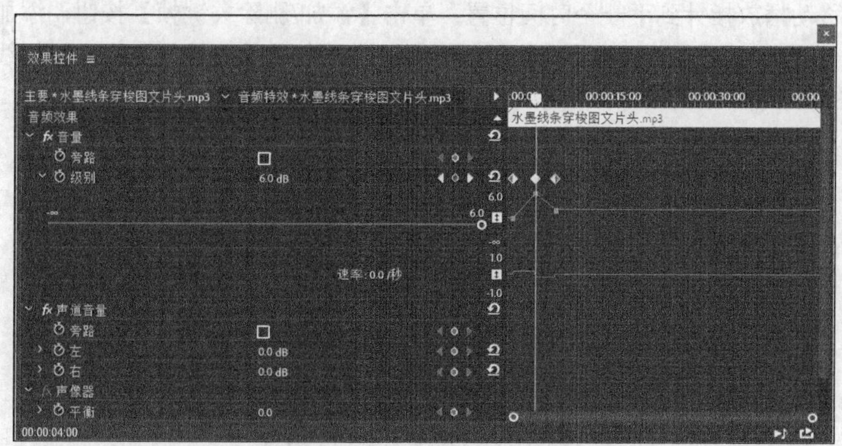

图1.3.95　音频关键帧参数设置

二、音频添加或删除关键帧属性设置

音频添加或删除关键帧是音频特效的基础操作，在此基础上合理运用属性的设置会使音频效果更为突出。

1. 任务效果

音频添加或删除关键帧效果如图1.3.96所示。

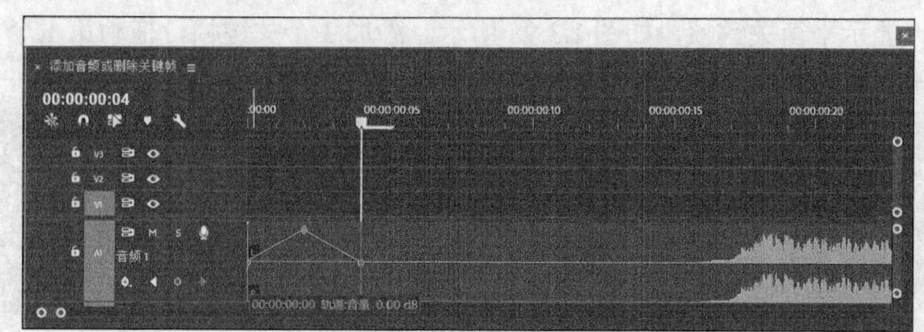

图1.3.96　音频添加或删除关键帧效果

2. 任务分析

通常音频的混合搭配效果及主体背景效果等多数是通过关键帧设置完成的，操作过

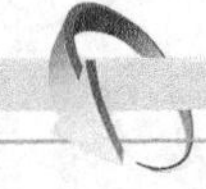

程中只需在原有的时间轨道上设置关键帧即可实现。

3. 操作步骤

1）单击【效果控件】→【音量】下拉按钮，在打开的下拉菜单中选择【音量】→【级别】命令，显示级别关键帧。

2）在【效果控件】面板中，将播放头移动到素材的开始处，单击级别右侧的【添加/删除关键帧】按钮，系统自动添加 1 个关键帧，设置级别的值为 0dB。

3）移动播放指针到下一个时间位置，单击【添加/删除关键帧】按钮，添加第 2 个关键帧，设置级别的值为 6.0dB，为音频素材添加淡入效果。设置完成，时间线的显示情况如图 1.3.97 所示。

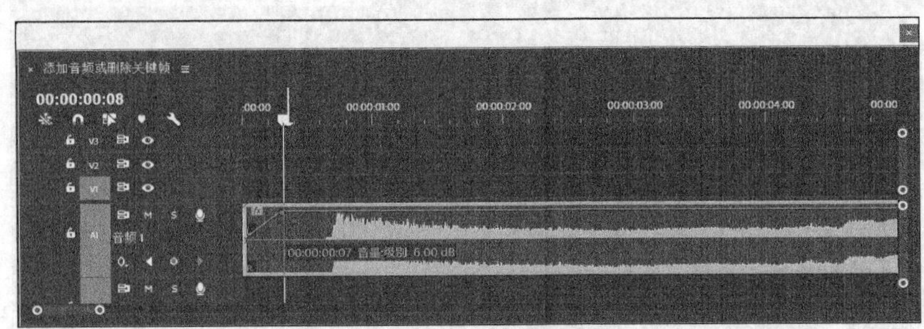

图 1.3.97 音频素材添加关键帧

4）在时间线上单击【显示关键帧】按钮，在打开的下拉菜单中选择【轨道关键帧】→【音量】命令。

5）在时间线中移动播放头至下一个时间位置，单击【添加/删除关键帧】按钮，添加 1 个关键帧。

6）向上拖动该关键帧，增大素材的音量。

7）将播放头移动到素材的末尾处，单击【添加/删除关键帧】按钮，再添加第 2 个关键帧，向下拖动该关键帧，减小素材的音量。

8）单击【显示关键帧】下拉按钮，在打开的下拉菜单中选择【轨道声像器】→【平衡】命令，显示平衡关键帧，如图 1.3.98 所示。添加 3 个关键帧，拖动第 1 个关键帧到

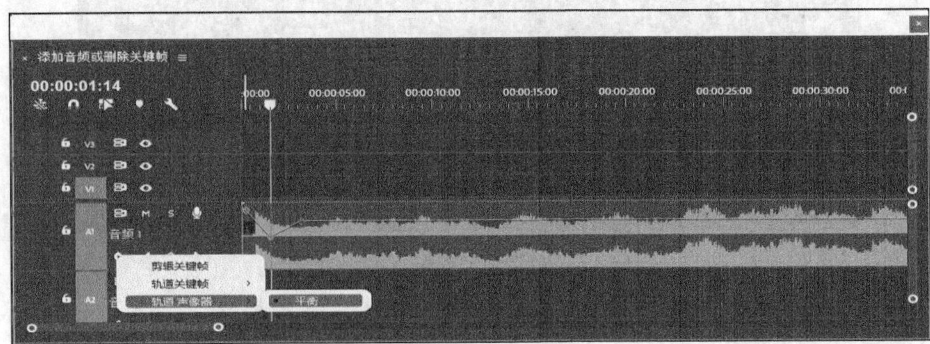

图 1.3.98 音频设置关键帧效果

最高位置，拖动第 2 个关键帧到最低位置，拖动第 3 个关键帧到中间位置，使声音由左声道过渡到右声道，再过渡到立体声。

9）在音频轨道上单击【添加/删除关键帧】按钮，将播放头移动到 2 秒的位置，选择工具面板中的【剃刀工具】命令，将素材拆分为两段。

10）在【效果】面板中选择【音频过渡】→【交叉淡化】→【恒定增益】特效命令，将音频转场特效拖放到拆分出的两段素材之间，如图 1.3.99 所示。

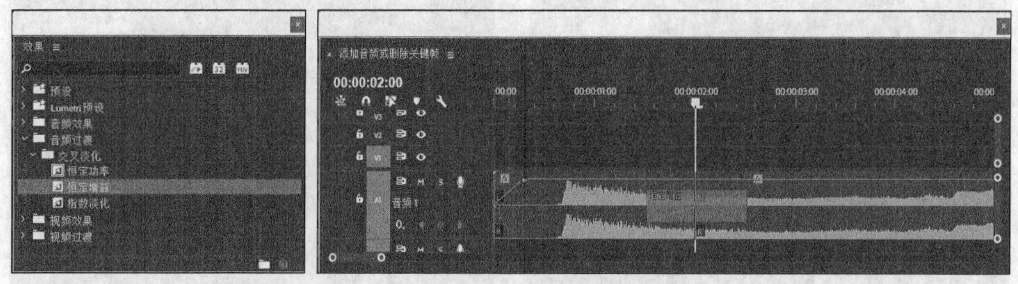

图 1.3.99　恒定增益音频过渡效果

三、音频属性设置

音频属性设置通常在效果控件面板中进行，方法与视频特效、视频过渡特效等基本一致。

1. 任务效果

音频属性设置效果如图 1.3.100 所示。

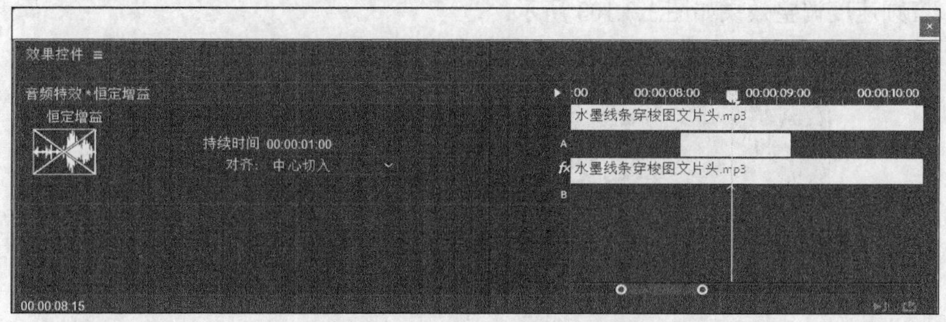

图 1.3.100　音频属性设置效果

2. 任务分析

音频属性设置多数可以通过效果面板进行调整，根据不同需要在效果控件面板中设置不同的特效来实现各种效果。

3. 操作步骤

1）单击选择序列面板中的音频素材，打开音频【效果控件】面板。

2）移动鼠标到持续时间刻度上，按住鼠标左键向右拖动，增加音频转换特效的持续时间，如图 1.3.101 所示。

3）单击【对齐】下拉按钮，在打开的下拉列表中选择【中心切入】命令，设置音频转换特效所跨越的素材范围，如图 1.3.102 所示。

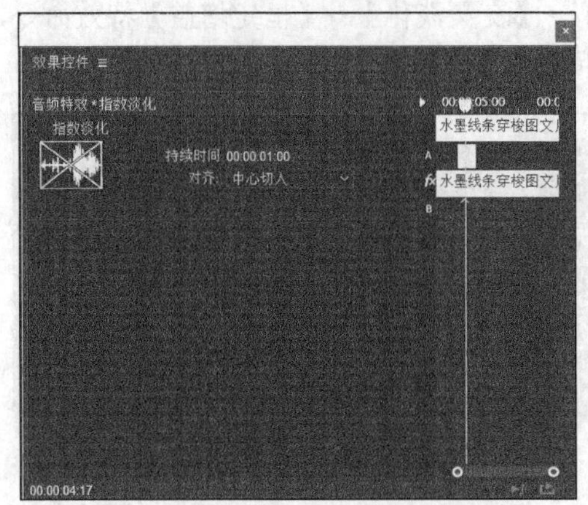

图 1.3.101 音频特效持续时间设置

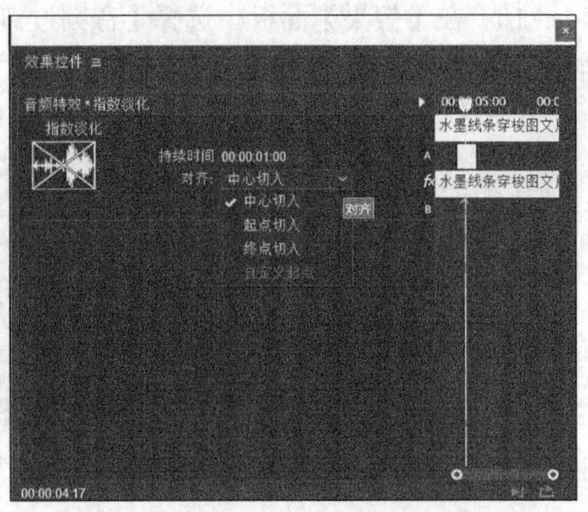

图 1.3.102 音频特效对齐设置

四、音频播放速度调整

在音频编辑过程中，经常会用到根据实际情节调整音频的播放速度来配合实际场景的操作。

1. 任务效果

音频速度调整效果如图 1.3.103 所示。

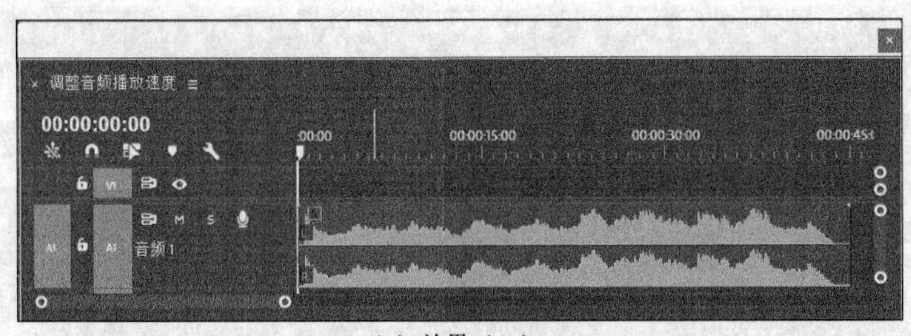

（a）效果（一）

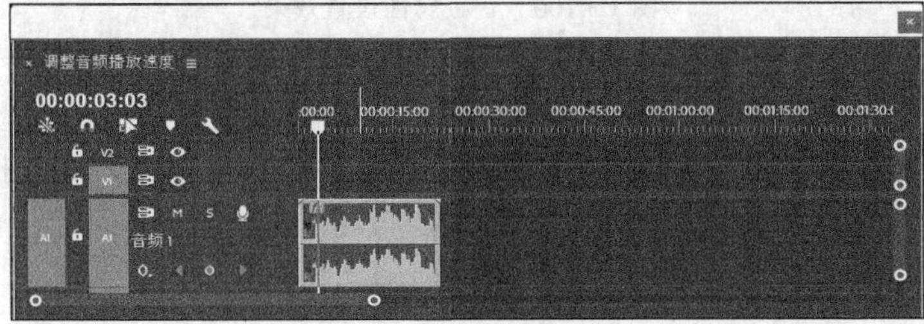

（b）效果（二）

图 1.3.103 音频速度调整效果

2. 任务分析

调整音频播放速度是视频剪辑中常见的操作方法。在编辑素材过程中，经常要对素材的播放速度进行调整，如快放或者慢放某段音频片段。实施任务时可以选择速率伸缩工具，改变素材的播放时间，也可以选择改变素材的播放速度实现快慢镜头的操作。当设定的速度百分比大于100%时，素材呈现快速播放效果；当设定的速度百分比小于100%时，素材呈现慢速播放效果。

3. 操作步骤

1）在项目面板空白处右击，在弹出的快捷菜单中选择【新建项目】→【序列】命令，打开【新建序列】对话框，完成新建序列操作。

2）在项目面板空白处右击，在弹出的快捷菜单中选择【导入】命令，将音频素材导入项目面板。

3）在项目面板中同时选中所需素材，按住鼠标左键直接拖至序列面板A1轨道。

4）选择序列面板中的音频轨道A1上的素材，右击，在弹出的快捷菜单中选择【速度/持续时间】命令。

5）在打开的【剪辑速度/持续时间】对话框中，将音频素材的速度设置为50%，如图1.3.104所示。

6）返回节目监视器面板，其中显示修改后此素材的播放持续时间。

7）返回序列面板中的A1轨道，可以发现音频轨道上音频素材的速度已经减慢。

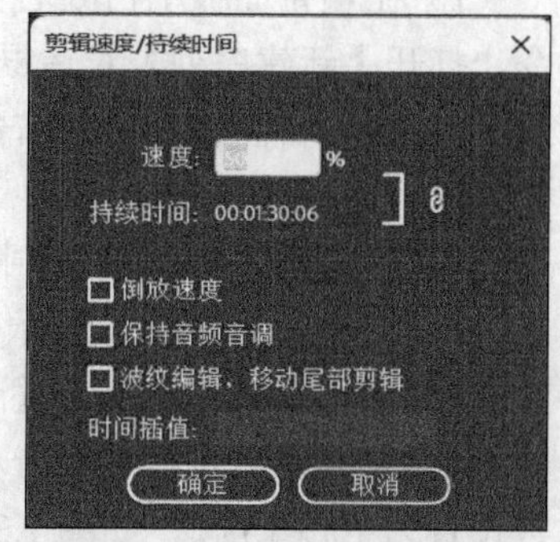

图1.3.104 【剪辑速度/持续时间】对话框

五、实现音频淡入/淡出

在视频过渡过程中，需要添加音频切换效果使两段声音衔接得更加自然。淡入/淡出是音频切换效果中最常见且直接的过渡效果。

1. 任务效果

音频淡入/淡出效果如图1.3.105所示。

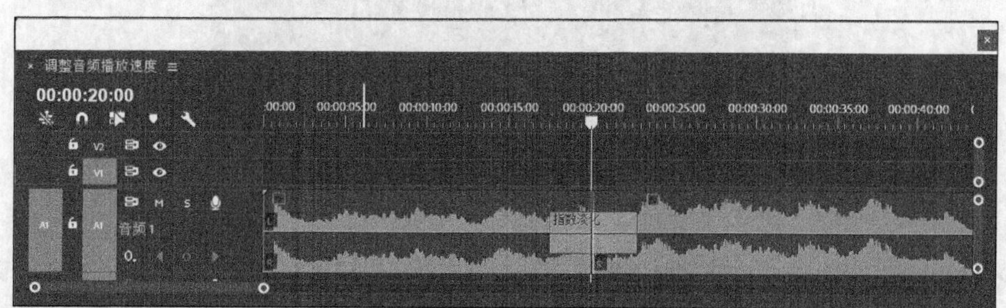

图1.3.105 音频淡入/淡出效果

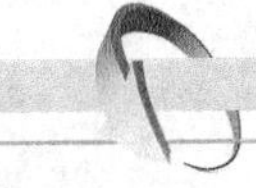

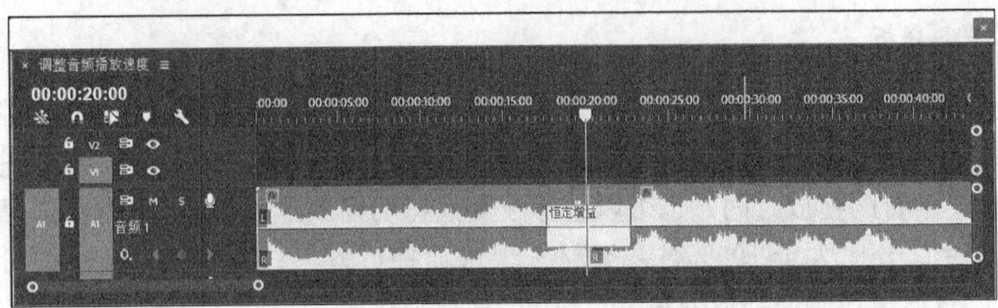

图 1.3.105（续）

2. 任务分析

通过为素材添加音频转场效果恒定增益或者指数淡化，可以实现声音的淡入/淡出。

3. 操作步骤

1）在项目面板空白处右击，在弹出的快捷菜单中选择【新建项目】→【序列】命令，打开【新建序列】对话框，完成新建序列操作。

2）在项目面板空白处右击，在弹出的快捷菜单中选择【导入】命令，将音频素材导入项目面板。

3）在项目面板中同时选中所需素材，按住鼠标左键直接拖至序列面板音频轨道 A1。

4）打开效果面板，选择【音频过渡】→【交叉淡化】→【恒定增益】音频转场特效命令。按住鼠标左键拖动【恒定增益】音频转场特效，将其添加到音频素材的最左端。

5）选择【恒定增益】音频转场特效命令，打开【效果控件】面板，将持续时间参数设置为 1 秒 15 帧，如图 1.3.106 所示。

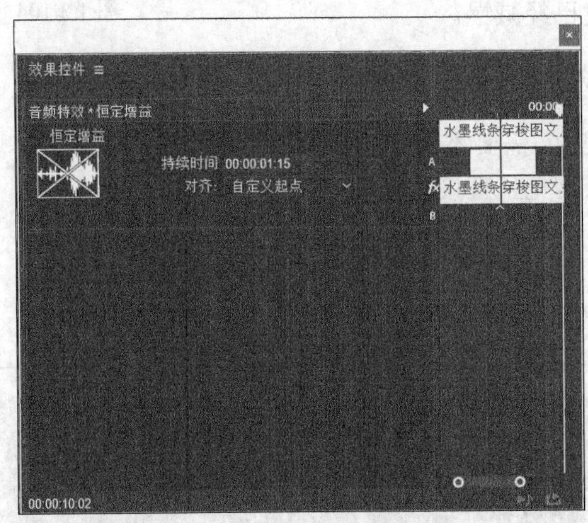

图 1.3.106 恒定增益音频特效参数设置

6）返回序列面板中，音频场景切换特效的持续时间将延长。

7）在效果面板中选择【音频过渡】→【交叉淡化】→【恒定增益】音频转场特效命令，将其添加到音频素材的最右端。

8）打开【效果控件】面板，将素材最右端的音频转场特效持续时间参数设置为 1 秒 15 帧。

9）返回序列面板中，将光标放置在后添加的转场特效上，可以预览特效的持续时间等信息。

10）在音频轨道 A1 上的音频素材包含了两个音频转场特效，分别位于开始处和结束处，如图 1.3.107 所示。

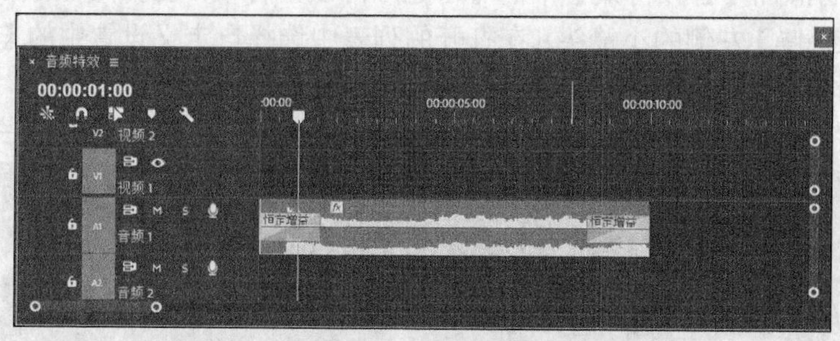

图 1.3.107　音频轨道 A1 上的两个音频转场特效

拓展链接

背景噪声清除

在录制音频的过程中，难免会有杂音出现，为了更好地实现音频的制作效果，消除背景噪声是必不可少的操作。

1. 任务效果

背景噪声清除效果应用特效如图 1.3.108 所示。

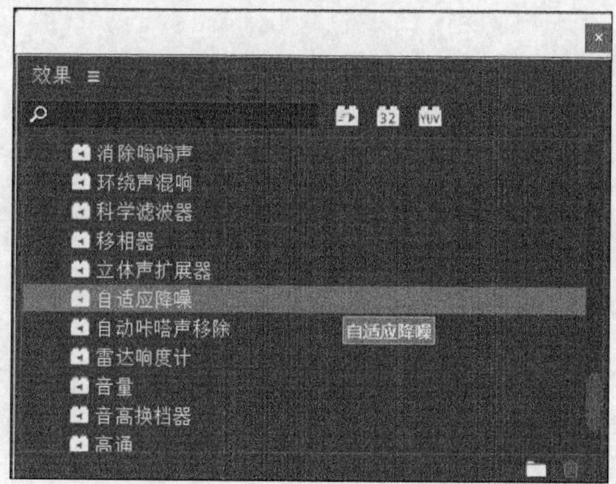

图 1.3.108　自适应降噪特效效果面板

2. 任务分析

使用自适应降噪声频特效消除素材的背景噪声。

3. 操作步骤

1）在项目面板空白处右击，在弹出的快捷菜单中选择【新建项目】→【序列】命令，打开【新建序列】对话框，完成新建序列操作。

2）在项目面板空白处右击，选择【导入】命令，将音频素材导入项目面板。

3）在项目面板中同时选中所需素材，按住鼠标左键直接拖至序列面板音频 1 轨道。

4）为素材添加【音频特效】中的【自适应降噪】特效，打开【效果控件】面板，单击【自适应降噪】左侧的小箭头，在打开的列表中选择自定义设置中的【编辑】命令，即可设置具体参数，如图 1.3.109 所示。

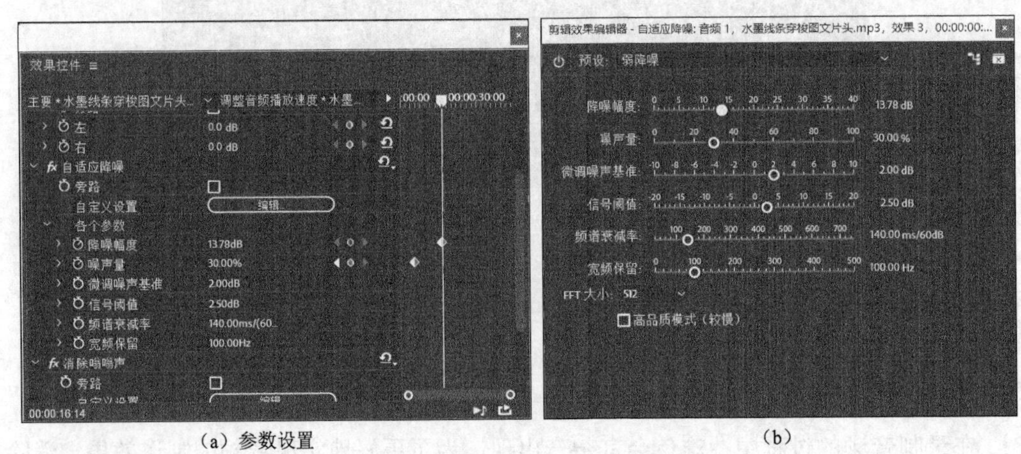

（a）参数设置　　（b）

图 1.3.109　背景噪声清除参数设置

项目二　宣传片视频特效制作

在一部宣传片的制作过程中，策划与创意至关重要。精心的策划与优秀的创意设计是专题片的灵魂。要使作品引人入胜，独特的创意是关键。优秀的创意设计能够给人以强烈的视觉冲击，其独具匠心的表现形式让人们对一个陌生的领域从一无所知到了如指掌，这就是创意的魅力。宣传对象相当于个人形象，在任何宣传场合都是给受众的第一印象。在当今社会，制作宣传片已经成为一种需要，宣传片不仅能够提升宣传对象的业绩，也能提升宣传对象的形象，更能在宣传推广过程中起到重要作用。

知识导读

宣传片视频特效制作基础

知识目标

- 掌握宣传片的基本分类。
- 掌握宣传片的基本制作流程。
- 了解微电影与宣传片的区别。
- 掌握Premiere软件中特效的基本原理、面板的组成及功能。

一、宣传片的分类

宣传片从内容上主要分为两种，一种是宣传对象（学校、企业等）的形象宣传片，另一种是产品宣传片。形象宣传片直观生动地展示对象的产生过程，突出对象的功能特点和优势，从而让受众能够深入地了解所宣传的对象，营造良好的宣传氛围。

1. 宣传对象的形象宣传

宣传对象的形象宣传片主要是对宣传对象的整体形象，如发展历程、技术实力、制造装备、品质控制、市场开拓、文化建设、品牌建设、发展战略等各个方面，给予集中而深入的展示，达到树立品牌、提升形象、彰显文化的目的。同时，宣传片也是对宣传对象进行阶段性总结，动态艺术化的展播方式。回首过去，展望未来，这是传统的宣传对象形象宣传片的内在核心线索，随着传播观念的进步和逐渐完善，人们已经对传统宣传片千篇一律的传播方式产生审美疲劳，因此影视广告公司必须在宣传片创意方式上有所突破。站在宣传对象的高度，对宣传对象的理念和文化进行深度挖掘，让宣传对象的形象宣传片展现的元素都依托在宣传对象的文化精髓之上，或通过故事的形式，或通过立体交叉的形式对宣传对象的形象进行战略层面的宣传和传播，同时借助新媒体传播平台为宣传对象的后续传播提供战略层面的服务，让宣传对象与影视广告公司站在对等的位置，这是一种创新性的服务模式，也是一种具有传播黏性的传播路径。

制作一部综合反映宣传对象产品、技术、设备、人才和环境的专题片是最常见、最直接的方法。宣传对象的形象宣传片如同宣传对象的一张名片，只需通过光盘、闪存盘等存储器播放就可以轻松地了解宣传对象的精神、文化和发展状况。

2. 产品宣传

制作能够提高产品知名度和提升宣传对象形象的宣传片，是摆在每一位宣传对象

决策者面前的重要课题。让拍摄制作的宣传片更好地展示产品功能、优势是产品宣传片必要和有效的手段，优秀的产品宣传片能够在产品市场推广过程中起到“四两拨千斤”的作用。

优秀的产品宣传片可以传达品牌形象，宣传对象文化、服务理念、专业实力、项目成果等综合信息。运用独特的创意设计、优美的镜头画面、流畅的影视语言，结合三维动画、虚拟现实技术，可以彰显宣传对象的非凡品质与恢宏气度。

二、宣传片的基本制作流程及注意事项

1. 根据市场信息进行制作

根据市场信息，与客户之间进行内部交流，包括项目定位、内容、要求、制作精度、时间安排、预算等。

2. 根据客户的要求进行制作

根据客户要求详细制作策划书，内容包括拍摄时间、拍摄内容、拍摄计划、拍摄时遇到困难的应急预案等。根据策划书有针对性地安排宣传片的主要内容。以学校宣传片为例，通常包含以下几方面内容。

1）宣传对象的形象宣传片的片头内容（一般根据宣传对象的要求而定，或大气，或具有文化气息）。

2）宣传片内容介绍（一般介绍宣传对象的硬件水平，包括资产、占地和人员等）。

3）宣传对象产品或功能展示（主要介绍宣传对象或产品，让受众了解宣传对象）。

4）宣传对象的实际优势、企业实力或其他相关信息（科技生产力、宣传对象文化等）。

5）宣传片的片尾部分（一般结尾较为大气，展望宣传对象的发展前景与未来）。

3. 实际制作环节

1）首先向客户提供详细的策划书，再与客户进行讨论，然后根据客户的要求修改策划书，再次与客户确定项目定位、内容、要求、制作精度、时间安排、预算等。

2）现场拍摄。

3）后期包装合成。拍摄完成后进行后期制作，包括粗剪、配音、特效、精剪等。

4. 宣传片制作过程中需要注意的细节

（1）注意构思

宣传片的构思要完整、新颖、科学，这是对宣传片最基本的要求。只有构思精巧、制作精良，才能制作出内容、形式俱佳的宣传片。

（2）注意表现细节

在宣传片制作的过程中，通过栩栩如生的人物形象、色彩鲜明的画面、生动感人的生活场景达到寓情于理、情理交融的效果。细节是表现人物、事件、社会环境和自然景物的最小单位，典型的细节能够以少胜多、以小见大，起到画龙点睛的作用，从而给受

众留下深刻的印象。

（3）注意表现背景

背景又称环境，是宣传片的基本构成因素，也是专题片所反映的人物性格、命运和事件发生、发展、变化的基础和依据。

（4）注意解说词或字幕内容的整理

解说词及字幕内容叙事应当干净利落，语言通俗易懂，词句短小简洁，力求口语化、形象化。

5. 制作误区

（1）宣传片的时间越长越好

虽然宣传片的时间越长，诉求的内容就越多，但是冗长的信息往往造成视觉疲劳，其结果适得其反。因此，要根据宣传片的目的和受众合理安排时间，抓住主要诉求，不必面面俱到。

（2）宣传片的格式都一样

一个缺乏创意和策划的宣传片，只是图像和文字及配音的简单堆砌。在制作宣传片之前，必须对宣传片的营销目的、展示内容、受众特点及竞争对手等信息进行分析整理。对于没有策略的创意而言，很难判断它是否正确。很多宣传对象的领导者也没有意识到宣传策略的重要性，如果宣传对象没有策略或策略模糊不清，就势必造成宣传片不能达到预期效果。

（3）只要摄像机是专业的，拍摄的画面就是专业的

在制作宣传片时，往往会有以下感受：制作公司拍摄使用的设备都很专业，拍摄和制作时间也不短，但总感觉宣传片不够大气、流畅，不吸引人。影视拍摄是一门艺术，拍摄的过程也是一种艺术创作过程。对摄影语言的把握是摄影师赖以生存的根本技能，也是成就高品质宣传片最重要的一个环节。同样，导演和后期制作人员的素质水平和经验，都对宣传片起着举足轻重的作用。但宣传对象在确定与其合作的宣传片制作公司时，往往看重它使用的设备而对制作人员的经验和素质水平缺乏了解。

6. 拍摄方法

在大多数情况下，拍摄以平摄为主。若一部片子全部使用平摄，则会使观众感到平淡乏味。如果偶尔变换一下拍摄的角度，就会为影片增色不少。

拍摄角度大致分为三种，即平摄（水平方向拍摄）、仰摄（由下往上拍摄）、俯摄（由上往下拍摄）。

（1）平摄

大多数画面应在摄像机保持水平方向时拍摄，这样比较符合人们的视觉习惯，画面效果显得比较平和、稳定。

如果被拍摄的主角高度与摄像者的身高相当，那么摄像者站直身体、把摄像机放在其胸部到头部之间的高度进行拍摄是正确的做法，也是握住摄像机最舒适的位置。

如果拍摄高于或低于这个高度的人或物，那么摄像者就应根据人或物的高度随时调整摄像机高度和自己的姿势。例如，在拍摄坐在沙发上的主角或在地板上玩耍的小孩时，

就应采用跪姿甚至趴在地上拍摄，使摄像机与被摄者始终处于同一水平线上。

（2）仰摄

不同角度拍摄的画面，传达的信息也不同。对于同一种事物，如果观看的角度不同，就会产生不同的心理感受。当仰望一个目标时，观看者会觉得这个目标特别高大，不管这个目标是人还是景物。如果想使被摄者的形象显得高大一些，就可以降低摄像机的拍摄角度倾斜向上拍摄。使用仰摄方法拍摄，可以强化主体地位，使被摄者显得更雄伟、高大。

当拍摄人物的近距离特写画面时，拍摄角度的不同，可使人物的神情发生重大变化。如果采用由下向上拍摄的方法，就可以展现此人威武、高大的形象，从而更好地突显主角的地位。若把摄像机架得足够低，则镜头更为朝上，使此人更具威慑力。当观众看到这样的画面时，就会有压迫感，特别是近距离镜头，这种压迫感表现得尤为强烈，此时若人物再稍微低头，观众甚至会有威胁感。

当采用由下往上拍摄时，要注意这种角度的拍摄效果通常并不理想，这是因为人物面部表情过于夸张，常会出现明显的变形，如果在不合适的场合使用这种视角，就可能扭曲丑化主体。因此切记这种效果不要滥用。偶尔运用可以渲染气氛，增强宣传片的视觉效果，但若运用过多，则效果适得其反。尽管如此，有时拍摄者仍采用这种变形夸张的摄影表现手法，达到不同凡响的视觉效果。

（3）俯摄

摄像机所处的位置高于被摄体，镜头偏向下方拍摄。超高角度通常配合超远画面，用来显示某个场景。俯摄可用于拍摄大场面，如街景、球赛等。以全景和中镜头拍摄，容易表现画面的层次感、纵深感。

如果从较高的地方向下俯摄，就可以完整地展现从近景到远景的所有画面，给人以辽阔宽广的感觉。此外，采用高机位大俯视角度拍摄，还可以增加画面的立体感，有时甚至可使画面中的主体具有戏剧化效果。

与仰摄的效果正相反，俯摄是从高角度拍摄人物特写，这种摄影表现手法会削弱人物的气势，使观众对画面中的人物产生一种居高临下的优越感。画面中的人物不仅看起来显得矮，也比实际更胖。

如果从被摄人物视线上方略高一点的位置拍摄近距离特写，有时就有藐视对方的感觉，需要注意的是，如果从上方角度拍摄且在画面人物四周留下很多空间，那么这个人物就会显得孤单。

（4）人物视角的拍摄

视角的反映要符合正常人看事物的习惯。有时，可能需要表现拍摄主体的视角，在这种情况下，不管拍摄的高度如何，都应从主体眼睛高度去拍摄。例如，一个身材高大的教师站着看一个犯错误的身材矮小的学生，就应把摄像机架在教师头部的高度对准学生俯摄，这才是教师眼中看到的学生。同样，学生仰视教师就要降低摄像机高度仰摄。

再如，一个正蹲在地上维修计算机的学生看来到他面前的人的情景。首先应当降低高度（与蹲着的人眼睛同高的位置）俯摄来人的脚部，然后再慢慢向上移动镜头进行仰摄，最后平摄来人的脸部，这样才符合常理。

直接向下俯视的画面通常用来显示某人向下看的视角。用远摄镜头或广角拍摄的方式从高处进行拍摄，可以增大片中人物与下面场景之间的距离。

7. 拍摄准备

（1）三脚架

三脚架是宣传片拍摄的重要工具，能够起到稳定摄像机的作用，从而拍摄出稳定的画面。

（2）使用手动对焦功能

自动对焦是数码摄像机的一个很实用的功能，适合摄像初学者使用。对于专业的宣传片拍摄来讲，必须使用手动对焦，这是专业摄像的前提。例如，很多时候还需要手动对焦确定前、后景深的位置与效果。

（3）遮光罩

镜头遮光罩在逆光和侧光拍摄时，能够防止非成像光的进入，避免产生雾霭效果；在顺光和侧光拍摄时，可以避免周围的散射光进入镜头；在拍摄灯光或夜景时，可以避免周围的干扰光进入镜头。使用遮光罩可以减轻光线经过镜头折射在 CCD 影像感应器上产生的光斑，可以更好地表现拍摄主体，减少杂光对主体的干扰，使拍摄的夜景画面显得较为纯净。

（4）白平衡调节

摄像机的感光元件 CCD 无法像人眼一样自动修正光线的变化，因此要重视白平衡调节。选择不同的白平衡将直接影响宣传片的色调及其表达的意境。一般来说，不要选择自动白平衡，这样会影响灯光的固有颜色，使之失去特有的色温，使用一本校色谱进行白平衡调节是较好的解决方法。

（5）防抖功能

开启防抖功能可以有效地减少拍摄画面的抖动和脱尾。

8. 拍摄要领

（1）镜头要平

镜头要平是指运动摄影过程中始终保持摄像机的水平状态。如果画面没有保持水平，画面中固定状态的水平线和垂直线被摄体，如房屋、电线杆、人物等就会歪歪斜斜，不仅带给人的视觉效果不舒服，还造成心理状态不稳定，使人有动荡不安的感觉。用三脚架拍摄时，应当调好水平仪。手持或肩扛拍摄时，应当随时调整寻像器中的水平状态。

（2）镜头要准

镜头要准是指运动摄影过程中画面起幅和落幅的焦点要准确、构图要准确，拍摄时注意跟焦点的技巧。摇画面时，要按照落幅站好位置，再从起幅开始摇，这样既可以保证摇摄的速度均匀，又可以兼顾拍摄过程中画面构图的准确性。

（3）镜头要稳

镜头要稳是指运动摄影过程中画面要保持稳定，不能摇晃，否则会给人一种头晕目眩的感觉，从而产生心里不安的情绪。手持拍摄时应当尽量在一个镜头中屏住呼吸或者让身体找一个依靠点和支撑点，运用短焦距摄影镜头拍摄可以减少摄像机的晃动。镜头稳是基本功，但要做到是很难的。

（4）镜头要匀

镜头要匀是指运动摄影过程中摄像机的运动速度要均匀，不能忽快忽慢。用三脚架

拍摄时，应当调节好三脚架的阻尼。手持拍摄时，应当掌握拍摄要领，运动的起步和停止要有加力和减力过程。

（5）镜头符合画面要求

若展现宣传对象的规模和宏伟气势，则大多采用远景、全景及仰摄等拍摄角度。镜头中视野广阔、景深悠远，能够很好地表现宣传对象及周围广阔的自然环境氛围，以此抒发情感。在拍摄角度上，大多采用仰摄与俯摄相结合的方式，若与广角镜头配合使用，则使画面更具有气势，从而体现宣传对象的综合实力。

9. 宣传片的技术支持

一部宣传片的问世与各种因素密切相关，包括导演组、摄影师、灯光师、美容师、制片人、道具组、摄影器材（专业摄影机等）、辅助器材（轨道、摇臂、灯具、相关道具等）、服装、专业录配音、三维动画、后期剪辑合成、特效制作、刻录等。其中任何一个环节出现问题，都会直接或间接地影响宣传片的质量。

10. 宣传片的后期制作

在宣传片的后期制作中，特效的运用、背景音乐的烘托也会为其增色不少。三维特效贯穿全片，独特的表现形式更能突出主题，寓意深刻。画面精美、气势恢宏、艺术感强，利用大气磅礴的交响乐作为背景音乐贯穿始终是形象宣传片的一种创新模式。

三、微电影与宣传片的区别

微电影是一种五维营销新模式，横跨电影、电视、网络、行动、实体通路五个维度的营销布局，让整体营销达到一个全新高度。

微电影一定是一个故事，但不一定是品牌故事。宣传片主要是品牌故事，它的背后一定是商业驱动，是专业化的制作，能够给观众带来与商业电影一样的视觉与情感享受。

1. 表达形式不同

宣传片的表达形式更为直接。形象宣传片整合宣传对象资源，统一宣传对象形象，直接告诉观众宣传对象的品牌、信息、文化等。产品宣传片通过现场实录配合产品三维动画，更直观地展示产品的功能特点、使用方法及使用效果等。

微电影以故事情节间接地表现宣传对象、品牌或产品，剧情也赋予微电影更丰富、更具创意的表现形式，使观众在不知不觉中受剧情感染而记住片中传递的有关宣传对象、品牌或产品的信息。

2. 信任度不同

宣传片在招商、竞标、产品发布会等方面更多地发挥作用，并获得较好的效果，经销商、招标方或媒体通过宣传片了解宣传对象的实力、产品品质等，与宣传对象建立较高的信任感。

在互联网时代，信息实现透明化，经销商和消费者都趋向于理性。经销商只有确定

这个品牌或产品能够打动消费者，能够引发消费者追捧，自己能够持续盈利，才会代理；消费者只有认同这个品牌的价值观，并且有美好的联想等，才会消费。微电影注重以情动人，容易被消费者接受。

3. 吸引力不同

当一部新片即将上映时，可能会引起观众的好奇，继而搜索或观看。微电影的拍摄成本与宣传片相当且低于电影，但其拍摄手法、推广方式等都与电影近似。它的优势在于吸引观众，但成本较高。

传统的宣传片、专题片、广告片等制作简单，成本较低，但与观众互动感不强，这是传统宣传片的劣势。

4. 影响力（传播力）不同

微电影主要以情动人，对宣传对象、品牌或产品进行故事营销或情感营销，与观众产生情感共鸣。因此，观众的深度参与更有利于微电影传播。

宣传片是将功能利益或情感奖赏直接灌输给观众，多用于公益宣传，营造观众的视觉感受。

微电影是指专门运用在各种新媒体平台上播放的、适合在移动状态和短时休闲状态下观看的、具有完整策划和系统制作体系支持的、具有完整故事情节的电影短片。微电影的内容融合了幽默搞怪、时尚潮流、公益教育、商业定制等主题，既可以单独成篇，也可以系列成剧。近年来，校园微电影已经成为大学生关注的焦点之一。

四、视频效果

在 Premiere 2018 软件中，视频特效可分为 16 大类、120 多种视频特效。每一种视频特效都有其独特的视觉效果，设置方法也各不相同。在【效果】面板中，单击【视频效果】左边的三角标号按钮，即可展开视频效果面板，如图 2.0.1 所示。

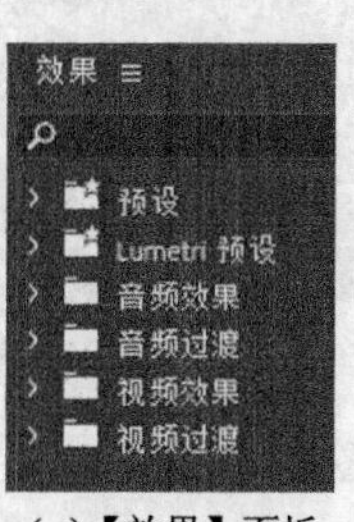

（a）【效果】面板

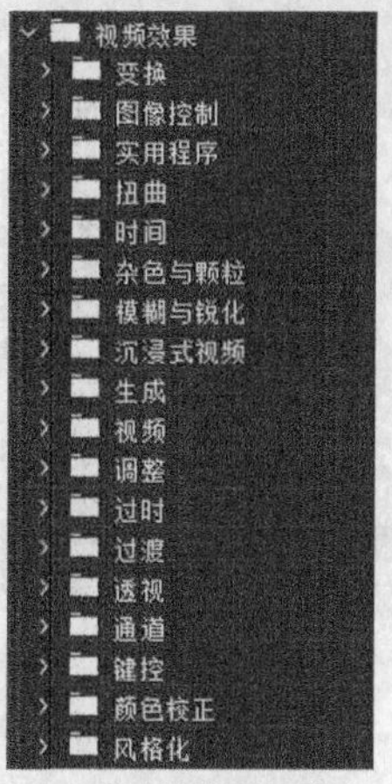

（b）【视频效果】面板

图 2.0.1　【效果】和【视频效果】面板

1. 变换特效

变换特效包括垂直翻转、水平翻转、羽化边缘、裁剪 4 项特效，如图 2.0.2 所示。

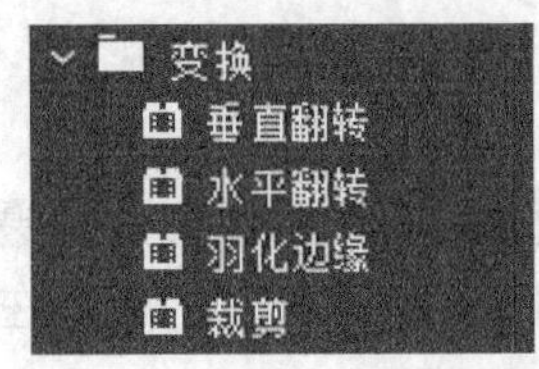

图 2.0.2 【变换】命令列表

实施任务时，只需先将素材拖至时间线轨道，再为素材添加视频特效并设置视频特效的相关参数，即可通过播放实现视频的变换特效。

① 垂直翻转特效可将素材上下翻转。

② 水平翻转特效可将素材左右翻转。

③ 羽化边缘特效能够虚化素材边缘。使用该特效后，可在效果控件面板中设置羽化值，数值越大，羽化效果越强。

④ 裁剪特效能对素材的上下左右进行裁剪。

若为素材加入垂直翻转特效，则可实现图 2.0.3 所示的效果。原图及其使用不同特效后图像的效果图对比如图 2.0.4 所示。

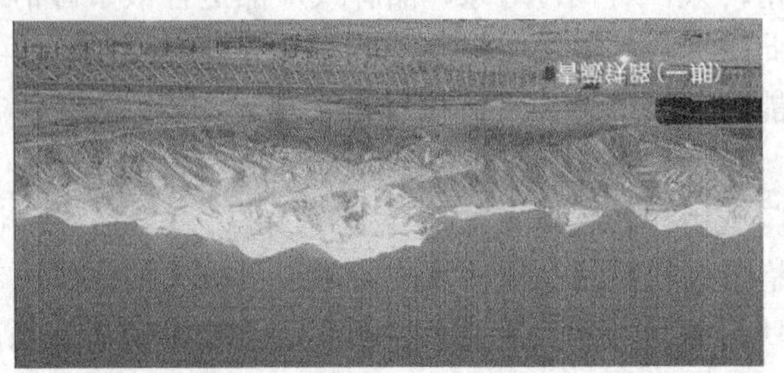

图 2.0.3 垂直翻转特效参数设置及效果图

（a）原图

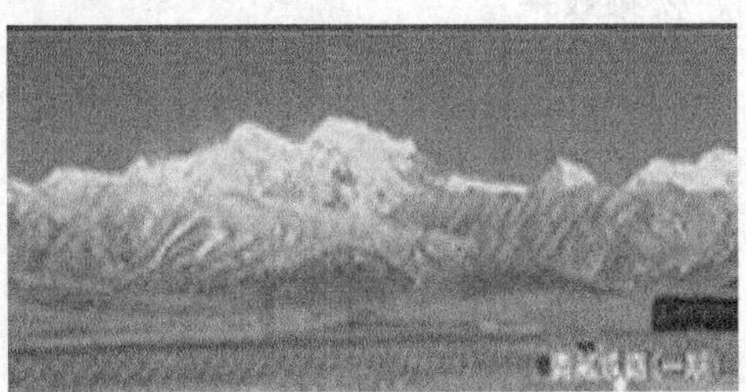

（b）裁剪

（c）水平翻转

（d）羽化边缘

图 2.0.4 变换特效效果图对比

2. 图像控制特效

图像控制特效包括灰度系数校正、颜色平衡（RGB）、颜色替换、颜色过滤和黑白 5 项特效，如图 2.0.5 所示。实施任务时，只需先将素材拖至时间线轨道，再为素材添加视频特效并设置视频特效的相关参数，即可通过播放实现视频的图像控制特效。若为素材添加黑白特效，即可实现图 2.0.6 所示的效果。原图及其使用不同特效后图像的效果如图 2.0.7 所示。

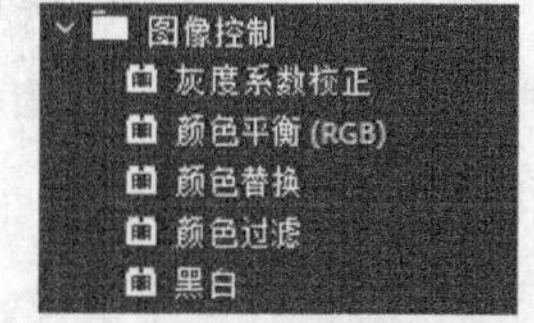

图 2.0.5　【图像控制】命令列表

① 灰度系数校正效果是在不改变画面高亮区域和低亮区域的情况下，使画面变亮或变暗。

② 颜色平衡（RGB）效果可以通过 RGB 值调节画面的三原色数值。

③ 颜色替换效果可用新的颜色替换在原素材中选中的取样颜色及与其有一定相似度的颜色。

④ 颜色过滤效果可将画面转换成灰色，但被选中的色彩区域可以保持不变。

⑤ 黑白效果可以直接将彩色画面转换成灰度画面。

图 2.0.6　黑白特效参数设置及效果图

（a）原图

（b）灰色系数校正

（c）颜色平衡（RGB）

（d）颜色替换

图 2.0.7　图像控制特效效果图对比

(e) 颜色过滤

图 2.0.7(续)

3. 实用程序特效

实用程序特效仅包括 Cineon 转换器，如图 2.0.8 所示。实施任务时，同样先将素材拖至时间线轨道，再为素材添加视频特效并设置特效的相关参数（图 2.0.9），即可通过播放实现视频的 Cineon 转换特效（图 2.0.10）。

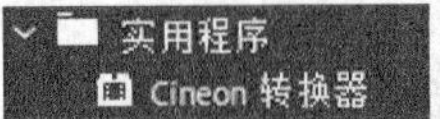

图 2.0.8 【实用程序】命令列表

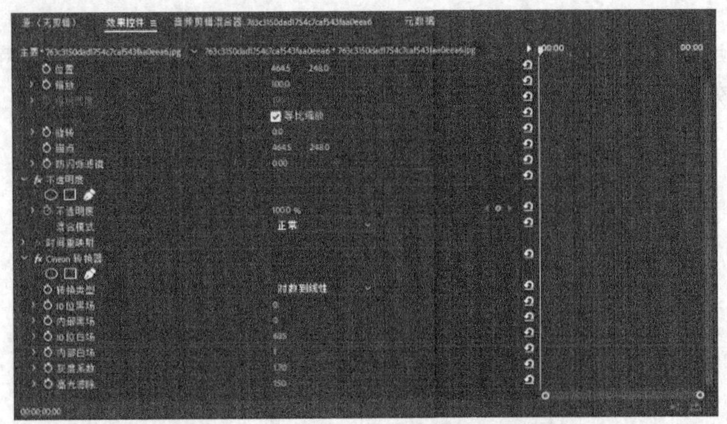

图 2.0.9 Cineon 转换特效参数设置及效果图

(a) 原图

(b) Cineon 转换

图 2.0.10 实用程序特效效果图对比

4. 扭曲特效

扭曲特效包括位移、变形稳定器 VFX、变换、放大、旋转、果冻效应修复、波形变形、球面化、紊乱置换、边角定位、镜像、镜头扭曲 12 项特效，如图 2.0.11 所示。实施任务时，同样先将素材拖至时间线轨道，再为素材添加视频特效并设置放大特效的相关参数（图 2.0.12），即可通过播放实现视频放大效果。原图及其使用不同特效后图像的效果如图 2.0.13 所示。

① 位移特效可以根据设置的偏移量对画面进行位移。

② 变形稳定器特效 VFX 会自动分析需要稳定的视频素材并对其进行稳定化处理，让视频画面看起来更平稳。

③ 变换特效用于综合设置素材的位置、尺寸、不透明度及倾斜等参数。

④ 放大特效可将素材的某一部分放大，并可调节放大区域的不透明度。

⑤ 旋转特效可使素材产生沿中心轴旋转的效果。

⑥ 果冻效应修复特效可以修复摄像设备或拍摄对象移动而产生的扭曲。

扭曲
位移
变形稳定器 VFX
变换
放大
旋转
果冻效应修复
波形变形
球面化
紊乱置换
边角定位
镜像
镜头扭曲

图 2.0.11　【扭曲】命令列表

⑦ 波形变形特效能够产生类似于波纹的效果，可以设置波纹的形状、宽度、方向等。

⑧ 球面化特效可使平面画面产生球面效果。

⑨ 紊乱置换特效可使素材产生类似于波纹、信号、旗帜飘动等扭曲效果。

⑩ 边角定位特效用于改变素材 4 个边角的坐标位置，使画面变形。

⑪ 镜像特效能将素材分割为两部分，并制作出镜像效果。

⑫ 镜头扭曲特效可使素材产生变形效果。

图 2.0.12　放大特效参数设置及效果图

（a）原图

（b）变换

（c）位移

（d）镜头扭曲

（e）旋转

（f）果冻效应修复

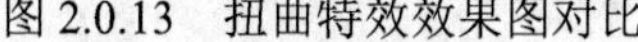

图 2.0.13　扭曲特效效果图对比

（g）波形变形

（h）球面化

（i）紊乱置换

（j）边角定位

（k）镜像

图 2.0.13（续）

5. 时间特效

时间特效包括像素运动模糊、抽帧时间、时间扭曲、残影 4 项特效，如图 2.0.14 所示。实施任务时，同样先将素材拖至时间线轨道，再为素材添加视频特效并设置特效的相关参数（图 2.0.15），即可通过播放实现视频的残影效果。原图及其使用不同特效后图像的效果如图 2.0.16 所示。

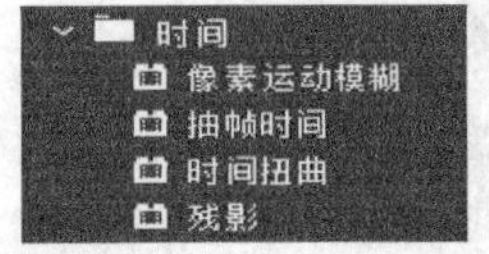

图 2.0.14　【时间】命令列表

① 像素运动模糊特效是指摄像机运动造成的模糊，可以增强快速移动场景的真实感。

② 抽帧时间特效可将素材设定为某一个帧率进行播放，产生跳帧效果。

③ 时间扭曲特效通过组合相对于当前帧，在不同时间里通过相同的帧来扭曲素材。

④ 残影特效能够重复播放素材中的帧，使素材产生重影效果，但该特效只对素材中的运动对象起作用。

图 2.0.15　残影特效参数设置及效果

（a）原图

（b）像素运动模糊

（c）抽帧时间

（d）时间扭曲

图 2.0.16　时间特效对比

6. 杂色与颗粒特效

杂色与颗粒特效包括中间值、杂色、杂色 Alpha、杂色 HLS、杂色 HLS 自动、蒙尘与划痕 6 项特效，如图 2.0.17 所示。实施任务时，同样先将素材拖至时间线轨道，再为素材添加视频特效并设置特效的相关参数（图 2.0.18），即可通过播放实现视频的杂色与颗粒特效。原图及其使用不同特效后图像的效果，如图 2.0.19 所示。

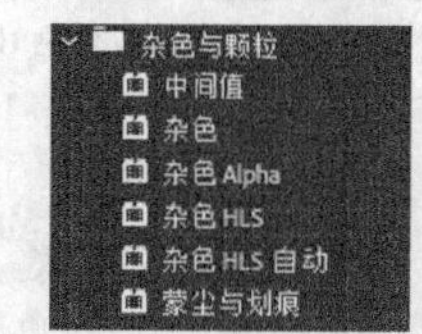

图 2.0.17　【杂色与颗粒】命令列表

① 中间值特效可以获取素材邻近像素中的中间像素以减少画面中的杂色，也可以去除视频中的水印。

② 杂色特效能够制作出类似噪点的效果，可在效果控件面板中的“杂色栏”设置杂色的数量、类型等参数。

③ 杂色 Alpha 特效可为素材的 Alpha 通道添加统一或方形的杂色。

④ 杂色 HLS 特效能够根据素材的色相、亮度和饱和度添加噪点。

⑤ 杂色 HLS 自动特效能为素材添加杂色，可以制作出杂色动画效果。

⑥ 蒙尘与划痕特效能够修改画面中不相似的像素，并创建杂色。

图 2.0.18　杂色与颗粒特效参数设置及效果图

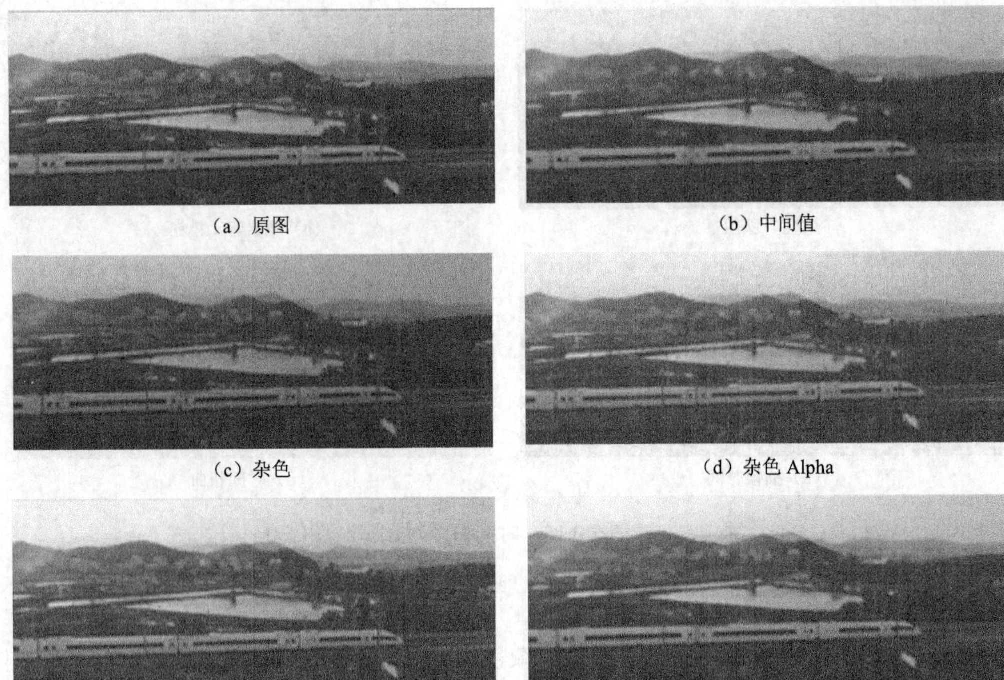

（a）原图 （b）中间值

（c）杂色 （d）杂色 Alpha

（e）杂色 HLS （f）蒙尘与划痕

图 2.0.19 杂色与颗粒特效效果图对比

7. 模糊与锐化特效

模糊与锐化特效包括复合模糊、方向模糊、相机模糊、通道模糊、钝化蒙版、锐化、高斯模糊 7 项特效，如图 2.0.20 所示。实施任务时，同样先将素材拖至时间线轨道，再为素材添加视频特效并设置特效的相关参数（图 2.0.21），即可通过播放实现视频的高斯模糊效果。原图及其使用不同特效后图像的效果如图 2.0.22 所示。

模糊与锐化
- 复合模糊
- 方向模糊
- 相机模糊
- 通道模糊
- 钝化蒙版
- 锐化
- 高斯模糊

图 2.0.20 【模糊与锐化】命令列表

① 复合模糊特效主要通过模拟摄像机的快速变焦和旋转镜头产生具有视觉冲击力的模糊效果。

② 方向模糊特效可在画面中添加具有方向性的模糊，使画面产生一种幻觉运动效果。

③ 相机模糊特效能使画面产生相机没有对准焦距的拍摄效果。

④ 通道模糊特效能对素材的红、蓝、绿和 Alpha 通道进行模糊。

图 2.0.21 高斯模糊特效参数设置及效果图

⑤ 钝化模糊特效可以调整图像的色彩钝化程度。

⑥ 锐化特效通过增加相邻像素的对比度使画面更清晰。

⑦ 高斯模糊特效可以大幅度地模糊图像，使其产生虚化效果。

（a）原图　（b）复合模糊

（c）方向模糊　（d）相机模糊

（e）通道模糊　（f）钝化模板

（g）锐化

图 2.0.22　模糊与锐化特效效果图对比

8. 沉浸式视频特效

沉浸式视频特效主要是指通过虚拟现实技术实现虚拟现实的一种特效。沉浸式视频特效包括 VR 分形杂色、VR 发光、VR 平面到球面、VR 投影、VR 数字故障、VR 旋转球面、VR 模糊、VR 色差、VR 锐化、VR 降噪、VR 颜色渐变，如图 2.0.23 所示。实施任务时，同样先将素材拖至时间线轨道，再为素材添加视频特效并设置特效的相关参数（图 2.0.24），

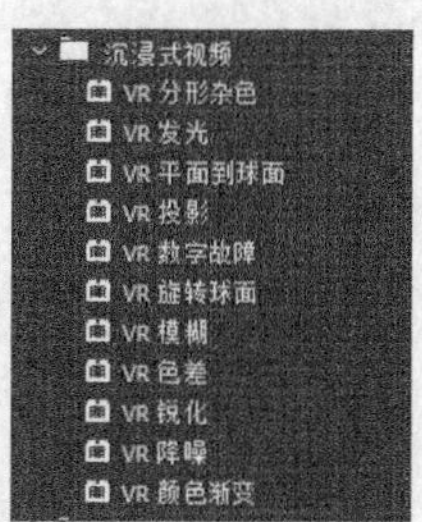

图 2.0.23　【沉浸式视频】命令列表

即可通过播放实现视频的VR模糊效果。原图及其使用不同特效后图像的效果如图2.0.25所示。

图 2.0.24　VR 模糊特效参数设置效果图

（a）原图

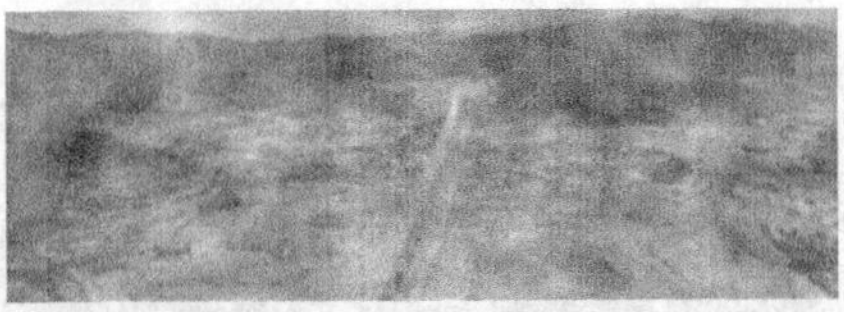

（b）VR 分形杂色

（c）VR 发光

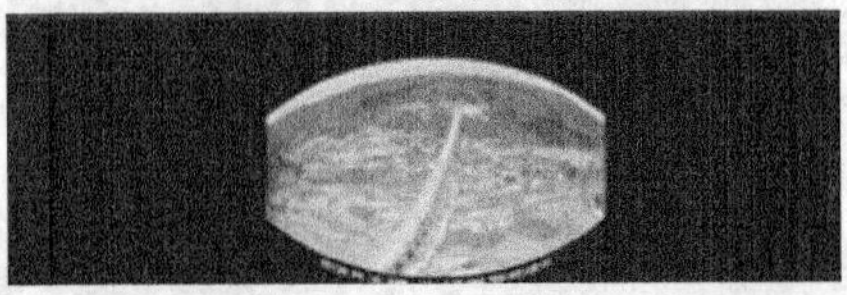

（d）VR 平面到球面

（e）VR 投影

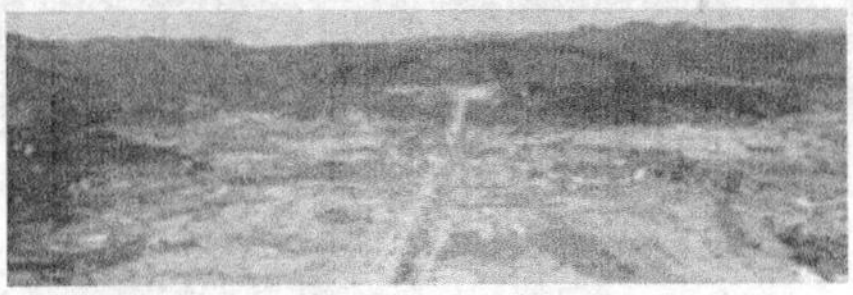

（f）VR 数字故障

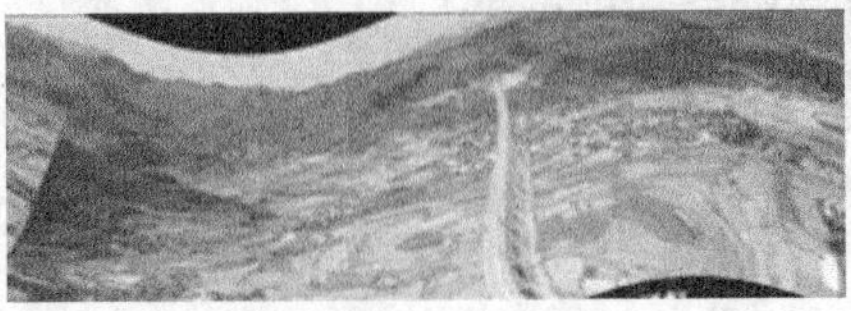

（g）VR 旋转球面

（h）VR 颜色渐变

（i）VR 色差

（j）VR 锐化

（k）VR 降噪

图 2.0.25　沉浸式视频特效效果图对比

① VR 分形杂色特效可为素材添加不同类型和布局的分形杂色，用来制作云、烟、雾等特效。

② VR 发光特效可为素材添加发光效果。

③ VR 平面到球面特效可将文字、图形或形状转换为 360° 球面效果。

④ VR 投影特效可以通过调整视频的三轴旋转、拉伸以填充帧，调整素材的平移、倾斜和滚动等参数。

⑤ VR 数字故障特效可为素材添加数字信号故障干扰效果。

⑥ VR 旋转球面特效可以通过调整素材的倾斜、平移和滚动等参数生成旋转球面效果。

⑦ VR 模糊特效可为 VR 素材添加模糊效果。

⑧ VR 色差特效可以通过调整素材中通道的色差，使素材产生色相分离的特殊效果。

⑨ VR 锐化特效可以调整素材的锐化程度。

⑩ VR 降噪特效可降低素材中的噪点。

⑪ VR 颜色渐变特效可为素材添加渐变颜色。

9. 生成特效

生成特效包括书写、单元格图案、吸管填充、四色渐变、圆形、棋盘、椭圆、油漆桶、渐变、网格、镜头光晕、闪电 12 项特效，如图 2.0.26 所示。实施任务时，同样先将素材拖至时间线轨道，再为素材添加生成视频特效并设置特效的相关参数（图 2.0.27），即可通过播放实现视频生成效果。原图及其使用不同特效后图像的效果如图 2.0.28 所示。

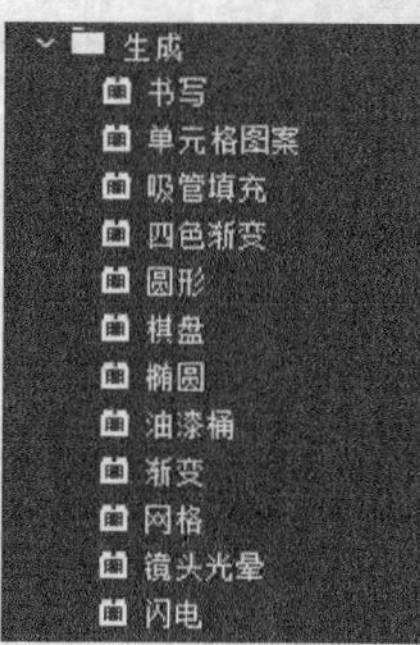

图 2.0.26 【生成】命令列表

① 书写特效能在素材中添加彩色笔触，可以通过结合关键帧创建笔触动画，还能调节笔触轨迹，创建出需要的效果。

② 单元格图案特效主要用于蒙版、黑场视频中，可以作为一种特殊背景使用。

③ 吸管填充特效通过从素材中选取一种颜色填充画面。

④ 四色渐变特效能在素材上创建 4 种颜色的渐变效果。

⑤ 圆形特效可在画面中绘制圆形。

⑥ 棋盘特效可在画面中创建一个黑白棋盘背景。

⑦ 椭圆特效可在画面中创建圆、圆环、椭圆等。

⑧ 油漆桶特效可为画面中的某个区域着色或应用纯色。

⑨ 渐变特效能在素材中创建线性渐变和放射渐变。

⑩ 网格特效能在素材中创建网格，并将网格作为蒙版来使用。

⑪ 镜头光晕特效能在画面中产生闪光灯效果。

⑫ 闪电特效能在画面中生成闪电的动画效果。

图 2.0.27 镜头光晕特效参数设置及效果图

（a）原图

（b）书写

（c）单元格图案

（d）吸管填充

（e）四色渐变

（f）圆形

（g）棋盘

（h）椭圆

（i）油漆桶

（j）渐变

（k）网格

（l）闪电

图 2.0.28 生成特效效果图对比

10. 视频特效

视频特效仅包括 SDR 遵从情况、剪辑名称、时间码、简单文本 4 种特效，如图 2.0.29 所示。实施任务时，先将素材拖至时间线轨道，再为素材添加时间码视频特效并设置特效的相关参数（图 2.0.30），即可通过播放实现视频时间码效果。原图及其使用不同特效后图像的效果如图 2.0.31 所示。

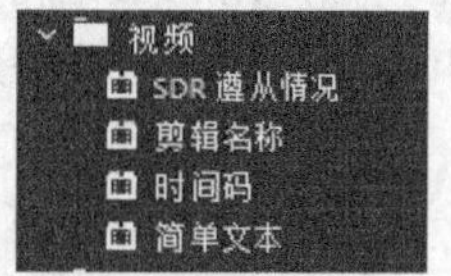

图 2.0.29　【视频】命令列表

① SDR 遵从情况特效可以调整素材的亮度、对比度和软阈值。

② 剪辑名称特效可在素材上叠加显示剪辑名称。

③ 时间码特效可在视频画面中显示剪辑的时间码。

④ 简单文本特效可在素材中添加介绍性文字信息。

图 2.0.30　时间码特效参数设置及效果图

（a）原图

（b）SDR 遵从情况

（c）剪辑名称

（d）简单文本

图 2.0.31　视频特效效果图对比

11. 调整特效

调整特效包括 ProcAmp、光照效果、卷积内核、提取、色阶 5 项特效，如图 2.0.32 所示。实施任务时，先将素材拖至时间线轨道，再为素材添加调整视频特效并设置特效的相关参数（图 2.0.33），即可通过播放实现视频调整效果。原图

图 2.0.32　【调整】命令列表

及其使用不同特效后图像的效果如图 2.0.34 所示。

① ProcAmp 特效可以设置素材的亮度、对比度、色相饱和度。

② 光照效果特效能使素材产生光照效果。

③ 卷积内核特效可以使用数字回旋方式改变素材的亮度，增加像素边缘的锐化程度。

④ 提取特效可以去除素材的颜色，产生黑白效果。

⑤ 色阶特效可以调整素材中的高光、阴影和中间调。

图 2.0.33　光照特效参数设置及效果图

（a）原图

（b）ProcAmp

（c）色阶

（d）卷积内核

（e）提取

图 2.0.34　调整特效效果图对比

12. 过渡特效

过渡
块溶解
径向擦除
渐变擦除
百叶窗
线性擦除

图 2.0.35　【过渡】命令列表

过渡特效包括块溶解、径向擦除、渐变擦除、百叶窗、线性擦除等 5 项特效，如图 2.0.35 所示。过渡特效实现效果与视频切换特效类似。实施任务时，先将素材拖至时间线轨道，再为素材添加过渡视频特效并设置特效的相关参数

（图 2.0.36），即可通过播放实现视频过渡效果。原图及其使用不同特效后图像的效果如图 2.0.37 所示。

① 块溶解特效可以通过随机产生的像素块溶解画面。

② 径向擦除特效可在指定的位置沿顺时针方向或逆时针方向径向擦除素材。

③ 渐变擦除特效通过指定层与原图层之间的亮度值过渡。

④ 百叶窗特效可以以条纹的形式切换素材。

⑤ 线性擦除特效能从画面左侧逐渐擦除画面。

图 2.0.36　百叶窗特效参数设置及效果图

（a）原图

（b）块溶解

（c）径向擦除

（d）渐变擦除

（e）线性擦除

图 2.0.37　过渡特效效果图对比

13. 透视特效

透视特效包括基本 3D、投影、放射阴影、斜角边、斜面 Alpha 等 5 项特效，如图 2.0.38 所示。实施任务时，先将素材拖至时间线轨道，再为素材添加透视特效并设置特效的相关参数（图 2.0.39），即可通过播放实现视频透视效果。原图及其使用不同特效后图像的效果如图 2.0.40

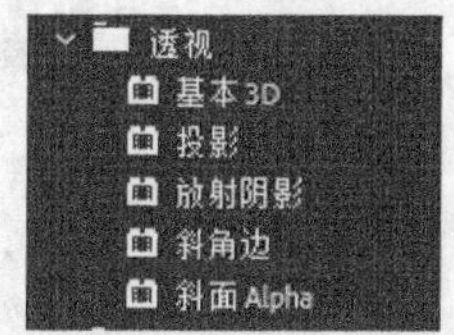

图 2.0.38　【透视】命令列表

所示。

① 基本 3D 特效可以旋转和倾斜素材，模拟三维空间效果。

② 投影特效可为带 Alpha 通道的素材添加投影。

③ 放射阴影特效可为素材添加阴影效果。

④ 斜角边特效可使素材产生一个高亮的三维效果。

⑤ 斜面 Alpha 特效能为素材创建具有倒角的边，使素材中的 Alpha 通道变亮。

图 2.0.39 基本 3D 特效参数设置效果图

（a）原图

（b）斜面 Alpha

（c）投影

（d）放射阴影

（e）斜角边

图 2.0.40 透视特效效果图对比

14. 通道特效

通道特效包括反转、复合运算、混合、算术、纯色合成、计算、设置遮罩等 7 项特效，如图 2.0.41 所示。实施任务时，先将素材拖至时间线轨道，再为素材添加通道特效并设置通道特效的相关参数（图 2.0.42），即可通过播放实现视频通道效果。原图及其使用不同特效后图像的效果如图 2.0.43 所示。

图 2.0.41　【通道】命令列表

① 反转特效可以反转素材的颜色，使原素材中的颜色都变为对应的互补色。

② 复合运算特效能够混合两个重叠素材的颜色。

③ 混合特效可以通过不同的混合模式混合视频轨道上的素材，使画面产生变化。

④ 算术特效可以通过不同的数学运算修改素材的红、绿、蓝的色值。

⑤ 纯色合成特效能够基于所选的混合模式，将纯色覆盖在素材上。

⑥ 计算特效可以通过不同的混合模式将不同轨道上的素材重叠在一起。

⑦ 设置遮罩特效能用素材的 Alpha 通道替代指定的 Alpha 通道，产生移动蒙版效果。

图 2.0.42　通道特效参数设置及效果图

（a）原图

（b）计算

（c）复合运算

（d）混合

图 2.0.43　通道特效效果图对比

(e) 纯色合成

图 2.0.43(续)

15. 键控特效

键控特效包括 Alpha 调整、亮度键、图像遮罩键、差值遮罩、移除遮罩、超级键、轨道遮罩键、非红色键、颜色键等 9 项特效,如图 2.0.44 所示。实施任务时,先将素材拖至时间线轨道,再为素材添加键控特效并设置键控特效的相关参数(图 2.0.45),即可通过播放实现视频键控效果(图 2.0.46)。

图 2.0.44 【键控】命令菜单

① Alpha 调整特效能够对包含 Alpha 通道的素材进行不透明度调整,使当前素材与下方轨道上的素材产生叠加效果。

② 亮度键特效能够将素材中的较暗区域设置为透明,并保持颜色的色调和饱和度不变,可以有效去除素材中较暗的图像区域。适用于明暗对比强烈的图像。

③ 图像遮罩键特效能够将图片以底纹的形式叠加到素材中。

④ 差值遮罩特效能够将两个素材中不同区域的纹理相叠加,将两个素材中相同区域的纹理去除。

⑤ 移除遮罩特效能够移除素材中的白色或黑色遮罩。

⑥ 超级键特效能够指定一种特定或相似的颜色遮盖素材,然后设置其透明度、高光、阴影等参数进行合成。

⑦ 轨道遮罩键特效能将图像中的黑色区域部分设置为透明,白色区域部分设置为不透明。

⑧ 非红色键特效可以一键去除素材中的蓝色和绿色背景。

⑨ 颜色键特效能够使某种指定的颜色及其相似范围内的颜色变得透明。

图 2.0.45 轨道遮罩键参数设置及效果图

素材 1　　素材 2

（a）Alpha 调整素材

（d）Alpha 调整最终效果

素材 1　　素材 2

（c）亮度键素材

（d）亮度键最终效果

素材 1　　素材 2

（e）差值遮罩素材

（f）差值遮罩最终效果

素材 1　　素材 2

（g）超级键素材

（h）超级键最终效果

（i）非红色键素材

（j）非红色键最终效果

（k）颜色键素材

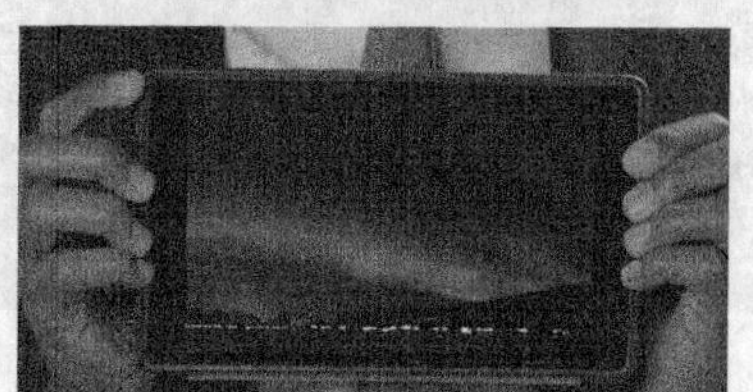

（l）颜色键最终效果

图 2.0.46　键控特效对比

16. 颜色校正特效

颜色校正特效包括 ASC CDL、Lumetri 颜色、亮度与对比度、分色、均衡、更改为颜色、更改颜色、色彩、视频限幅器、通道混合器、颜色平衡、颜色平衡（HLS）等 12 项特效，如图 2.0.47 所示。实施任务时，先将素材拖至时间线轨道，再为素材添加色彩校正视频特效并设置特效的相关参数（图 2.0.48），即可通过播放实现视频色彩校正效果。原图及其使用不同特效后图像的效果如图 2.0.49 所示。

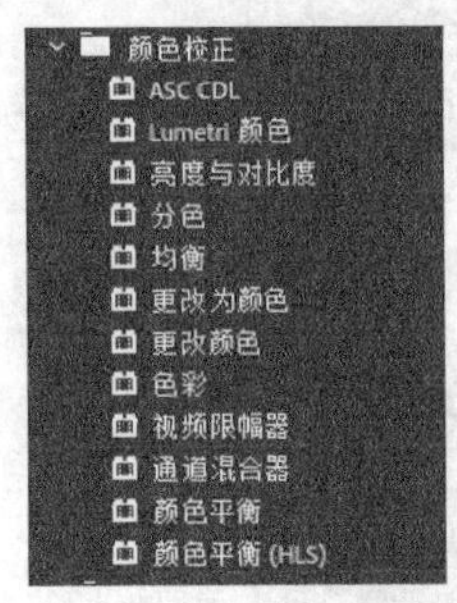

图 2.0.47 【颜色校正】命令列表

① ASC CDL 特效可以调整素材的红、绿、蓝三种色相及饱和度。

② Lumetri 颜色特效可对素材进行颜色的基本校正和特殊调色。

③ 亮度与对比度特效可用于调整素材的亮度和对比度。

④ 分色特效可以选择一种需要保留的颜色范围而将其他颜色的饱和度降低。

⑤ 均衡特效可以改变素材的像素值并对其颜色进行平均化处理。

⑥ 更改为颜色特效可以使用色相、饱和度和亮度快速地将选择的颜色更改为另一种颜色。

⑦ 色彩特效用于调整素材中包含的颜色信息。

⑧ 视频限幅器特效可将视频的亮度和色彩限制在广播允许的范围内。

⑨ 通道混合器特效可对素材间通道的颜色进行调整以改变素材的颜色。

⑩ 颜色平衡特效可对素材的颜色进行调整。

⑪ 颜色平衡（HLS）特效可对素材的色相进行调整。

图 2.0.48 ASC CDL 特效参数设置及效果图

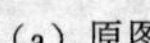

（a）原图

（b）ASC CDL

图 2.0.49 颜色校正特效效果图对比

（c）Lumetri 颜色

（d）亮度与对比度

（e）分色

（f）均衡

（g）更改为颜色

（h）更改颜色

（i）色彩

（j）视频限幅器

（k）通道混合器

（l）颜色平衡

图 2.0.49（续）

17. 风格化特效

风格化特效包括 Alpha 发光、复制、彩色浮雕、抽帧、曝光过度、查找边缘、浮雕、画笔描边、粗糙边缘、纹理化、闪光灯、阈值、马赛克等 13 项特效，如图 2.0.50 所示。风格化效果是效果面板中较为常用的一项特效设置。实施任务时，先将素材拖至时间线轨道，再为素材添加风格化特效并设置风格化特效的相关参数（图 2.0.51），即可通过播放实现视频风格化效果。原图及其使用不同特效后图像的效果如图 2.0.52 所示。

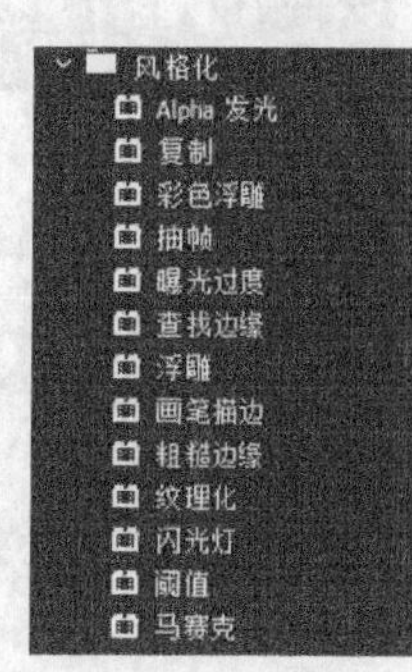

图 2.0.50　【风格化】命令列表

① Alpha 发光特效能在带 Alpha 通道的素材边缘添加光效。

② 复制特效能够复制指定数目的素材。

③ 彩色浮雕特效能够锐化素材的轮廓，使素材产生彩色浮雕效果。
④ 曝光过度特效能使画面产生边缘变暗的亮化效果。
⑤ 查找边缘特效能够强化素材中物体的边缘，使素材产生类似底片或铅笔素描效果。
⑥ 浮雕特效通过锐化物体轮廓使素材产生灰色浮雕效果。
⑦ 画笔描边特效能够模拟美术画笔效果。
⑧ 粗糙边缘特效能使素材的 Alpha 通道边缘粗糙化。
⑨ 纹理化特效能使不同轨道的素材在指定的素材上显示。
⑩ 闪光灯特效能以一定的周期或随机地创建闪光灯效果，模拟拍摄瞬间的强烈闪光。
⑪ 阈值特效能将素材变为灰度模式。
⑫ 马赛克特效能在素材中添加马赛克。

图 2.0.51 马赛克特效参数设置及效果图

（a）原图

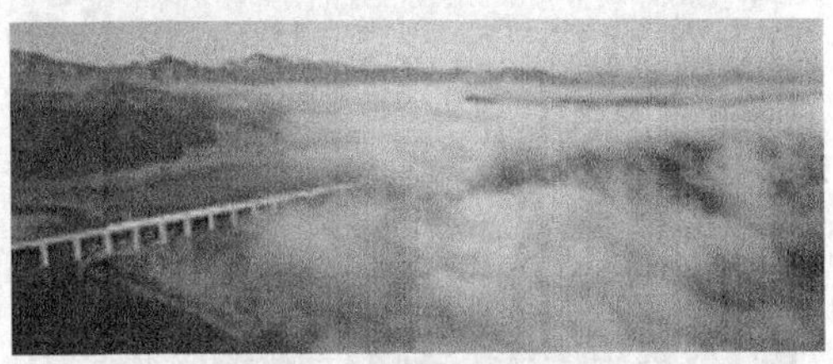
（b）Alpha 发光

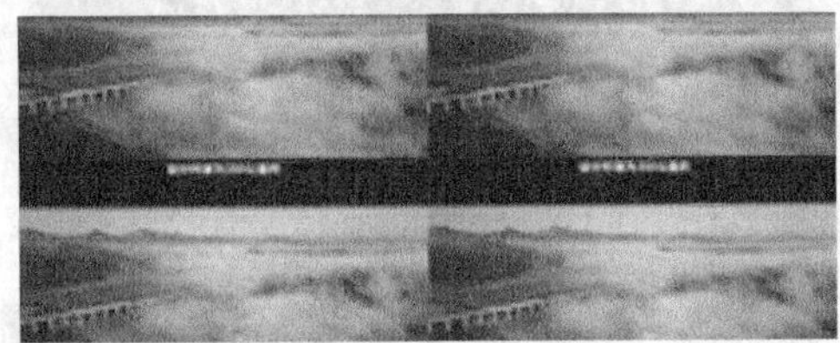
（c）复制

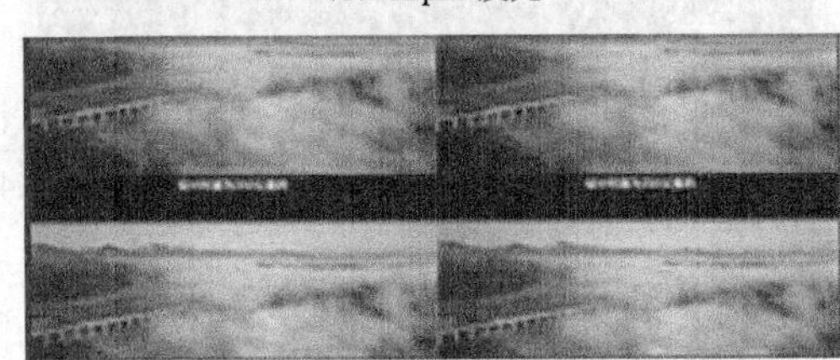
（d）彩色浮雕

（e）抽帧

（f）曝光过度

图 2.0.52 风格化特效效果图对比

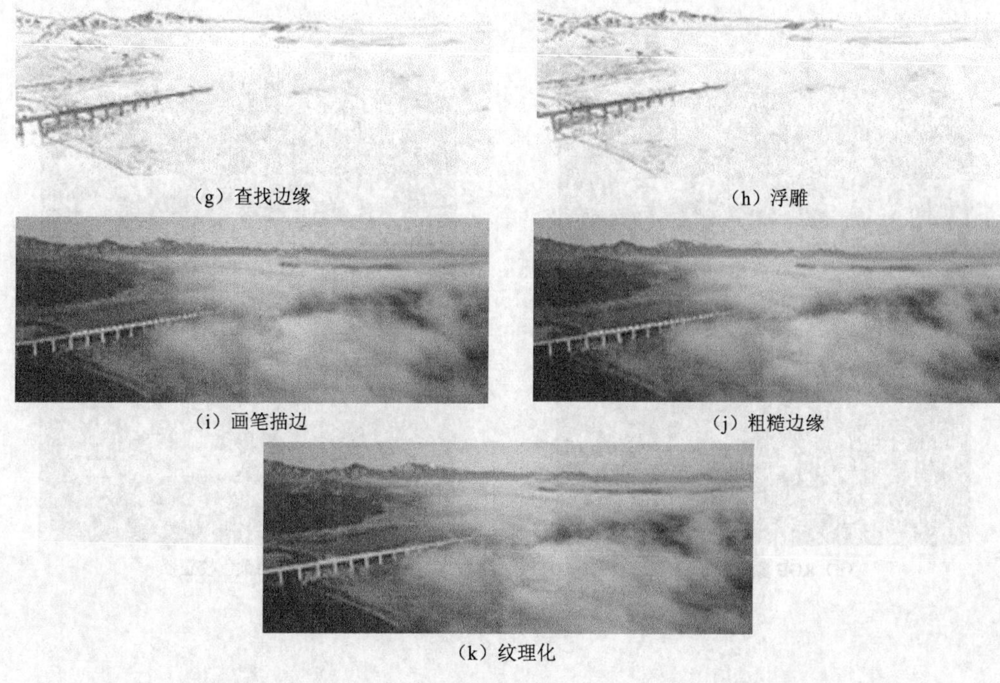

（g）查找边缘　（h）浮雕

（i）画笔描边　（j）粗糙边缘

（k）纹理化

图 2.0.52（续）

18. 过时特效

过时特效主要用于对素材进行专业的色彩校正和颜色分级，其中有 10 种用于调色的视频效果，包括 RGB 曲线、RGB 颜色校正器、三向颜色校正器、亮度曲线、亮度校正器、快速颜色校正器、自动对比度、自动色阶、自动颜色、阴影/高光，如图 2.0.53 所示。使用特效后的前后素材对比如图 2.0.54 所示。

过时
RGB 曲线
RGB 颜色校正器
三向颜色校正器
亮度曲线
亮度校正器
快速颜色校正器
自动对比度
自动色阶
自动颜色
阴影/高光

图 2.0.53　【过时】命令列表

① RGB 曲线特效主要通过调整曲线的方式修改视频素材中主通道和红、绿、蓝通道的颜色，以此改变画面的效果。

② RGB 颜色校正器特效能够对素材的 R、G、B 三个通道的参数进行设置，以此修改素材的颜色。

③ 三向颜色校正器特效可以通过调节阴影、中间值、高光的颜色来调整色彩的平衡。

④ 亮度曲线特效可对素材的亮度进行调整，使暗部区域变亮，或使亮部区域变暗。

⑤ 亮度校正器特效可对素材亮度进行校正。

⑥ 快速颜色校正器特效视频效果能对素材的色彩进行快速校正。

⑦ 自动对比度特效可以自动调整素材的对比度。

（a）原图

（b）RGB 曲线

（c）RGB 颜色校正器

（d）三向颜色校正器

（e）亮度曲线

（f）亮度校正器

（g）快速颜色校正器

（h）自动对比度

（i）自动色阶

（j）自动颜色

图 2.0.54 过时特效效果图对比

（k）阴影/高光

图 2.0.54（续）

⑧ 自动色阶特效可以自动调整素材的色阶。

⑨ 自动颜色特效可以自动调整素材的颜色。

⑩ 阴影/高光特效可以调整素材的阴影和高光部分。

子项目一

特效制作

本子项目主要通过对 5 个任务的介绍，全面讲解动画音频与视频编辑制作过程中的视频特效应用，以及 Premiere 2018 软件基本视频特效的设置方法。

在非线性编辑中，视频特效是一项非常重要的功能。视频特效能使影片片段拥有更加丰富多彩的视觉效果。Premiere 2018 软件为用户提供了大量的视频特效，使用这些特效可使视频产生很多美妙的效果，如变换、图像控制、扭曲、色彩校正等。

学习目标

知识目标

掌握设置特效动画的基本原理。

掌握多种特效结合使用的方法。

能力目标

能用 Premiere 2018 软件为素材添加特效。

能用 Premiere 2018 软件根据实际情节需要设置特效。

能用 Premiere 2018 软件设置特效动画。

素质目标

培养学生团队协作、创新思维的能力。

任务一 宣传片特效基础设置

任务说明

宣传片是利用电视、电影的表现手法，对企业内部的各个层面有重点、有针对性、有秩序地进行策划、拍摄、录音、剪辑、配音、配乐、合成输出制作成片的，目的是声色并茂地凸显企业独特的风格面貌、彰显企业实力，让社会不同层面的人士对企业产生正面的、良好的印象，从而建立对该企业的好感和信任度，并信赖该企业的产品或服务。从目的和宣传方式不同的角度来看，宣传片可分为企业宣传片、产品宣传片、公益宣传片、电视宣传片、招商宣传片。本项目制作的影视片头主要针对案例实施，通过各种不同的方式对案例进行介绍。

知识准备

宣传片是目前最好的宣传手段之一。它能够非常有效地把宣传对象的形象提升到一个新的层次，更好地把宣传对象的产品和服务展示给大众。除了非常详细地说明产品的功能、用途、使用方法及其优点（与其他产品不同之处）外，还诠释宣传对象的文化理念，因此已经成为宣传对象必不可少的宣传工具之一。宣传片已广泛运用于展会招商宣传、房产招商、楼盘销售、学校招生、产品推介、旅游景点推广、品牌提升宣传等。通过媒体广告，向需要制作宣传片的宣传对象进行宣传，将会取得较好的推广作用。

任务实施

1. 任务效果

多彩的山水效果图如图 2.1.1 所示。

（a）绿色

（b）蓝色

（c）红色

图 2.1.1　多彩的山水效果图

2. 任务分析

素材的颜色变换是视频剪辑中的常用操作方法。实施任务时，首先需要在素材监视器面板中设置好特效、调整静态图片的默认长度，接着导入素材、添加视频特效并设置视频特效的相关参数，最后通过播放实现山水的多彩变化效果。

3. 操作步骤

1）创建新序列，导入素材图片“山水 1”。

2）在项目面板中选中所需素材，按住鼠标左键直接拖至序列面板视频 V1 轨道上。

3）打开【效果】面板，选择【视频效果】→【图像控制】→【颜色平衡（RGB）】命令，按住鼠标左键将其拖至序列面板的视频 V1 轨道素材“山水 1”的位置上，松开鼠标左键，如图 2.1.2 所示。

4）打开【效果控件】面板，在【视频效果】→【颜色平衡（RGB）】栏中，分别设置红色、蓝色、绿色的参数值为 150，如图 2.1.3～图 2.1.5 所示。

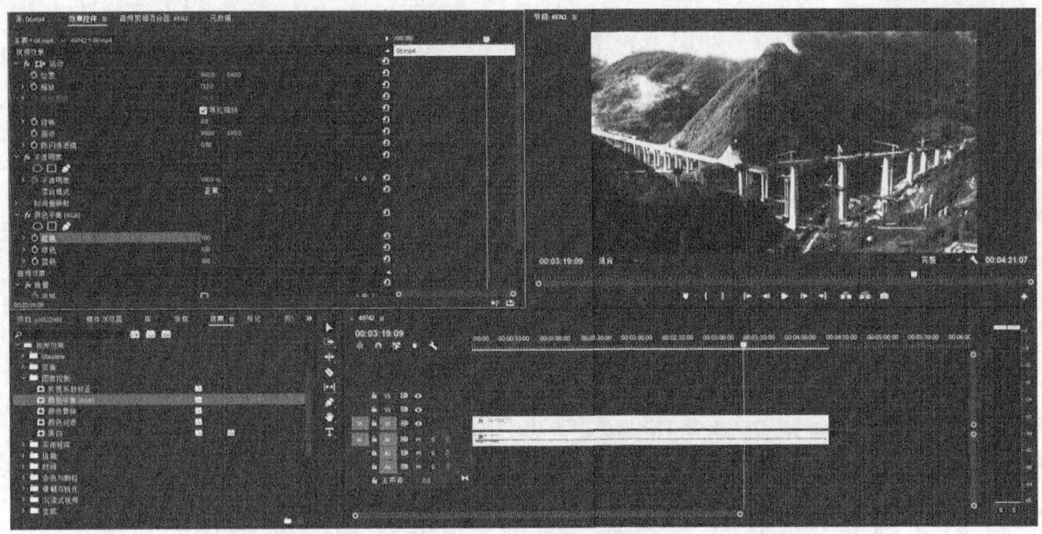

图 2.1.2　导入素材

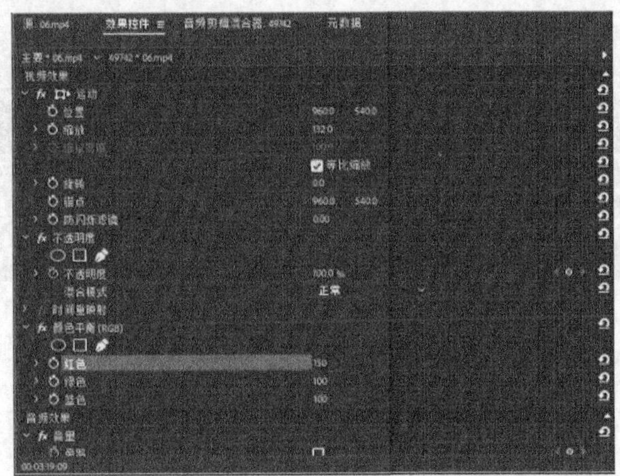

图 2.1.3　设置红色参数值

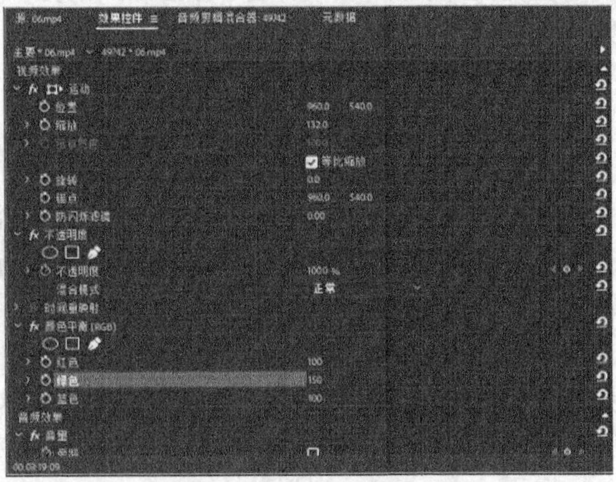

图 2.1.4　设置绿色参数值

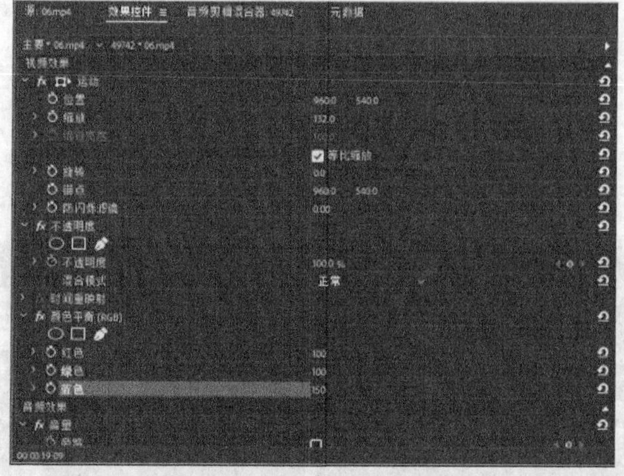

图 2.1.5　设置蓝色参数值

图 2.1.6　多彩的山水效果实现（绿色）

5）设置时间起点为 0 秒 0 帧，在【效果控件】面板中单击颜色左边的关键帧按钮，设置色相值为 0；设置时间终点为 0 秒 25 帧，设置色相值为 150。

6）单击节目监视器面板中的【播放】按钮，即可实现多彩山水的变换效果，如图 2.1.6 所示。

任务二　多画面效果实现

任务说明

多画面效果是影视播放过程中常见的特殊视频效果，可以理解为在原有画面的基础上再出现另一个画面或多个画面，形成多个视频素材同时播放的视频效果。

知识准备

多画面效果实现方式分为两种：①可以通过不同的视频轨道调整画面大小；②可以采用扭曲特效中的边角固定特效。

任务实施

1. 任务效果

多画面效果图如图 2.1.7 所示。

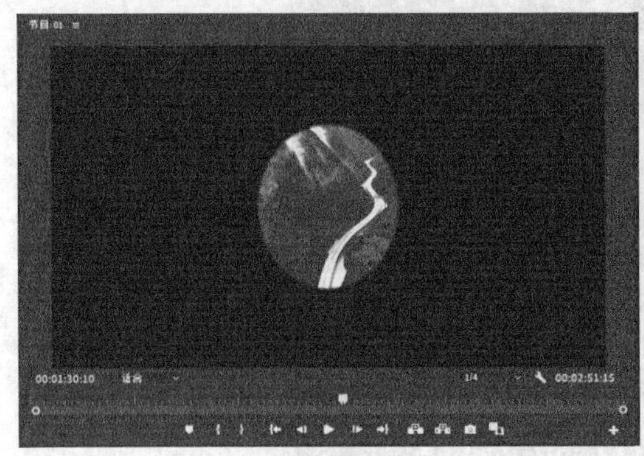
(a) 效果图（一）

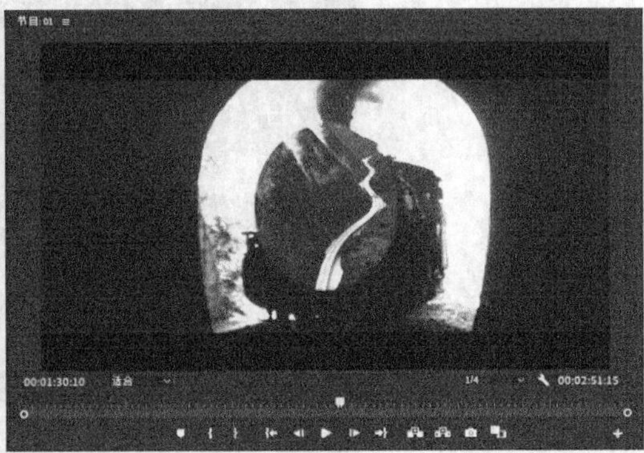
(b) 效果图（二）

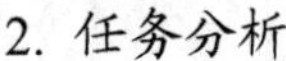
图 2.1.7 多画面效果图

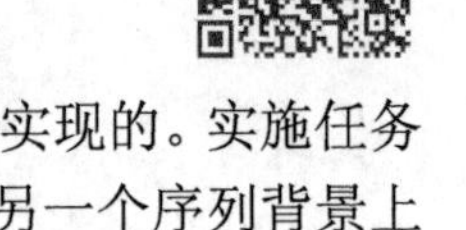

2. 任务分析

本任务的多画面效果是通过对视频特效中的轨道遮罩键进行设置实现的。实施任务时，首先需要在一个序列设置轨道遮罩键特效，再将这一序列放置到另一个序列背景上轨道的位置。调整序列位置及叠加个数，即可实现电视中多画面视频播放效果。

3. 操作步骤

1）在项目面板导入视频素材 01 和视频素材 06。

2）创建序列 1，将视频素材 01 拖至于视频 V1 轨道上。

3）创建序列 2，将视频素材 06 拖至于视频 V2 轨道上，如图 2.1.8 所示。

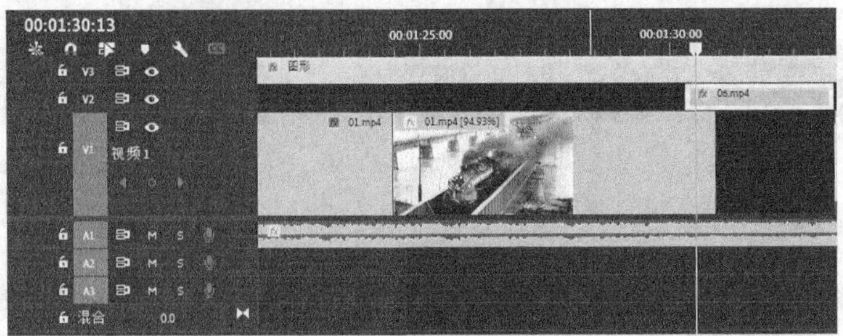

图 2.1.8 导入素材

4）打开【效果】面板，在搜索地址栏中输入“轨道”，即可找到所有与“轨道”相关的特效，如图 2.1.9 所示。

5）选择【视频效果】→【键控】→【轨道遮罩键】命令，按住鼠标左键将其拖至

V2 轨道素材 06 上，在【效果控件】面板设置蒙版参数，如图 2.1.10 所示。

6）在【效果控件】面板中设置轨道遮罩键蒙版扩展的关键帧动画，实现多画面效果，如图 2.1.11 所示。

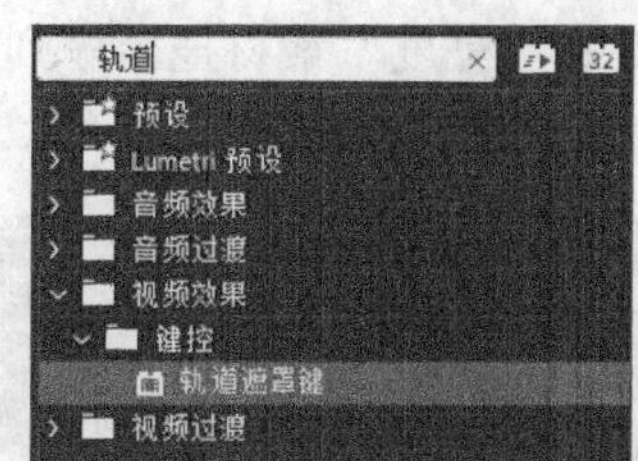

图 2.1.9　轨道遮罩键特效命令

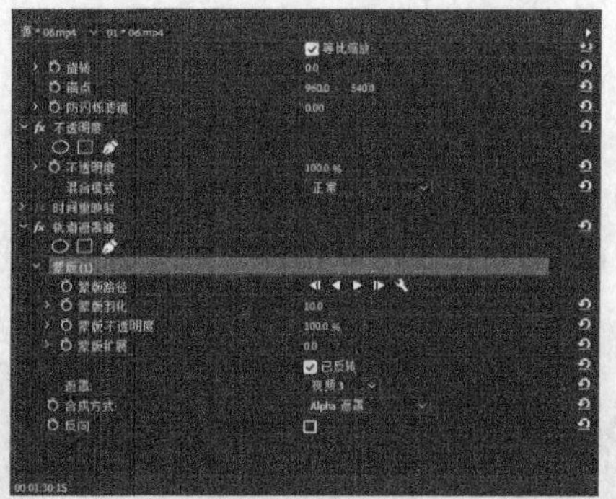

图 2.1.10　特效参数设置

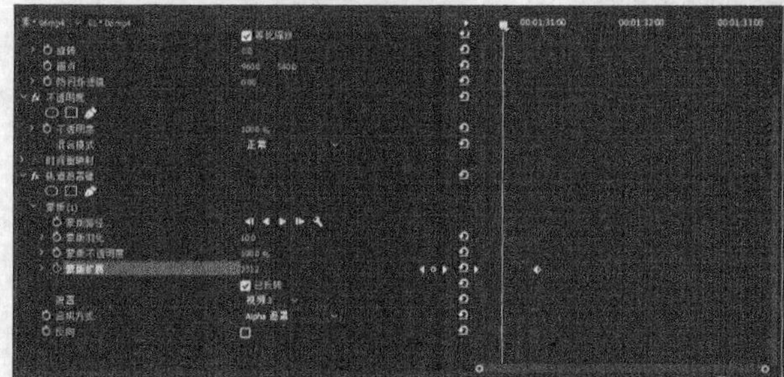

图 2.1.11　多画面效果实现

拓展链接

1. 任务效果

亮度键效果图如图 2.1.12 所示。

图 2.1.12　亮度键效果图

2. 任务分析

亮度键是视频剪辑中多画面效果的常用工具。实施任务时，首先需要在素材监视器面板中设置好亮度键特效，接着调整素材的位置，即可实现电视中多画面视频播放效果。

3. 操作步骤

1）创建新序列，导入素材视频。

2）分别在项目面板中选中所需素材，按住鼠标左键将“亮度”素材拖至序列面板视频 V1 轨道上，将“水墨”素材拖至序列面板视频 V2 轨道上，如图 2.1.13 所示。

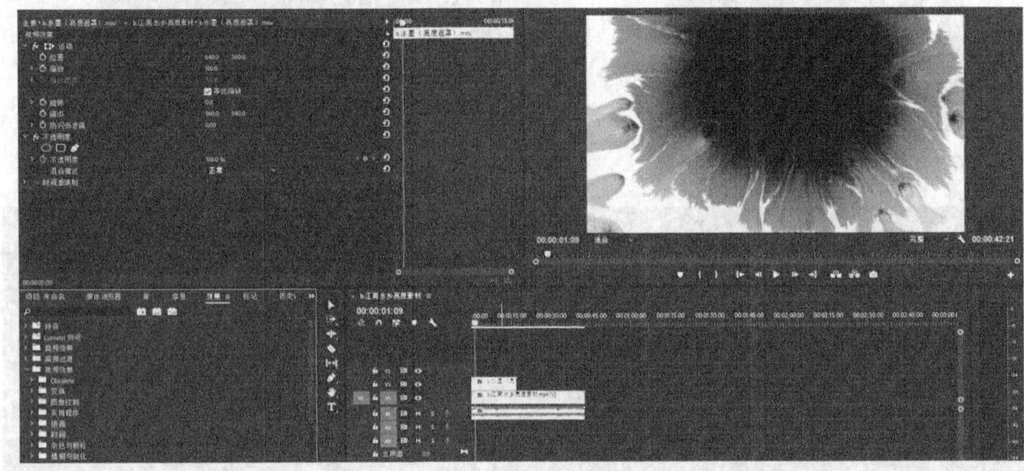

图 2.1.13　素材导入

3）打开【效果】面板，选择【视频效果】→【键控】→【亮度键】命令，按住鼠标左键将其拖至序列面板的视频 V2 轨道“水墨”素材位置，松开鼠标左键，设置亮度键参数，如图 2.1.14 所示。

图 2.1.14　亮度键特效参数设置

任务三　多时空变幻的主持人

任务说明

本任务主要使用“抠像”命令，实现画面主体人物出现在不同背景叠加画面的效果。

知识准备

“抠像”一词源自英文 key，本意是吸取画面中的某一种颜色，将它从画面中抠出，从而使背景透出来形成两层画面叠加的效果。在室内拍摄的人物抠像后与各种景物叠加在一起，可以形成神奇的艺术效果。由于抠像具有这种神奇功能，故其成为电视、电影制作的常用技巧。

较常见的背景颜色为绿色和蓝色，这是因为蓝色和绿色是中国人皮肤颜色的补色，一般选择与皮肤相对的颜色，避免使用与皮肤接近的颜色。在国外常选绿色作为背景，这是因为欧洲人的眼睛为蓝色，如果选蓝色作为背景，眼睛的颜色就会被抠掉。

任务实施

1. 任务效果

超级键抠像效果图如图 2.1.15 所示。

（a）人物抠出背景前

（b）人物抠出背景后

图 2.1.15　超级键抠像效果图

2. 任务分析

超级键是视频剪辑中原始的常用抠像工具，主要用于画面人物抠出背景的操作。实施任务时，首先需要在素材监视器面板中设置好原始素材的位置，再使用超级键命令，即可实现视频效果。

3. 操作步骤

1）在项目面板中导入背景图片及主持人视频素材。

2）在项目面板中选中所需素材，按住鼠标左键将背景图片拖至序列面板视频 V1

轨道上，将主持人视频素材拖至序列面板视频 V2 轨道上。

3）打开【效果】面板，在搜索地址栏中输入“超级”，打开特效命令列表，如图 2.1.16 所示。

（a）超级键特效命令

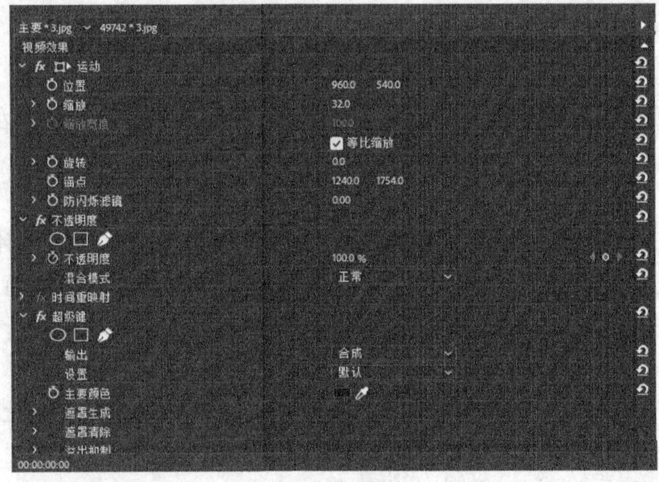

（b）参数设置

图 2.1.16　超级键特效命令及参数设置

4）选择【超级键】命令，按住鼠标左键将其拖至序列面板视频 V2 轨道上的主持人视频素材位置，松开鼠标左键。

5）使用超级键特效命令中的吸管工具修改超级键的颜色，设置参数（图 2.1.17），即可实现任务效果。

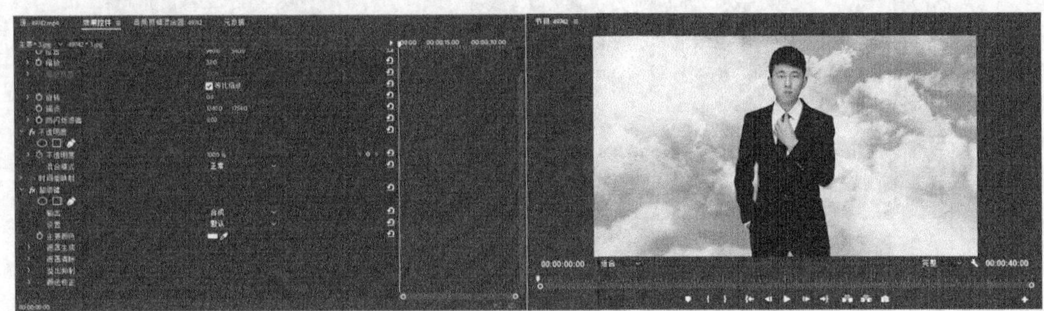

图 2.1.17　超级键效果实现

拓展链接

单一的抠像效果有时满足不了用户的实际需求，需要配合其他特效操作来实现更好的视频效果。

1. 任务效果

颜色键、颜色平衡结合任务效果图如图 2.1.18 所示。

图 2.1.18　颜色键、颜色平衡结合任务效果图

2. 任务分析

颜色键、颜色平衡的综合运用能够实现抠像与特效结合的特殊效果。实施任务时，首先需要完成素材的抠像效果，再通过颜色平衡实现需要的视频效果。

3. 操作步骤

1）在项目面板中导入视频素材。

2）新建序列 1，将“手”素材拖至视频 V1 轨道上。

3）新建序列 2，将“手机”素材拖至视频 V2 轨道上。

4）打开【效果】面板，在搜索工具栏中输入“颜色”，选择【颜色键】命令，按住鼠标左键将其拖至序列面板视频 V2 轨道的手机素材上。

5）打开【效果控件】面板，调整颜色键抠像参数，如图 2.1.19 所示。

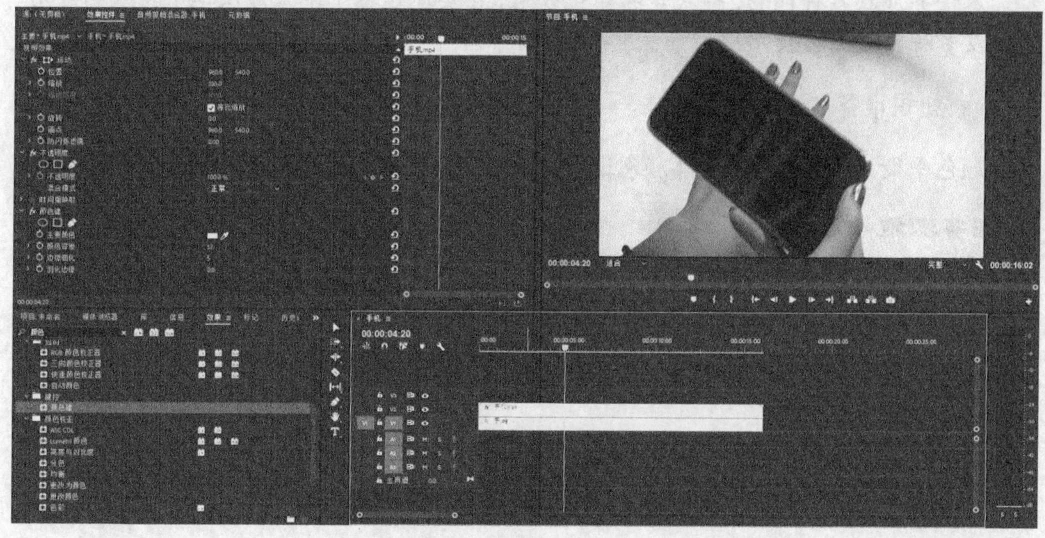

图 2.1.19　颜色键抠像参数设置

6）打开【效果】面板，在搜索工具栏中输入“颜色平衡”，选择【颜色平衡】命令，按住鼠标左键将其拖至序列面板视频 V1 轨道的“手”素材上，即可实现想要的视频效果，如图 2.1.20 所示。

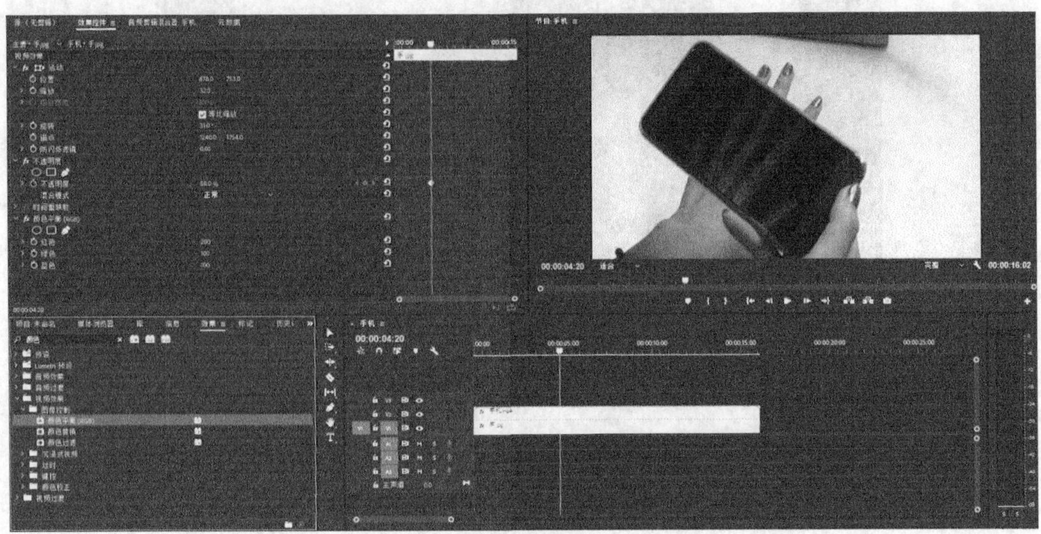

图 2.1.20　最终效果实现

任务四　生态环境变化设置

任务说明

本任务涉及各种色彩、样式等的变化效果，在实现过程中不只涉及单个特效的应用，还涉及多种特效结合使用。

知识准备

颜色平衡是针对画面的整体颜色进行统一调整的特效，可以调整画面的整体颜色。

任务实施

1. 任务效果

生态环境变化效果图如图 2.1.21 所示。

2. 任务分析

颜色平衡是主要针对画面的整体颜色进行统一调整的特效制作。

图 2.1.21　生态环境变化效果图

3. 操作步骤

1）在项目面板中导入“01”视频素材，如图 2.1.22 所示。

图 2.1.22　素材导入

2）在项目面板中选中所需素材，按住鼠标左键将其拖至序列面板视频 V1 轨道上，如图 2.1.23 所示。

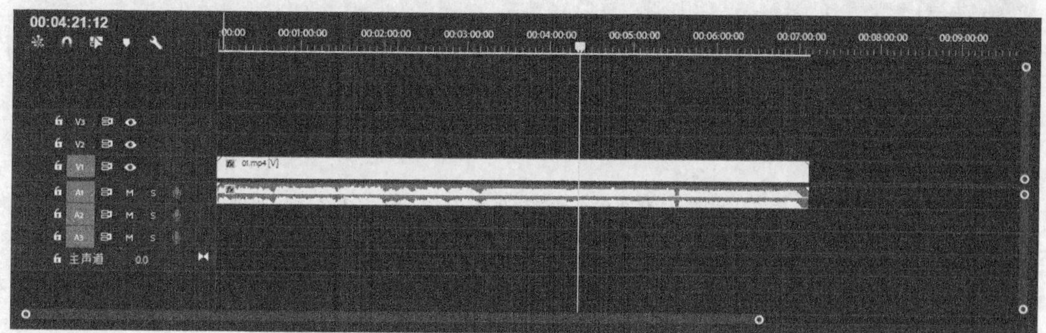

图 2.1.23　素材放置位置

3）打开【效果】面板，选择【视频效果】→【颜色校正】→【颜色平衡】命令，按住鼠标左键将其拖至序列面板的视频 V1 轨道“01”素材位置，松开鼠标左键，如图 2.1.24 所示。

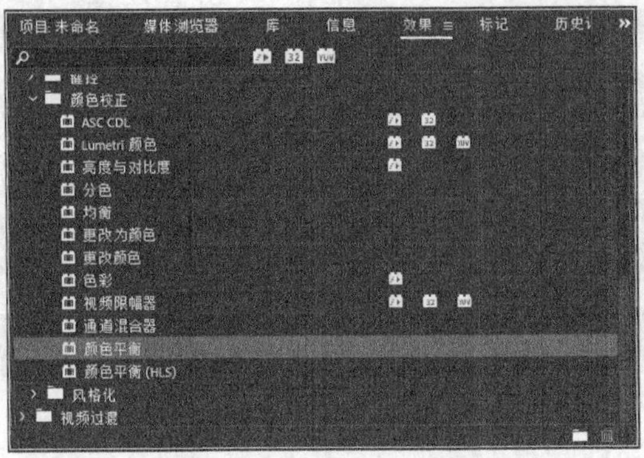

图 2.1.24　颜色平衡特效添加

4）打开【效果控件】面板，在“颜色平衡”列表中将阴影的红色平衡值设置为“-52”，如图 2.1.25 所示，即可实现需要的视频效果。

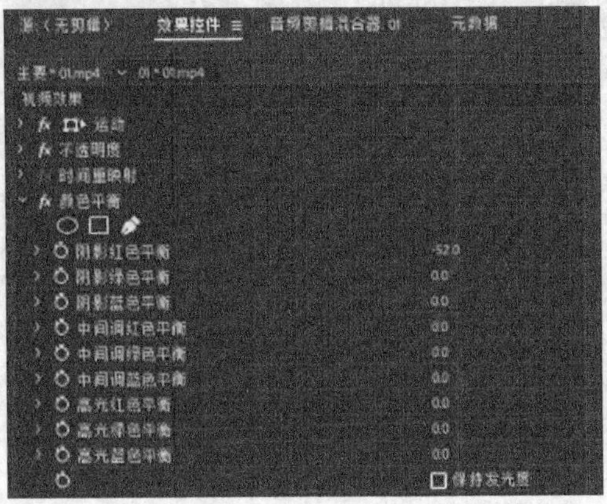

图 2.1.25　设置颜色平衡参数

任务五　优美山水效果实现

任务说明

本任务主要通过画面裁剪、叠加形成新的画面效果，从而实现现实拍摄中无法实现的山水倒影效果。画面中的美丽场景多是经过视频特效综合处理才得以实现的，山水画同样也是集合了镜像、裁剪、镜头光晕等多种特效制作而成的。

知识准备

镜像相当于镜子的成像功能，以中心线分界，两边反相对称。根据实际需要可以进行不同方向的镜像操作；裁剪可用于裁剪画面中的多余部分；镜头光晕可为当前画面添加光效。

任务实施

1. 任务效果

优美山水效果图如图 2.1.26 所示。

（a）效果图（一）

（b）效果图（二）

图 2.1.26　优美山水效果图

2. 任务分析

镜像、裁剪及镜头光晕的综合应用形成视频剪辑中的特殊效果。实施任务时，首先需要在素材监视器面板中设置好“山”素材和“海”素材的位置，接着通过特效的细节调整及镜头光晕的使用实现需要的视频效果。

3. 操作步骤

1）创建新序列，导入素材图片“山”和“海”，如图 2.1.27 所示。

图 2.1.27　素材图片“山”和“海”导入

2）在项目面板中选中“山”素材，按住鼠标左键直接拖至序列面板视频 V1 轨道上，如图 2.1.28 所示。

3）将素材缩放为当前画面大小，调整素材位置为“520.5，335.5”，如图 2.1.29 所示。

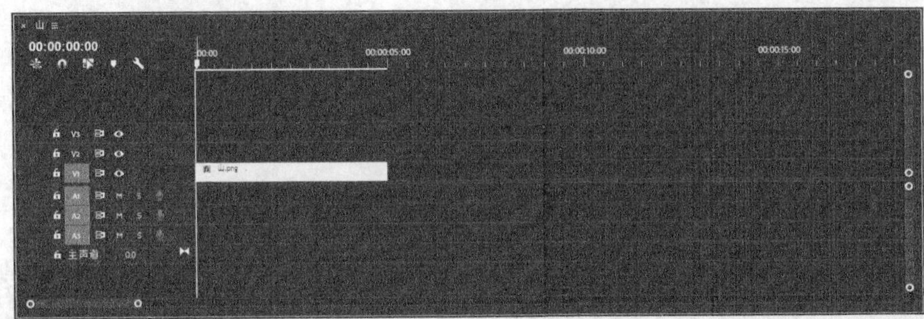

图 2.1.28　素材“山”放置位置

图 2.1.29　调整素材“山”的位置

4）选择【视频效果】→【扭曲】→【镜像】命令，将镜像特效拖至视频 V1 轨道“山”素材上，如图 2.1.30 所示。

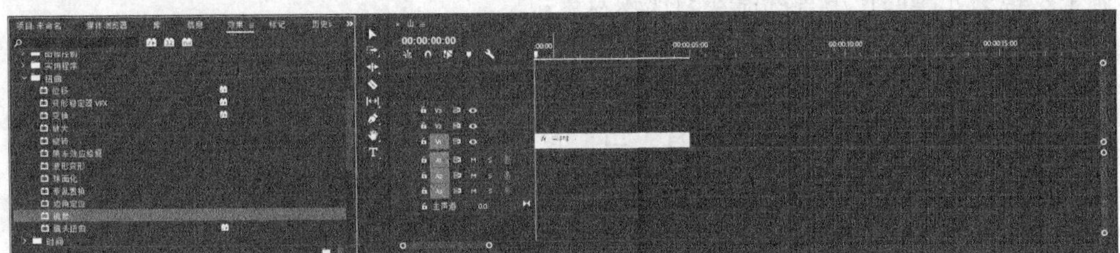

图 2.1.30　添加镜像特效

5）打开【效果控件】面板，设置镜像特效的反射角度为 90°，调整纵向坐标位置，即可实现山的倒影效果，如图 2.1.31 所示。

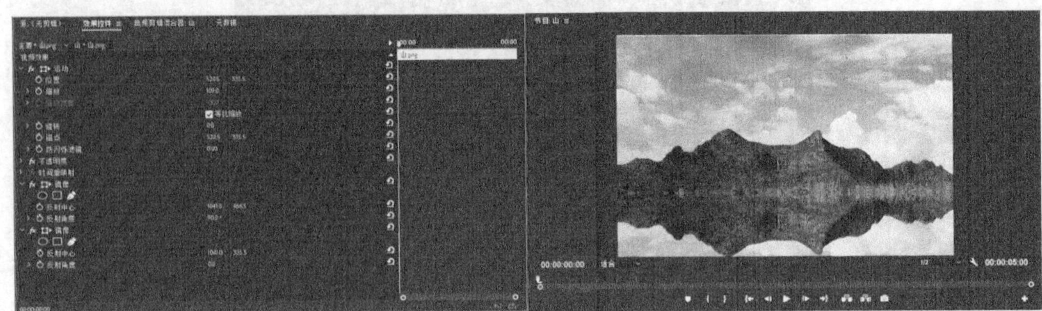

图 2.1.31　实现山的倒影效果

6）在项目面板中选中“海”素材，按住鼠标左键直接拖至序列面板视频 V2 轨道上，如图 2.1.32 所示。

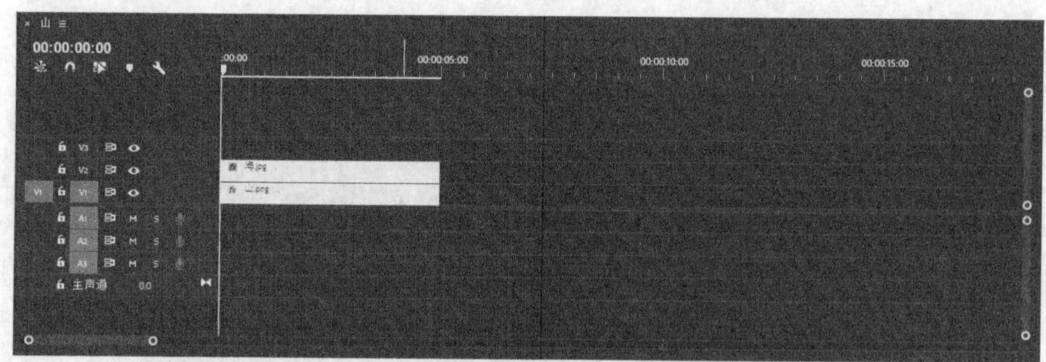

图 2.1.32　素材“海”放置位置

7）将素材缩放为当前画面大小，调整素材位置。

8）打开【效果】面板，在搜索地址栏中输入“裁剪”，选择【裁剪】特效命令，将其拖至序列面板视频 V2 轨道“海”素材上，如图 2.1.33 所示。

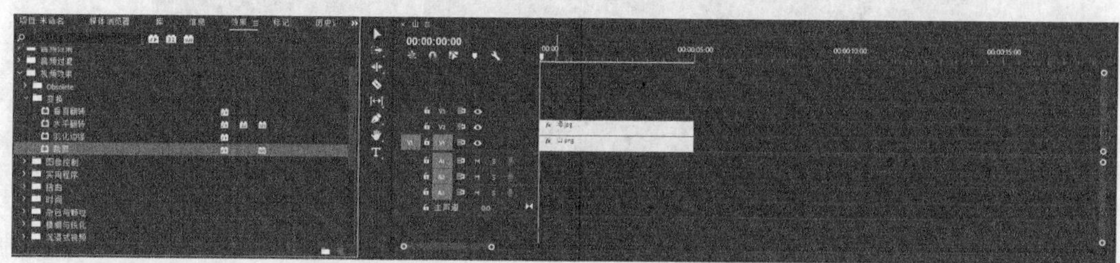

图 2.1.33　添加裁剪特效

9）打开【效果控件】面板，设置裁剪顶部为 64%，不透明度为 60%，如图 2.1.34 所示。

图 2.1.34　设置裁剪参数

10）打开【效果】面板，在搜索地址栏中输入“镜头光晕”，选择【镜头光晕】特效命令，将其拖至视频 V1 轨道“山”素材上，如图 2.1.35 所示。

11）打开【效果控件】面板，设置镜头光晕特效的光晕中心为“215，265”，光晕亮度为 99%，镜头类型为 105 毫米定焦，如图 2.1.36 所示。即可实现想要的光照效果，如图 2.1.37 所示。

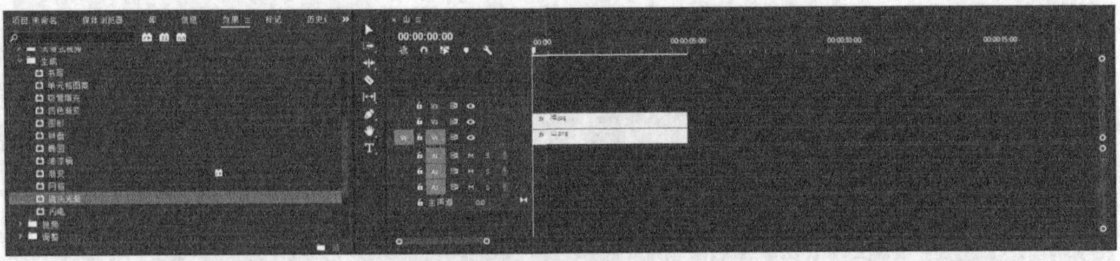

图 2.1.35　添加镜头光晕特效

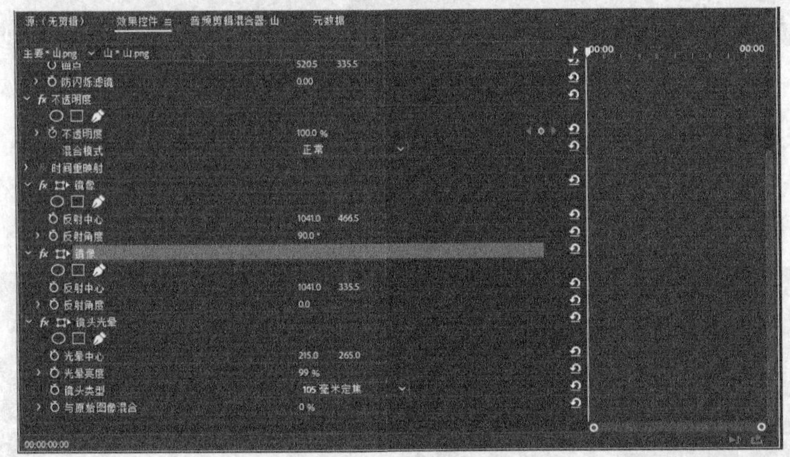

图 2.1.36　设置光晕参数

图 2.1.37　优美山水效果实现

子项目二

微电影字幕效果实现

本子项目通过对 5 个任务的介绍，全面讲解动画音频与视频编辑制作过程中的字幕效果应用，以及 Premiere 2018 软件基本字幕的设置方法。

在动画音频与视频编辑中，字幕是非常重要的组成部分。Premiere 2018 软件为用户提供了文字和图形两部分。画面与字幕的结合能够更全面地表达含义，字幕可以帮助观众更好地理解画面。

学习目标

知识目标

掌握 Premiere 2018 软件中字幕窗口的组成。

掌握 Premiere 2018 软件静态字幕设置的基本原理及方法。

掌握 Premiere 2018 软件滚动字幕设置的基本原理及方法。

掌握设置字幕模板的基本原理。

掌握字幕与多种特效结合使用的方法。

能力目标

能用 Premiere 2018 软件为素材添加字幕。

能用 Premiere 2018 软件根据实际情节需要设置滚动字幕。

能用 Premiere 2018 软件设置字幕模板。

素质目标

培养学生的语言表达能力和创新思维能力。

任务一 配音静态字幕设置

任务说明

静态字幕是 Premiere 2018 软件的基础操作，是设置其他字幕效果的基础。静态字幕也是动画制作过程中常用的字幕效果。

知识准备

字幕窗口（图 2.2.1）的左边是工具面板，包括各种编辑工具（图 2.2.2），可以用来进行文字的编辑和各种图形的制作。

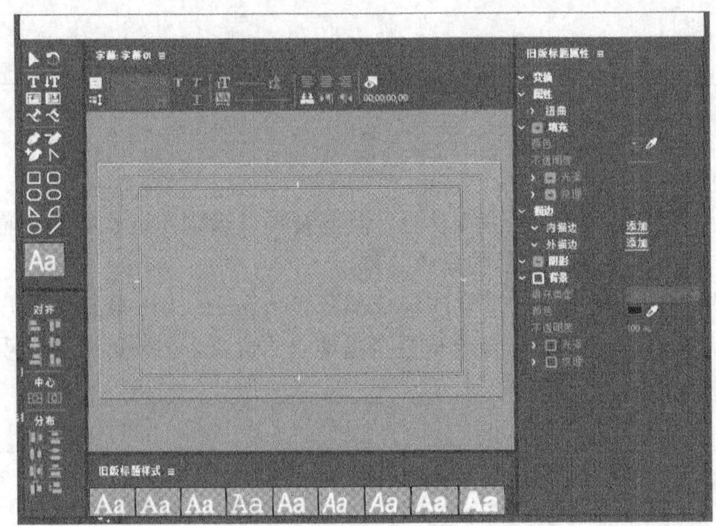

图 2.2.1 字幕窗口

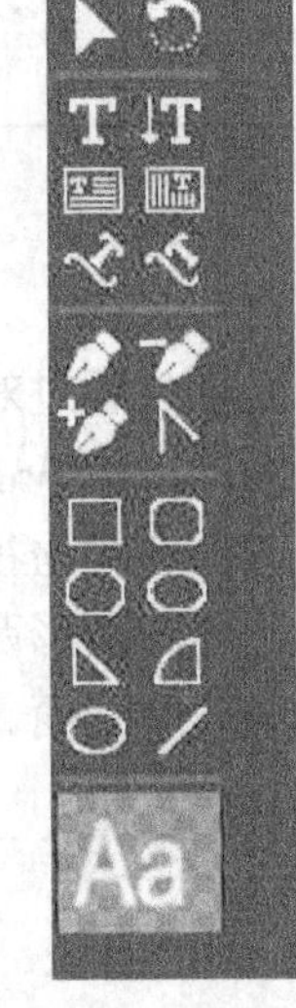

图 2.2.2 字幕工具面板

① 选择工具：用于选中字幕窗口中的文字和图形对象。单击文字或者图形对象可对其进行选择。按下 Shift 键的同时可以选择多个对象。快捷键为 V。

② 旋转工具：用于在字幕窗口中旋转对象。在选中对象的位置上按住鼠标左键，改变位置，即可实现旋转操作。快捷键为 O。

③ 文字工具：用于在字幕窗口中添加文字。选择文字工具，在字幕窗口中输入文字的位置单击，弹出【文字】输入框，可在输入框中输入文字或者编辑文字。输入完毕后，在输入框外单击，所有的设置将全部应用到文字上。快捷键为 T。

④ 垂直文字工具：用于在字幕窗口中添加垂直文字。选择垂直文字工具，在字幕窗口中输入文字的位置单击，弹出【垂直文字】输入框，可在输入框中输入文字或者编辑文字。输入完毕后，在输入框外单击，所有的设置将全部应用到文字上。快捷键为 C。

⑤ 区域文字工具：用于在字幕中添加区域文字。选择区域文字工具，在字幕窗口中输入文字的位置按住鼠标左键在屏幕上拖动，弹出【区域文字】输入框，可在输入框中输入文字或者编辑文字。输入完毕后，在输入框外单击，所有的设置将全部应用到文字上。

⑥ 垂直区域文字工具：用于在字幕中添加垂直区域文字。选择垂直区域文字工具，在字幕窗口中输入文字的位置按住鼠标左键在屏幕上拖动，弹出【垂直区域文字】输入框，可在输入框中输入文字或者编辑文字。输入完毕后，在输入框外单击，所有的设置将全部应用到文字上。

⑦ 路径文字工具：用于在字幕中添加路径文字。此工具需要配合钢笔工具使用。

绘制路径之后，选择路径文字工具，在路径起点位置单击，输入文字或者编辑文字，输入完毕后，在输入路径外单击，输入文字即可沿着路径显示。

⑧ 垂直路径文字工具：用于在字幕中添加垂直路径文字。此工具需要配合钢笔工具使用。绘制路径之后，选择垂直路径文字工具，在路径起点位置单击，输入文字或者编辑文字，输入完毕后，在输入路径外单击，输入文字即可沿着路径显示。

⑨ 钢笔工具：用于在字幕中描绘路径及移动和调节定位点。选择钢笔工具，在字幕窗口单击即可绘制路径，在输入路径外右击，完成路径绘制。

⑩ 删除定位点工具：用于在已经绘制的路径上删除原有的定位点。选择删除定位点工具，在已经绘制的路径上选择要删除的定位点，单击即可实现定位点删除操作。

⑪ 增加定位点工具：用于在已经绘制的路径上添加定位点。选择增加定位点工具，在已经绘制的路径上选择要增加的定位点，单击即可实现定位点增加操作。

⑫ 转换定位点工具：用于调节定位点的曲率手柄。选择转换定位点工具，在已经绘制的路径上选择要转换的定位点，单击拖动鼠标即可实现定位点曲率调节操作。

⑬ 矩形工具：用于在字幕窗口中绘制矩形或者正方形。在绘制的同时按下 Shift 键可以画出正方形。快捷键为 R。

⑭ 圆角矩形工具：用于在字幕窗口中绘制圆角矩形或者圆角正方形。其用法与矩形工具一样。

⑮ 切角矩形工具：用于在字幕窗口中绘制切角矩形或者切角正方形。其用法与矩形工具一样。

⑯ 圆矩形工具：用于在字幕窗口中绘制圆矩形或圆形。其用法与矩形工具一样。

⑰ 楔形工具：用于在字幕窗口中绘制三角形。其用法与矩形工具一样。快捷键为 W。

⑱ 弧形工具：用于在字幕窗口中绘制扇形。其用法与矩形工具一样。快捷键为 A。

⑲ 椭圆工具：用于在字幕窗口中绘制椭圆或者圆。在绘制的同时按 Shift 键，可以画出正圆。快捷键为 E。

⑳ 直线工具：用于在字幕窗口中绘制直线。在绘制的同时按 Shift 键，直线呈 45°。选取直线工具之后，在直线的起点单击，再在其终点单击即可。快捷键为 L。

任务实施

1. 任务效果

水平文字字幕效果图如图 2.2.3 所示。

2. 任务分析

字幕的设置是视频剪辑中的重要组成部分。实施任务时，首先需要新建字幕，然后对水平文字字幕进行编辑设置，最后将字幕放置于序列面板视频轨道上，即可实现相应效果。

图 2.2.3 水平文字字幕效果图

3. 操作步骤

1）添加并剪辑视频素材。启动 Premiere 2018 软件，选择【文件】→【新建】→【项目】命令，打开【新建项目】对话框，输入项目名称，单击【确定】按钮新建项目；选择【文件】→【新建】→【序列】命令，打开【新建序列】对话框，在【设置】选项卡中进行设置，单击【确定】按钮新建序列，如图 2.2.4 所示。

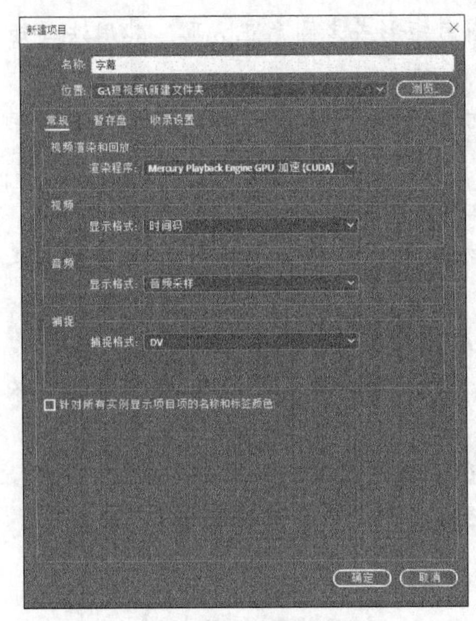

(a)【新建项目】对话框

(b)【新建序列】对话框

图 2.2.4 新建项目

2）选择【文件】→【导入】命令，在项目面板中导入视频素材“05”，如图 2.2.5 所示。

3）在项目面板中选中视频素材“05”，将其拖至序列面板的视频 V1 轨道上，打开【剪辑不匹配警告】对话框，单击【保持现有设置】按钮，在保持现有序列设置的情况下将素材“05”放置在视频 V1 轨道上，如图 2.2.6 所示。

（a）　　　　（b）

图 2.2.5　导入素材“05”

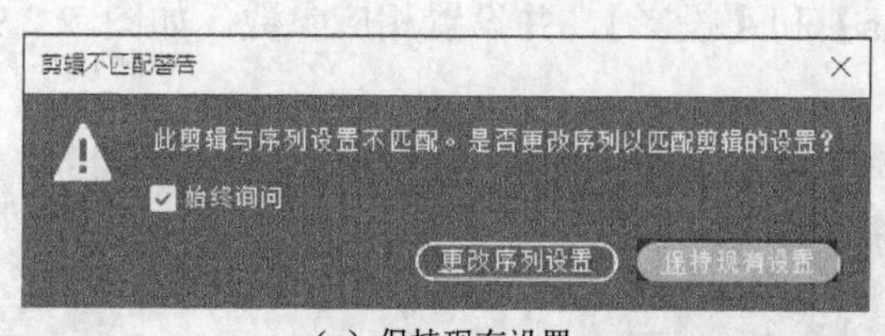

（a）保持现有设置

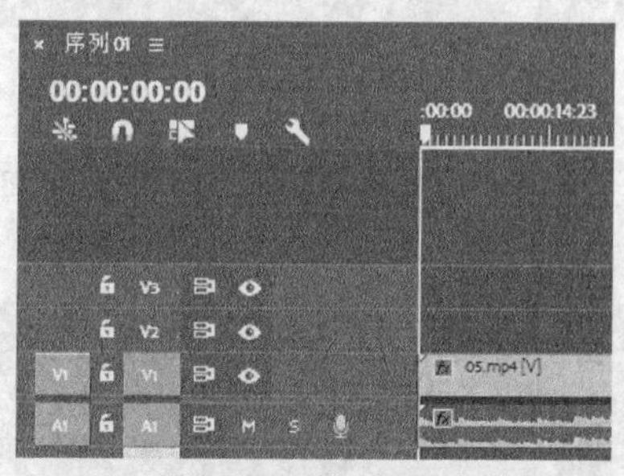

（b）素材“05”设置在 V1 轨道上

图 2.2.6　素材“05”放置位置

4）选择【文件】→【新建】→【旧版标题】命令，打开【新建字幕】对话框，在【名称】文本框中输入“字幕 01”，利用水平文字工具输入文字“谨以此片献给为共和国成长辛苦奋斗着的人们”，并设置文字参数，如图 2.2.7 所示。

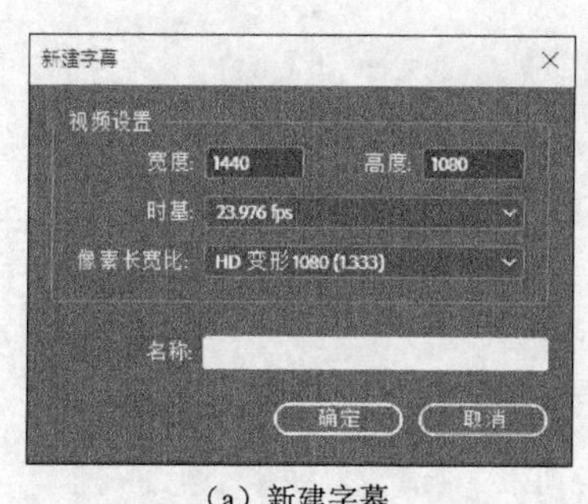

（a）新建字幕

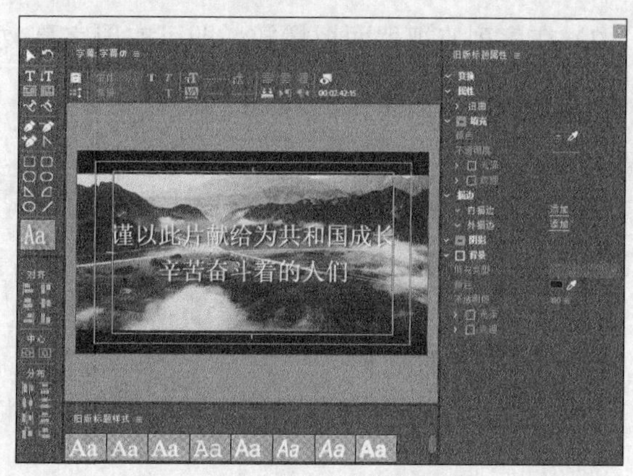

（b）输入水平文字

图 2.2.7　水平文字输入

5）将字幕拖到序列面板视频 V2 轨道上，如图 2.2.8 所示。

图 2.2.8 导入水平文字字幕

6）为文字添加视频特效【斜面 Alpha】和【投影】，并设置相应参数，如图 2.2.9 所示。

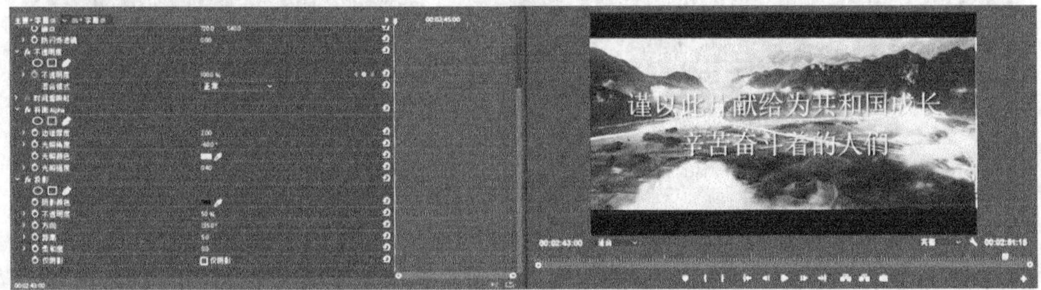

图 2.2.9 水平文字字幕添加视频特效并设置参数

7）在序列监视器面板播放，即可实现字幕效果。

拓展链接

一、垂直文字字幕

垂直文字字幕的设置是视频剪辑中插播通知及影片注释必不可少的一部分。

1. 任务效果

垂直文字字幕效果图如图 2.2.10 所示。

2. 任务分析

垂直文字字幕设置是视频剪辑中微电影情节注释的常用操作。实施任务时，首先需要新建旧版标题，然后对垂直文字字幕进行编辑设置，最后将字幕放置于序列面板视频

轨道上，即可实现相应效果。

图 2.2.10　垂直文字字幕效果图

3. 操作步骤

1）选择【文件】→【新建】→【旧版标题】命令，打开【新建字幕】对话框，利用垂直文字工具输入文本“万里长城”，并设置文字参数，如图 2.2.11 所示。

图 2.2.11　垂直文字输入

2）为文字添加视频特效【斜面 Alpha】和【投影】，并设置相应参数，如图 2.2.12 所示。将“字幕”素材拖到序列面板视频 V2 轨道上。

图 2.2.12　垂直文字字幕添加视频特效并设置参数

3）在序列监视器面板播放即可实现效果。

二、路径文字字幕

路径文字字幕的设置是视频剪辑中插播通知及影片注释必不可少的一部分。

1. 任务效果

路径文字字幕效果图如图 2.2.13 所示。

图 2.2.13　路径文字字幕效果图

2. 任务分析

路径文字字幕设置是视频剪辑中微电影情节注释的常用操作。实施任务时，首先需要新建旧版标题，然后对路径文字进行编辑设置，最后将字幕放置于序列面板视频轨道上，即可实现相应效果。

3. 操作步骤

1）选择【文件】→【新建】→【旧版标题】命令，打开【新建字幕】对话框，利用路径文字工具输入文本“万里长城”，并设置文字参数，如图 2.2.14 所示。

图 2.2.14　路径文字输入

2）为文字添加视频特效【斜面 Alpha】和【投影】，并设置相应参数，如图 2.2.15 所示。将“字幕”素材拖到序列面板视频 V2 轨道上。

图 2.2.15　路径文字字幕添加视频特效并设置参数

3）在序列监视器面板播放即可实现效果。

任务二　滚动字幕

任务说明

本任务根据使用者的实际需要，对画面中的文字进行编辑设置，实现字幕运动效果。

知识准备

使用【旧版标题】命令创建字幕，使用字幕工具面板添加文字并创建字幕，使用【旧版标题】属性面板设置字幕属性，使用【效果控件】面板调整位置和缩放。

任务实施

1. 任务效果

垂直滚动字幕效果图如图 2.2.16 所示。

图 2.2.16 垂直滚动字幕效果图

2. 任务分析

输入及编辑文字，并创建运动文字。

3. 操作步骤

1）选择【文件】→【新建】→【旧版标题】命令，打开“新建字幕”对话框。

2）选择字幕工具面板中的文字工具，在字幕窗口中单击插入光标，输入文字“绿水青山”，在【属性】栏中将文字调整为黄色，如图 2.2.17 所示。

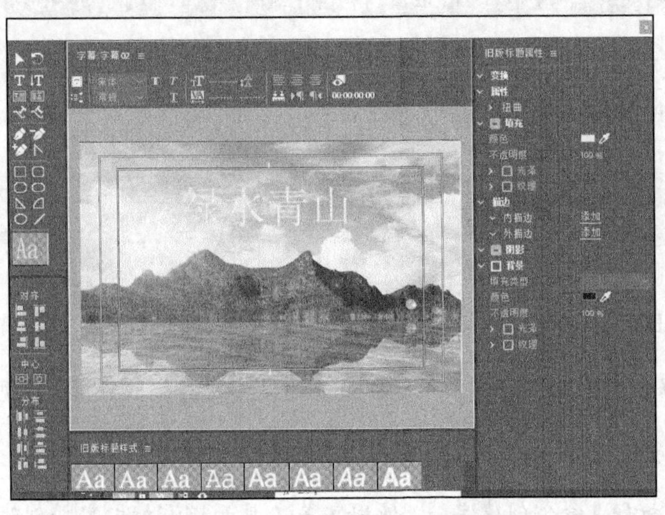

图 2.2.17 字幕参数设置（垂直滚动）

3）在字幕工具面板中单击“滚动/游动”按钮，打开【滚动/游动选项】对话框，选中【滚动】单选按钮，在【定时（帧）】栏中选中【开始于屏幕外】复选框，如图 2.2.18 所示。

4）在项目面板中选中字幕文件素材，将其拖到序列面板视频 V3 轨道上，如图 2.2.19 所示。

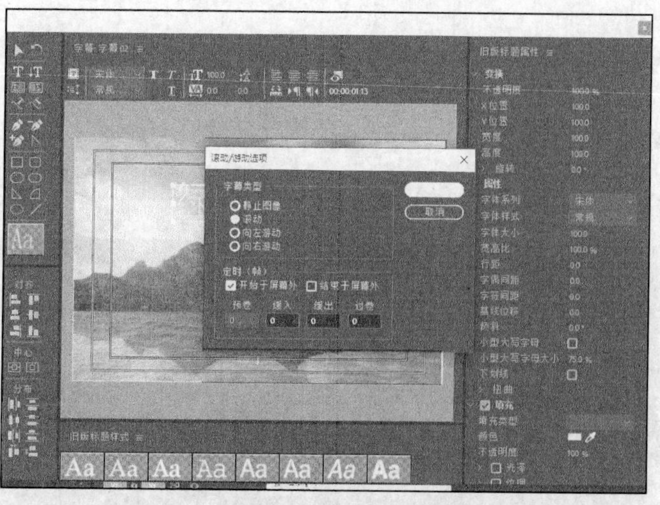

图 2.2.18　字幕运动参数设置（垂直滚动）

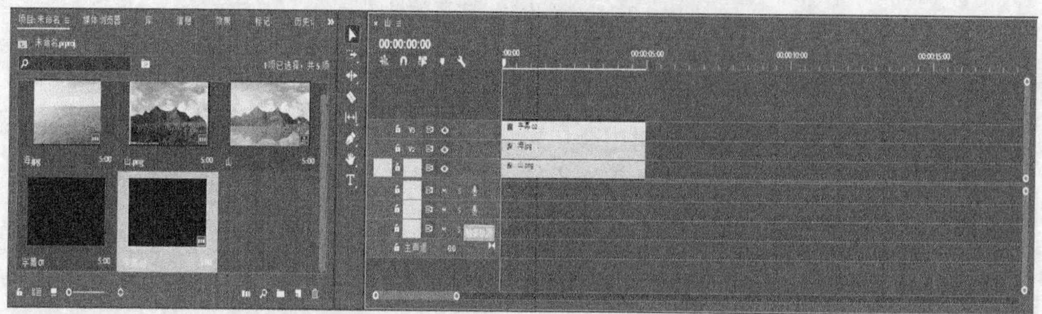

图 2.2.19　导入字幕文件素材（垂直滚动）

5）在序列监视器面板播放即可实现效果，如图 2.2.20 所示。

图 2.2.20　字幕运动效果实现（垂直滚动）

拓展链接

1. 任务效果

水平滚动字幕效果图如图 2.2.21 所示。

图 2.2.21　水平滚动字幕效果图

2. 任务分析

水平滚动字幕设置是视频剪辑中微电影情节注释的常用操作。实施任务时，首先需要新建滚动字幕，然后对文字进行编辑设置，最后将字幕放置于序列面板视频轨道上，即可实现相应效果。

3. 操作步骤

1）选择【文件】→【新建】→【旧版标题】命令，打开“新建字幕”对话框。

2）选择字幕工具面板中的文字工具，在字幕窗口中单击插入光标，输入文字“绿水青山”，在【属性】栏中将文字调整为青色，如图 2.2.22 所示。

图 2.2.22　字幕参数设置（水平滚动）

3）在字幕工具面板中单击“滚动/游动”按钮，打开【滚动/游动选项】对话框，选中【滚动】单选按钮，在【定时（帧）】栏中选中【开始于屏幕外】复选框，如图 2.2.23 所示。

4）在项目面板中选中字幕素材，将其拖到序列面板视频 V3 轨道上，如图 2.2.24 所示。

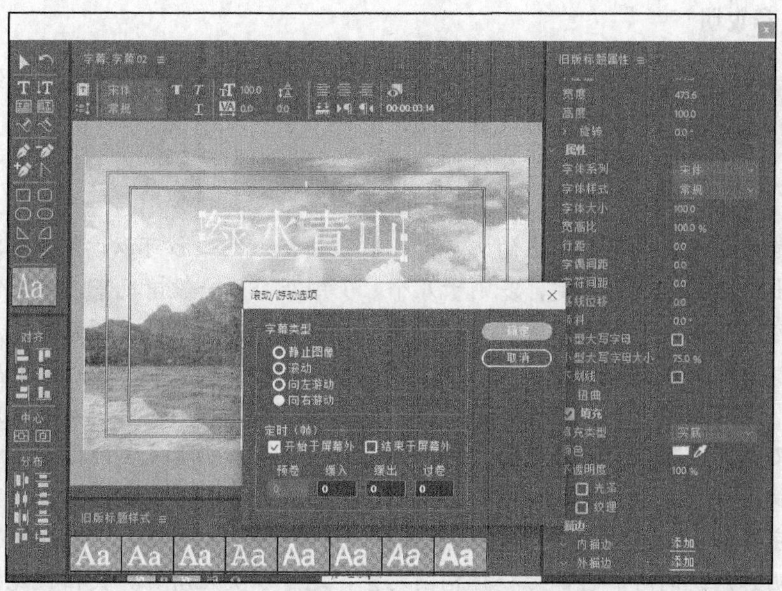

图 2.2.23　字幕运动参数设置（水平滚动）

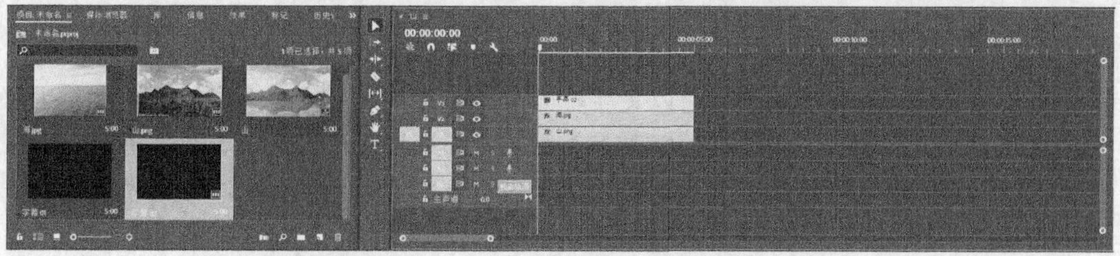

图 2.2.24　导入字幕文件素材（水平滚动）

5）在序列监视器面板播放即可实现效果，如图 2.2.25 所示。

图 2.2.25　字幕运动效果实现（水平滚动）

任务三 字幕制作

任务说明

字幕制作是将多种字幕效果结合使用的综合任务，读者可以通过此案例综合掌握静态字幕、滚动字幕、字幕模板的设置方法。

知识准备

字幕是电视机荧光屏上映出的文字。一般来讲，人们每秒可以读解 6~8 个汉字，电视字幕出现的汉字数量不定，多则十几个，少则几个。一般情况下，字幕停留时间超过 3 秒就可以让观众看清并理解画面的含义。在包容声画艺术的电视媒体中，字幕已被看作与画外音、解说词同样重要的“第二解说”。电视字幕丰富了人的视觉感官，相较画面而言，字幕让观众更直观地了解信息，对电视节目，特别是电视新闻主题，既是点睛之笔，又起到了深化画面主题的作用。如果能将字幕和图像完美地结合起来，就能大幅提高电视节目，特别是电视新闻的可视性。

电视字幕作为新闻标题出现较多，通常是一则消息的点睛之笔，对新闻内容起强调、解释和说明作用。同时，它作为一种构图元素，还可以美化屏幕、突出视觉效果。其具体功能如下。

1. 传递信息，突出主题

电视字幕是一种视觉语言，它以文字符号形式传递信息，是对声音与图像所表达内容的强化和补充。例如，在摄录的同期声素材里，如果被采访者说方言或口语，就容易造成视听误差，这时在屏幕下方配上被采访者同期声内容的字幕，可以避免方言或口语造成的偏差。

2. 字体搭配，相得益彰

不同的字体体现不同的艺术风格。随着汉字字幕机功能的不断完善，不仅字号、字体的种类日益增多，而且字的表现手法也是“百花齐放”。字幕还可与三维动画、数字特技相结合。运用这些艺术表现手法，无疑能使字幕更加绚丽多彩，使受众在观看新闻的同时也感受到画面的美。

3. 色彩醒目，烘托气氛，突出重点

根据画面的色彩和内容、节奏、气氛的需要，选择适当的颜色配置字幕，不仅能给人美的享受，还可以丰富画面色彩，起到渲染气氛、扬抑情绪、突出重点的作用。例如，在色彩暗淡的画面上打出一行红字，不仅醒目，还能给画面增添活力。

4. 增强新闻动感和收视效果

电视字幕在适当的时刻出现，可以增强新闻的动感和可视性。通过字幕这种表现方式，受众获得更多信息。这在新闻联播中很常见。例如，对于一些会议报道，在单调的画面上打出一些与会议相关的字幕，可以增强画面动感，突出主题，弥补不足。又如，中央电视台的新闻联播经常采用画面透体字的方式对一些行业性及成就性报道进行表述。它可将一些较为枯燥的数字、百分数及不易理解的术语等用透体字幕形式表现出来，使受众直接在视觉上了解、掌握画面加解说都难以表达清楚的内容，从而达到完美的视听效果。

5. 加深理解

在电视新闻中，特别是在中央电视台、省电视台的新闻联播节目解读一些新出台的政策、法规和规定时，运用多媒体技术（以计算机为核心，集图、文、声处理技术于一体），选择一些便于观众记忆且与政策、法规、规定相近的画面作为背景，字幕与播音员的解说同时出现，对受众起到加深理解的作用。

任务实施

1. 任务效果

字幕效果图如图 2.2.26 所示。

图 2.2.26 字幕效果图

2. 任务分析

只有使字幕效果和视频特效相互结合，才能实现完整的视频播放效果。实施任务时，首先需要新建字幕模板，然后将字幕放置于序列面板视频轨道上，加入合适的视频特效，即可实现相应效果。

3. 操作步骤

1）新建项目，导入视频素材“01”，拖到序列面板上，如图 2.2.27 所示。

2）在【基本图形】面板【编辑】选项卡下单击【新建文本图层】按钮，可以自定义字幕，如图 2.2.28 所示。

3）在【基本图形】面板中选择【浏览】命令可以引用字幕模板，选中对应模板拖到序列面板上修改文字，在序列监视器面板播放即可实现如图 2.2.29 所示效果。

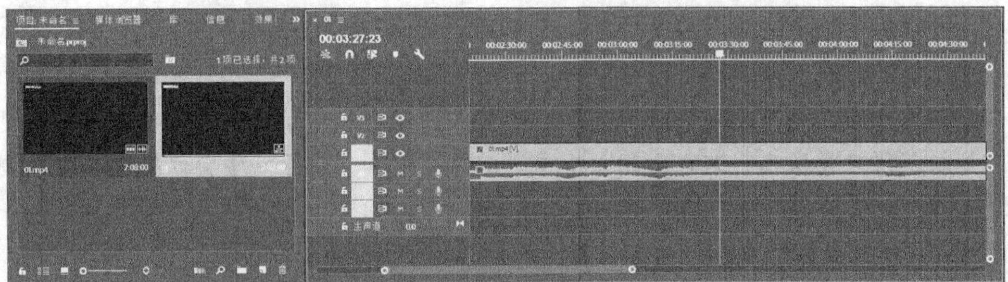

图 2.2.27 素材“01”导入

图 2.2.28 图形文字编辑

图 2.2.29 字幕相册效果实现

任务四　字幕片头设计

任务说明

本任务是将多种字幕效果及视频特效结合使用的综合任务。通过此任务，读者可以综合掌握静态字幕、滚动字幕、字幕模板与视频特效结合使用的设置方法。

知识准备

基本建设是指国民经济各部门为发展生产而进行的固定资产的扩大再生产，即国民经济各部门为增加固定资产面值进行的建筑、购置和安装工作的总称。例如，公路、铁路、桥梁和各类工业及民用建筑等工程的新建、改建、扩建、恢复工程，以及机器设备、车辆船舶的购置安装及与之有关的工作，都称为基本建设。本任务以“中国基建”为主题，收集相关素材，完成字幕片头设计。

任务实施

1. 任务效果

字幕片头设计效果图如图 2.2.30 所示。

（a）效果图（一）

（b）效果图（二）

图 2.2.30　字幕片头设计效果图

2. 任务分析

只有使字幕效果和视频特效相互结合，才能更好地实现视频播放效果。实施任务时，首先需要新建字幕，然后在模板中对文字进行编辑、滚动设置，最后将字幕放置于序列面板视频轨道上，加入合适的裁剪和视频运动特效，即可实现相应效果。

3. 操作步骤

1）新建字幕，选择【文件】→【新建】→【旧版标题】命令，打开【新建字幕】对话框。

2）选择视频设置轨道默认参数，如图 2.2.31 所示。

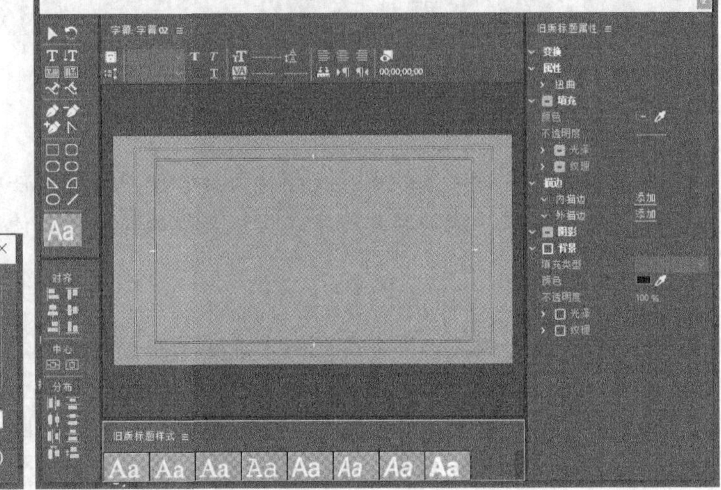

图 2.2.31　新建字幕

3）选择字幕工具面板中的文字工具，在字幕窗口中输入“中国基建的诞生”。设置相应参数，设置字体为宋体，字号为 200，字间距为 0，填充颜色为纯白色；在【内描边】栏中选中【内描边】复选框，设置颜色为黄色，如图 2.2.32 所示。

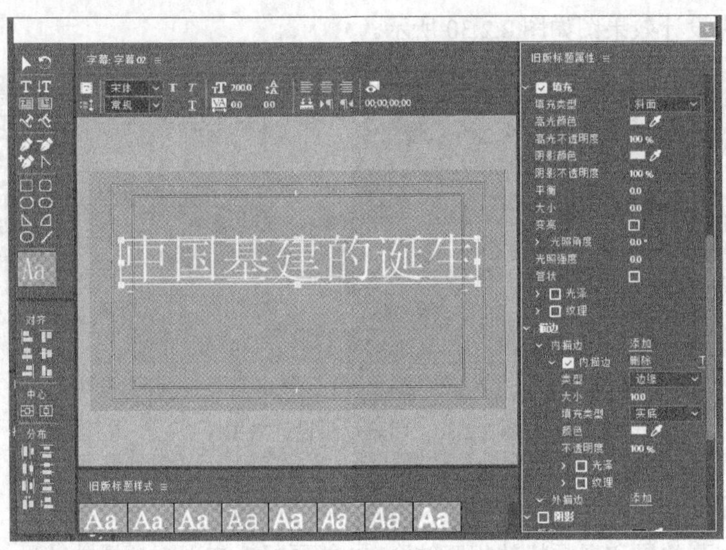

图 2.2.32　设置文字参数

4）创建新序列，导入视频素材“天空 1”和“天空 2”，分别放在视频 V1 轨道和视频 V2 轨道上，如图 2.2.33 所示。为素材“天空 2”添加交叉溶解转场效果，如图 2.2.34 所示。

5）导入“红绸”视频素材，将其放在视频 V3 轨道上（图 2.2.35），在素材起始位置添加交叉溶解转场效果，如图 2.2.36 所示。

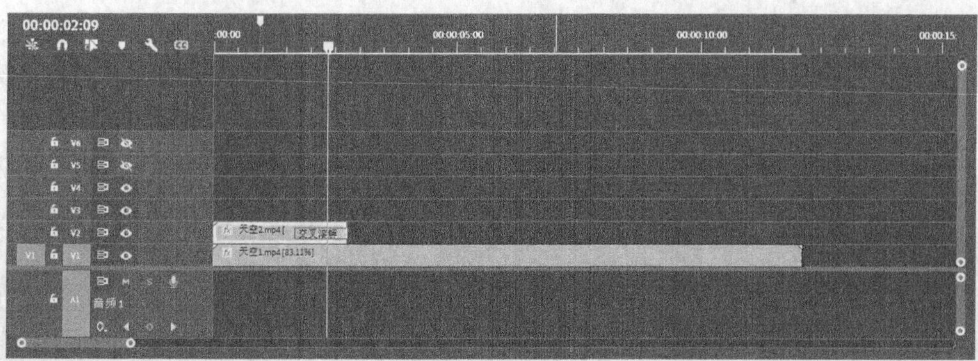

图 2.2.33　导入视频素材“天空 1”和“天空 2”

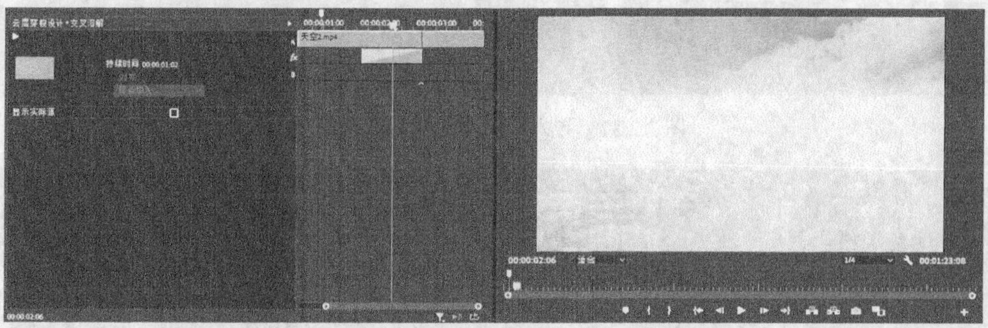

图 2.2.34　素材“天空 2”添加交叉溶解转场效果

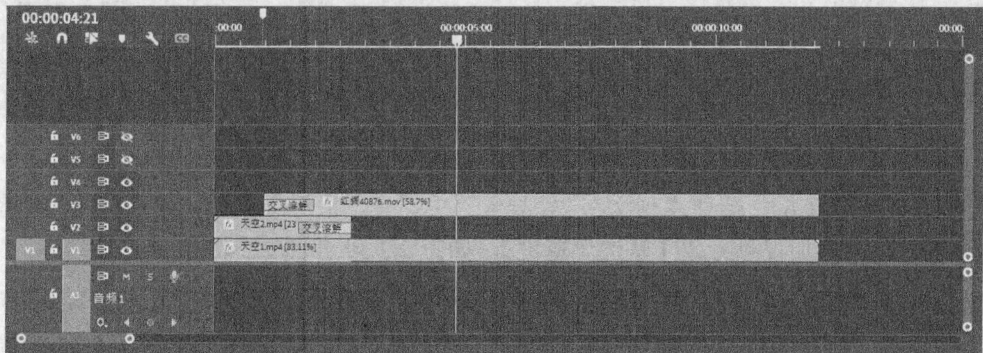

图 2.2.35　导入素材“红绸”

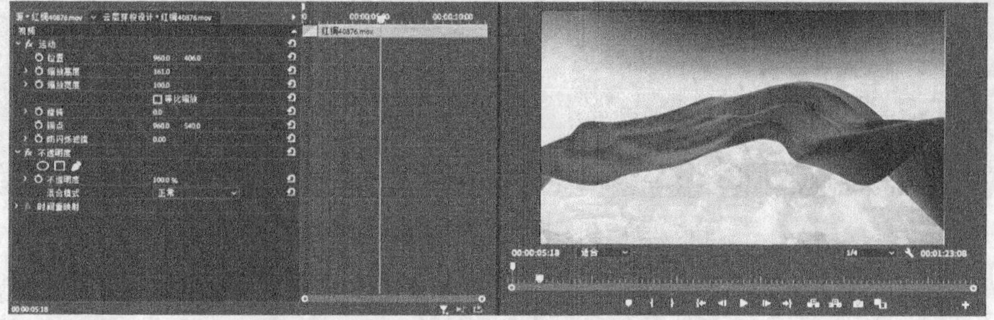

图 2.2.36　素材“红绸”添加交叉溶解转场效果

6）创建新序列文字 1，将“中国基建的诞生”字幕拖到视频 V2 轨道上，将视频素材“金属反射遮罩”拖到视频 V1 轨道上，为金属反射遮罩添加视频特效【轨道遮罩键】并设置相应参数，分别如图 2.2.37 和图 2.2.38 所示。

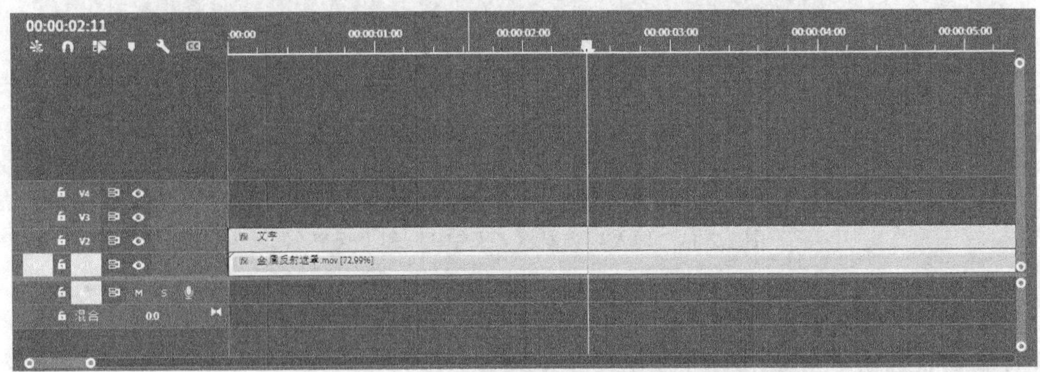

图 2.2.37　导入素材“金属反射遮罩”

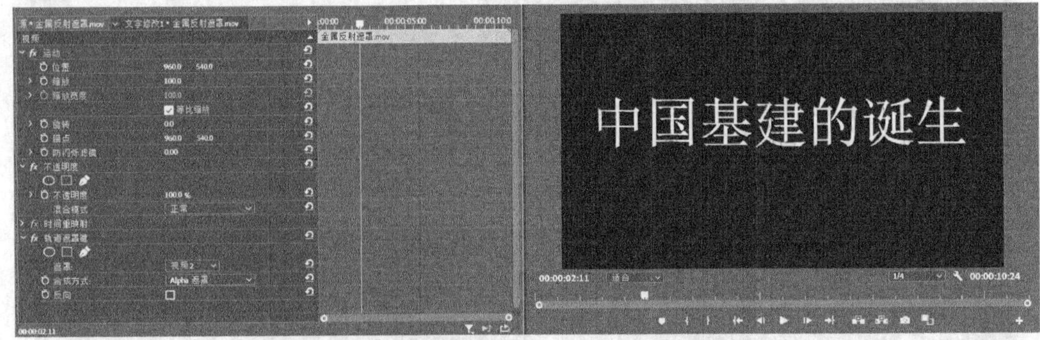

图 2.2.38　添加轨道遮罩键视频特效（序列文字 1）

7）重复步骤 6），新建序列文字 2，导入“中国有全世界最勤劳、最勤奋的劳动者”字幕素材，并添加视频特效【轨道遮罩键】，如图 2.2.39 和图 2.2.40 所示。

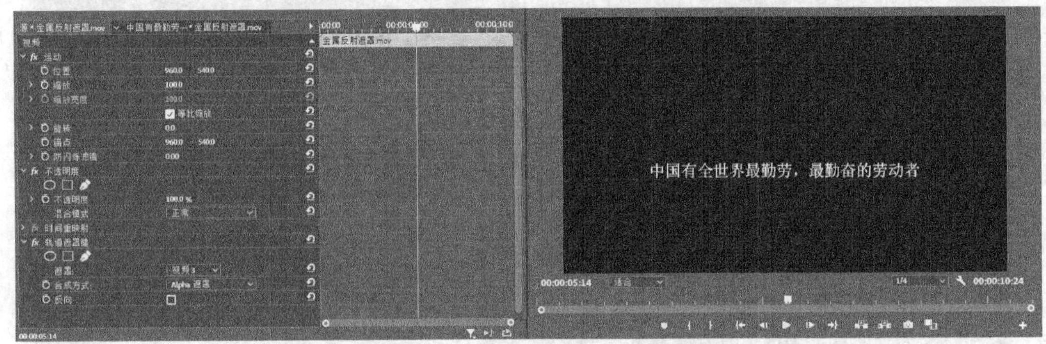

图 2.2.39　新建序列文字 2，输入字幕文字

8）将序列文字 1 拖动到视频 V4 轨道上，并在起始处添加交叉溶解转场效果，将“金粒子”素材拖动到视频 V5 轨道上并设置相应参数；将序列文字 2 拖动到视频 V6 轨道

上，并在起始处添加交叉溶解转场效果，如图 2.2.41 所示。

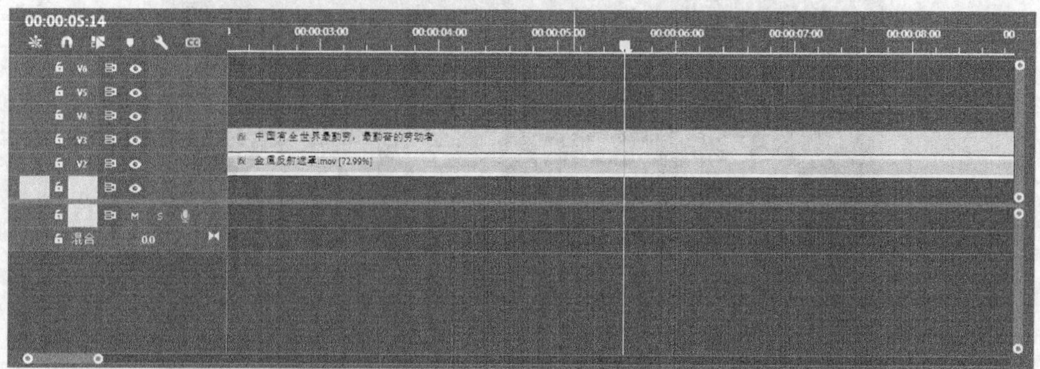

图 2.2.40　添加轨道遮罩键视频特效（序列文字 2）

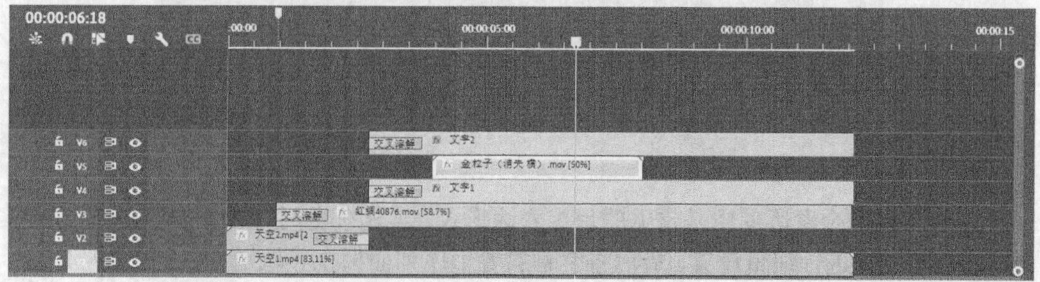

图 2.2.41　添加交叉溶解转场效果

9）在序列监视器面板播放即可实现效果，如图 2.2.42 所示。

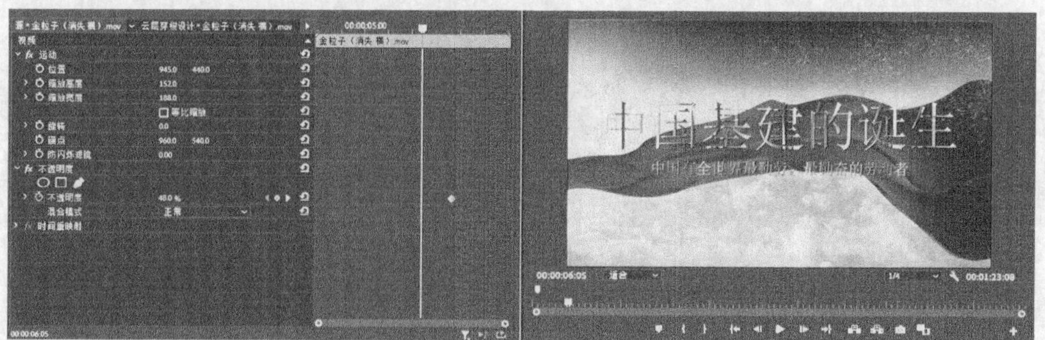

图 2.2.42　字幕片头效果实现

拓展链接

1. 任务效果

文字遮罩片头效果图如图 2.2.43 所示。

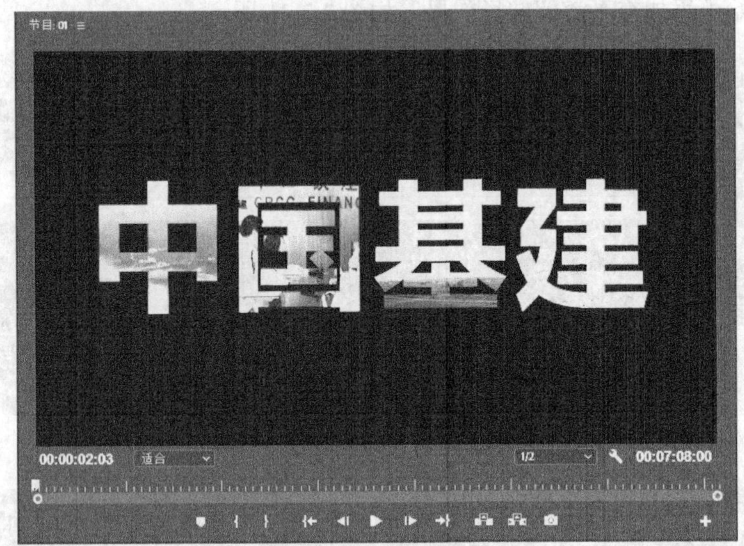

图 2.2.43 文字遮罩片头效果图

2. 任务分析

文字工具配合蒙版使用是常见的片头表达形式。实施任务时，首先需要新建旧版标题，然后对字幕进行编辑设置，最后将字幕放置于序列面板视频轨道上，配合图层蒙版，即可实现相应效果。

3. 操作步骤

1）导入视频素材 01，拖动到序列面板视频 V1 轨道上，如图 2.2.44 所示。

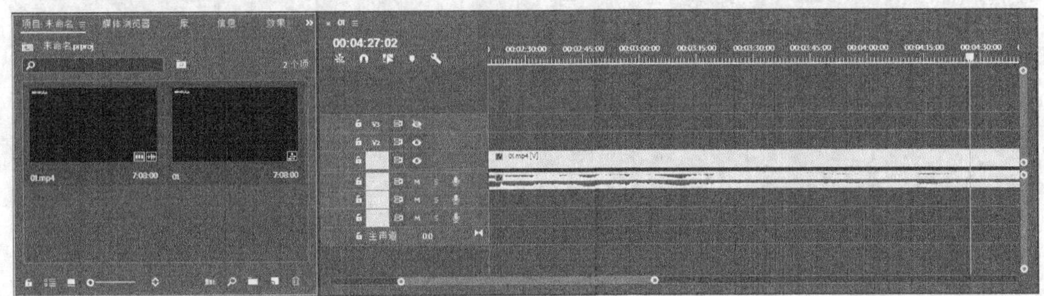

图 2.2.44 导入素材

2）右击素材 01，在弹出的快捷菜单中选择【取消链接】命令，将视、音频分离，利用剃刀工具将需要的视频片段裁剪成四部分，并分别放在同一条轨道上，如图 2.2.45 所示。

3）选择【文件】→【新建】→【旧版标题】命令，打开【新建文字】对话框，利用字幕面板中的文字工具输入文本“中国基建”并设置文字参数，如图 2.2.46 所示。

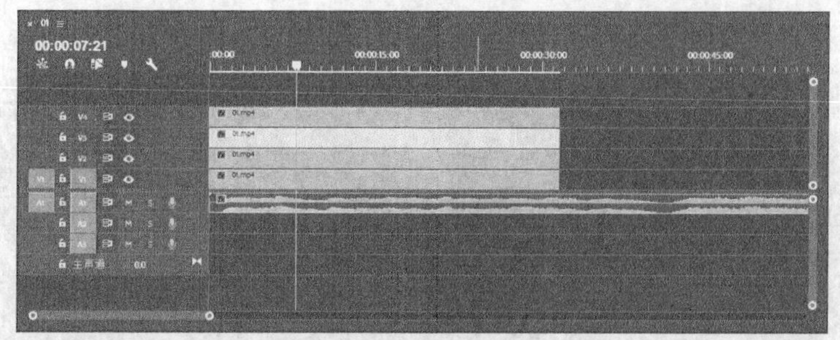

图 2.2.45　裁剪素材

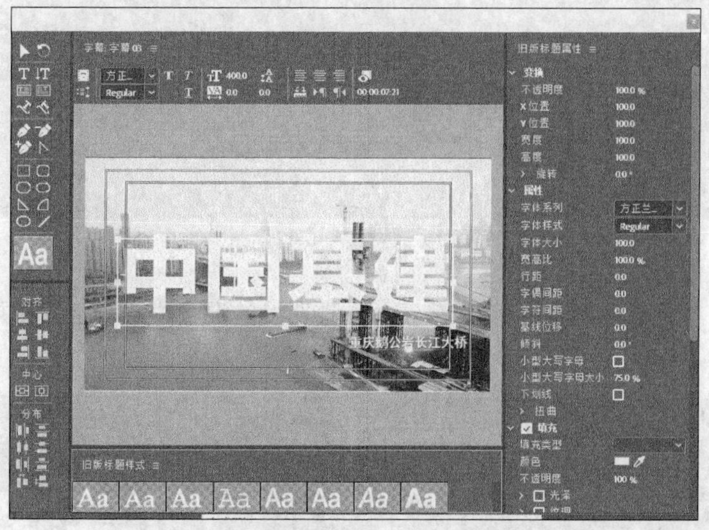

图 2.2.46　输入文字并设置参数

4）利用矩形工具绘制矩形，调整为黑色，并右击矩形框，在弹出的快捷菜单中选择【排列/移至最底层】命令，如图 2.2.47 所示。

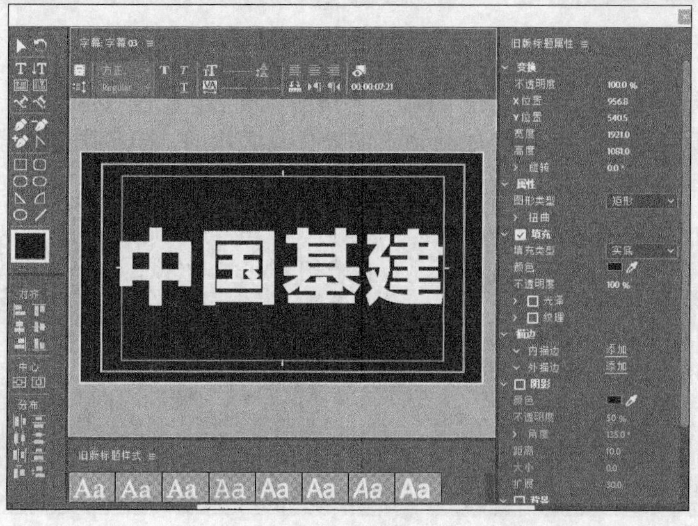

图 2.2.47　形状绘制

5）将字幕文件素材拖动到视频 V5 轨道上，如图 2.2.48 所示。

图 2.2.48　导入文字素材

6）打开【效果控件】面板，将字幕素材不透明度的混合模式调整为相乘，如图 2.2.49 所示。

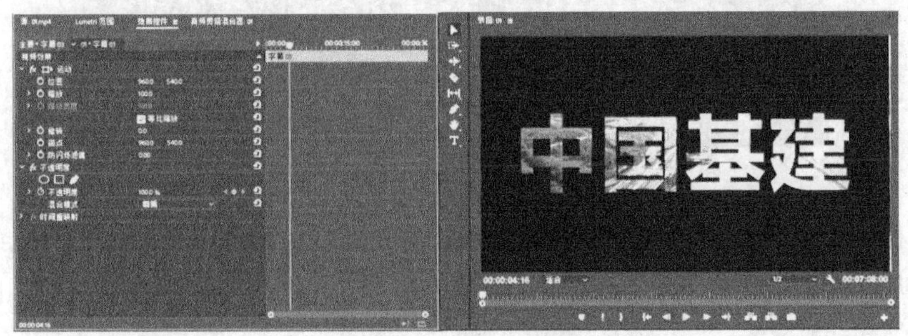

图 2.2.49　调整混合模式

7）为视频 V4 轨道上的视频素材添加不透明度蒙版，范围仅显示第一个字。在视频 V3 轨道、视频 V2 轨道、视频 V1 轨道上的操作与之相同，但范围分别显示第二个字、第三个字、第四个字，如图 2.2.50～图 2.2.53 所示。

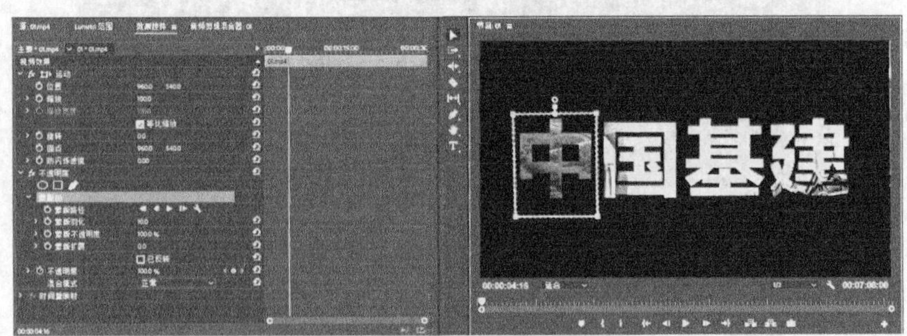

图 2.2.50　添加不透明度蒙版——中

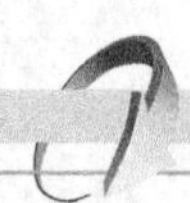

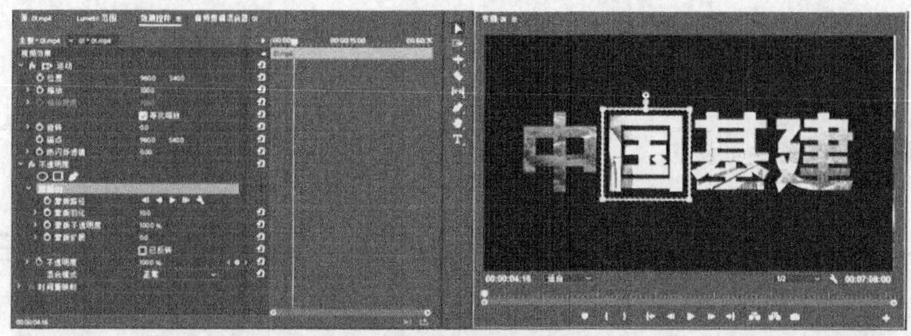

图 2.2.51　添加不透明度蒙版——国

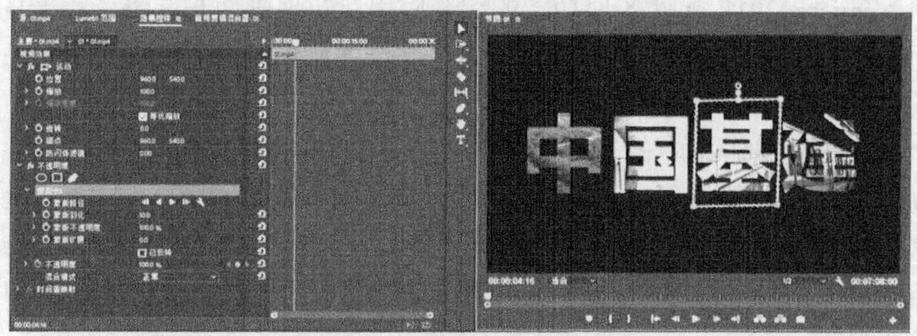

图 2.2.52　添加不透明度蒙版——基

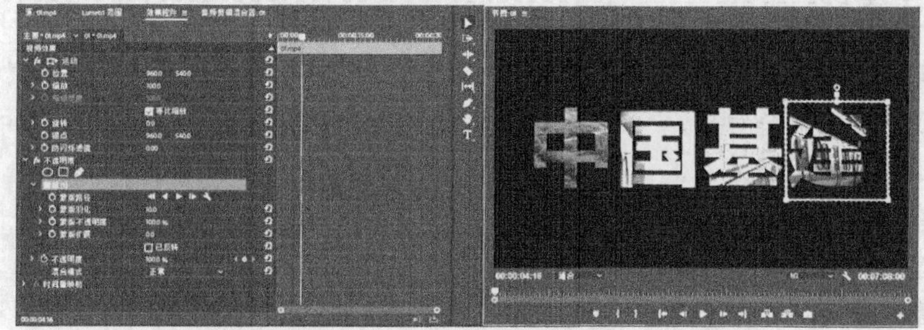

图 2.2.53　添加不透明度蒙版——建

8）在序列监视器面板播放即可实现效果，如图 2.2.54 所示。

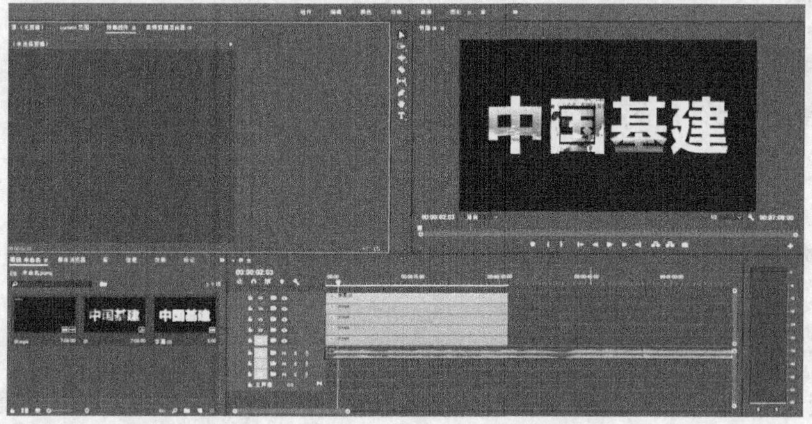

图 2.2.54　文字遮罩片头效果实现

子项目三

综合案例：影视片头制作

通过 Premiere 2018 软件各项功能的综合应用，实现画面与字幕、声音的多方面配合，能够更全面地表现视频的震撼效果。通过综合案例的学习，读者可以更好地掌握所有知识点，并将其应用到实际操作环节。

影视片头是影视作品中的重要元素之一，它能够直接影响观众对影片的第一印象，并为影视作品的整体氛围和格调进行铺垫。良好的片头设计不仅能吸引观众的注意力，还能够展现影片的主题、风格和内容。因此，片头设计和制作是影视制作中一个非常重要的环节，需要有专业的设计和制作技巧，通过各种不同的方式对影视片头进行制作。

学习目标

知识目标

了解片头制作原理。

了解镜头剪辑方法。

掌握特效设置原理及方法。

掌握合理应用字幕的方法。

掌握字幕与多种特效结合使用的方法。

能力目标

能用 Premiere 2018 软件为素材添加片头字幕效果。

能用 Premiere 2018 软件根据实际情节需要进行情节剪辑。

能用 Premiere 2018 软件设置音频效果。

素质目标

培养学生的综合能力和创新思维。

项目实施

一、渐变天空与水面移动效果

渐变天空与水面移动效果通过光晕字幕来实现，光晕字幕片头主要通过镜头光晕的变化配合文字由大到小，并结合声音实现宣传片片头的制作效果。

1. 任务效果

渐变天空与水面移动效果图如图 2.3.1 所示。

图 2.3.1　渐变天空与水面移动效果图

2. 任务分析

完整的影视片头制作过程包括字幕、剪辑、特效、过渡及多种音频功能的综合运用。片头的设置在整个影视片头制作过程中起决定性作用。实施任务时，首先需要设计好思路，然后设置影视片头出现的方式及整个流程，最后通过播放实现影视片头的运动效果。

3. 操作步骤

1）启动 Premiere 2018 软件，在【文件】菜单中选择相应命令，新建项目，新建序列。

2）打开【文件】菜单，选择【导入】命令，打开【导入】对话框，如图 2.3.2 所示。

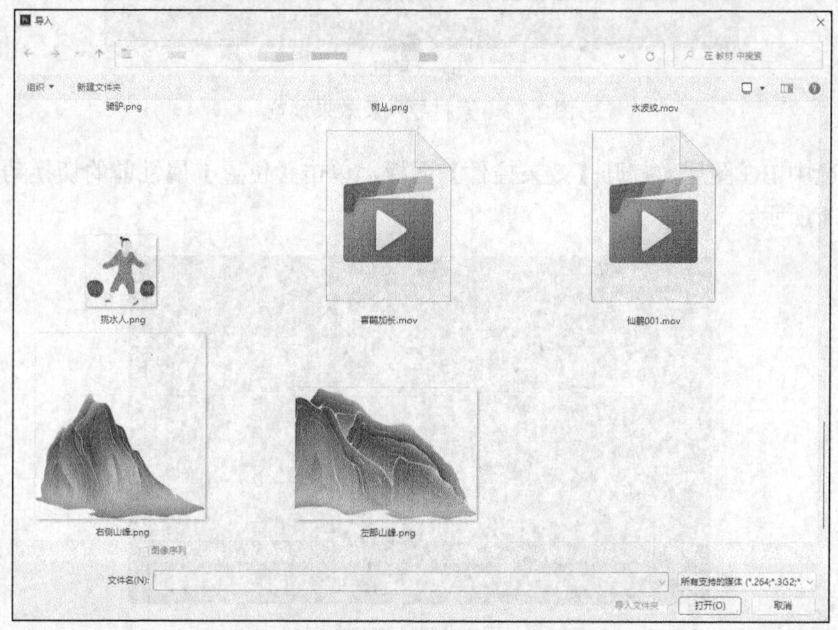

图 2.3.2　【导入】对话框

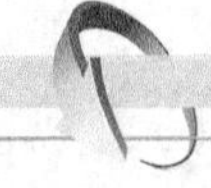

3）将“BG”背景素材拖动到序列面板 V1 轨道上，持续时间调整为 30 秒，选中 BG 图层，打开【效果控件】面板，将【锚点】属性修改为“1770，2360”。将 BG 图层的缩放属性调整为 250%，如图 2.3.3 所示。

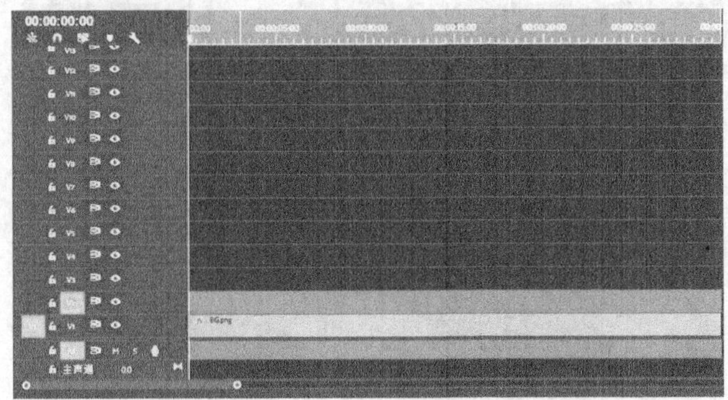

（a）导入素材

（b）效果图

图 2.3.3　素材导入及效果预览

4）选中 BG 图层，打开【效果控件】面板，单击【位置】属性前的切换动画按钮，如图 2.3.4 所示。

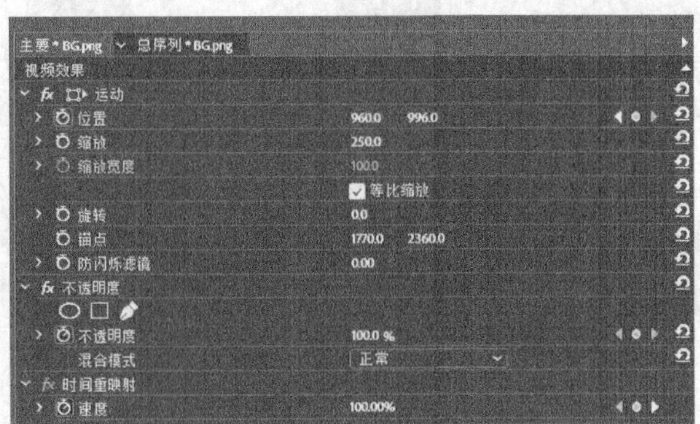

图 2.3.4　开启属性切换动画功能

5）拖动时间指示器至 12 秒处，选中 BG 图层，打开【效果控件】面板，将【位置】属性添加一个关键帧并将数值更改为“960，540”。

6）拖动时间指示器至 12 秒处，选中 BG 图层，打开【效果控件】面板，将【位置】属性添加一个关键帧并将数值更改为“960，835”。

7）拖动时间指示器至 26 秒处，选中 BG 图层，打开【效果控件】面板，将【位置】属性添加一个关键帧并将数值更改为“960，990”。

完成的效果如图 2.3.5 所示。

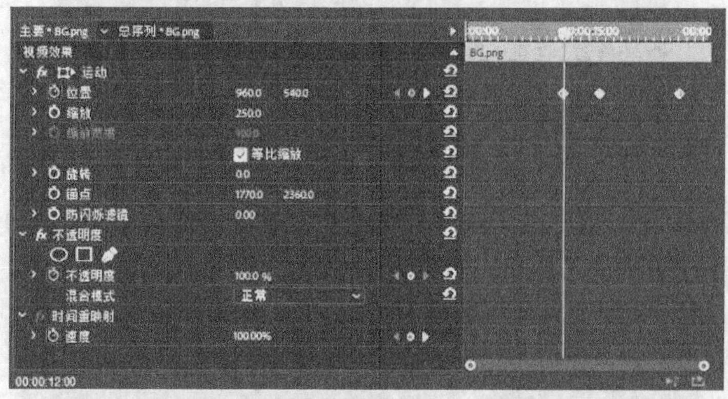

图 2.3.5　【位置】属性的关键帧添加

8）将“水波纹”素材拖动到时间轴 V2 轨道上，共执行三次，使三段素材头尾衔接。选中 V2 轨道上第一段水波纹，打开【效果控件】面板，将【位置】关键帧调整为“960，80”，设置缩放比例为 215%，如图 2.3.6 所示。

9）单击 V2 轨道上第二段水波纹，在【效果控件】面板中单击【位置】和【缩放】属性前的切换动画按钮。

10）拖动时间指示器至 8 秒处，选中 V2 轨道上第二段水波纹图层，打开【效果控件】面板，将【位置】属性关键帧的数值更改为“960，80”，【缩放】属性更改为 215%。

11）拖动时间指示器至 15 秒 15 帧处，选中 V2 轨道上第二段水波纹图层，打开

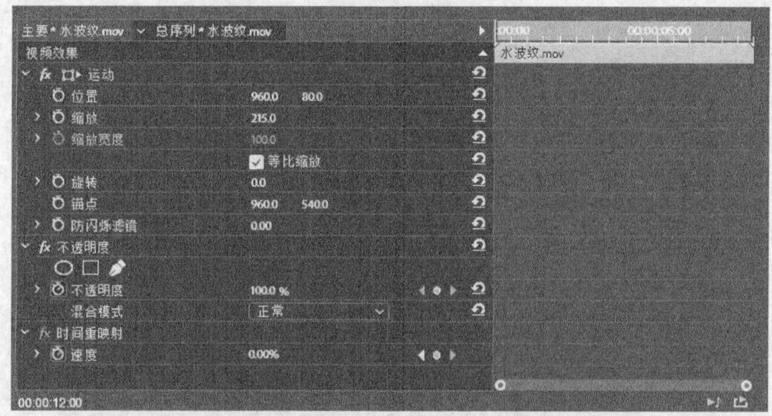

图 2.3.6　第一段水波纹参数设置

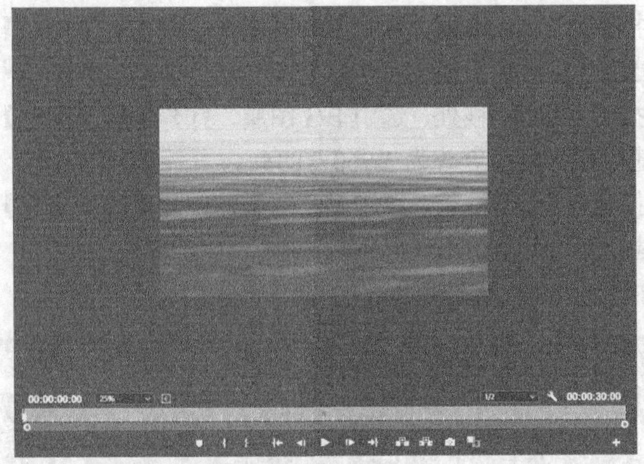

图 2.3.6（续）

【效果控件】面板，添加【位置】属性关键帧并将数值更改为“960，520”,【缩放】属性更改为 270%，如图 2.3.7 所示。

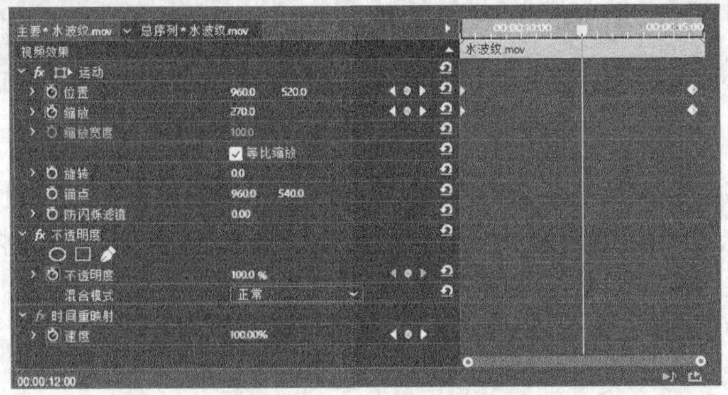

图 2.3.7　第二段水波纹参数设置

12）拖动时间指示器至 16 秒处，选中 V2 轨道上第三段水波纹图层，打开【效果控件】面板，将【位置】属性关键帧更改为“960，520”,【缩放】属性更改为 270%，如图 2.3.8 所示。

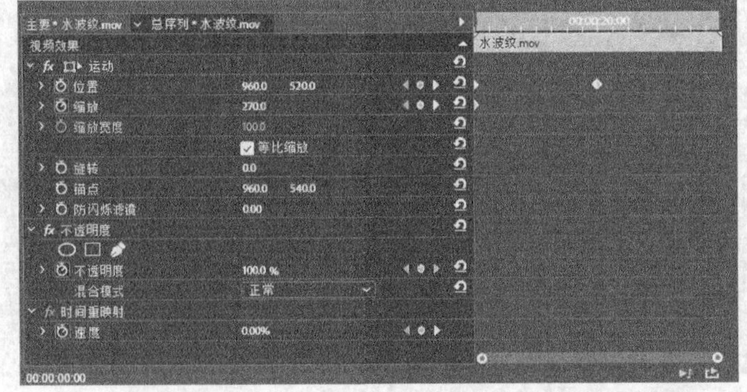

图 2.3.8　V2 轨道上第三段水波纹位置与缩放属性添加效果

13）拖动时间指示器至 20 秒处，选中 V2 轨道上第三段水波纹图层，打开【效果控件】面板，将【位置】属性更改为“960，580”。

二、片头卷轴打开效果制作

1. 任务效果

片头卷轴打开效果图如图 2.3.9 所示。

图 2.3.9　片头卷轴打开效果图

2. 任务分析

本任务主要是卷后的开启，以及上面文字的展现。此处应用到了效果控件中的位置属性、缩放属性和不透明度属性，更改初始锚点位置可以让动画更加合理与流畅。

3. 操作步骤

1）将“卷轴打开”素材添加到轨道 V15 中，选择“卷轴打开”图层，向该图层添加色彩属性，选择【效果】→【视频效果】→【颜色校正】→【色彩】命令，在打开的列表中将黑色映射到的颜色更改为“C7954F”，将白色映射到的颜色更改为“FFFFFF”，如图 2.3.10 所示。卷轴打开色彩添加效果图如图 2.3.11 所示。

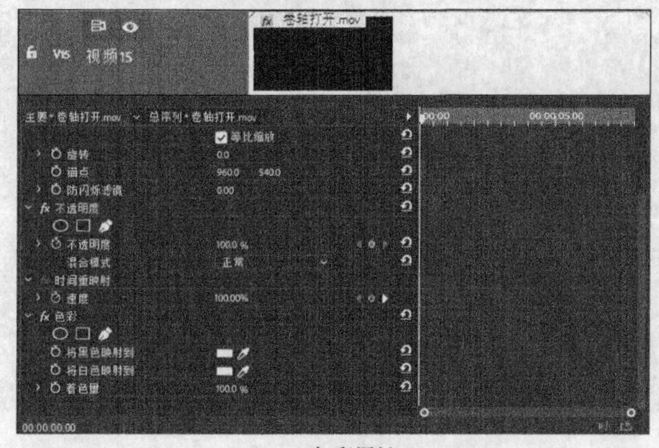

（a）色彩属性

图 2.3.10　卷轴打开参数设置

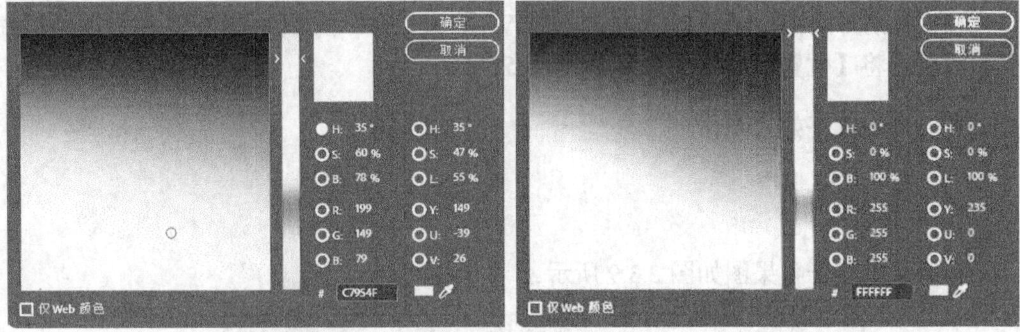

（b）修改黑色映射参数　　　　（c）修改白色映射参数

图 2.3.10（续）

2）将“古风腊梅和云朵”素材添加到轨道 V16 上，选择“古风腊梅和云朵”图层，将时间指示器调整至 1 秒处，打开【效果控件】面板，将【位置】属性关键帧调整为“741，525”，将时间指示器调整至 4 秒 15 帧处，添加位置关键帧“425，525”。

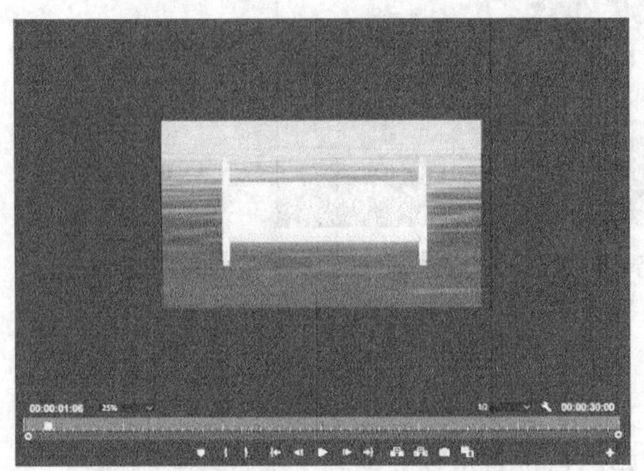

图 2.3.11　卷轴打开色彩添加效果图

3）选择“古风腊梅和云朵”图层，将时间指示器调整至 0 秒 15 帧处，打开【效果控件】面板，将不透明度的切换动画功能开启，并将属性修改为 0%，再次调整时间至 1 秒处，添加不透明度关键帧数值为 100%，调整时间至 7 秒 10 帧处，添加不透明度关键帧数值为 100%，再次调整时间至 7 秒 15 帧处，添加不透明度关键帧数值为 0%，最后调整缩放属性为 30%，如图 2.3.12 所示。

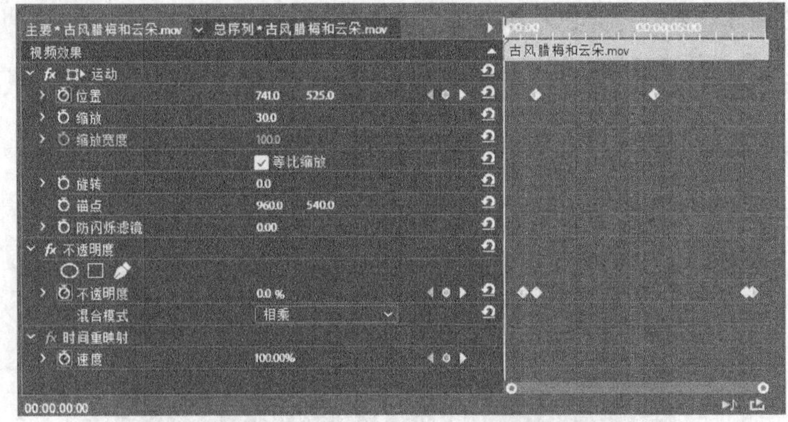

图 2.3.12　“古风腊梅和云朵”素材的位置与不透明度关键帧制作

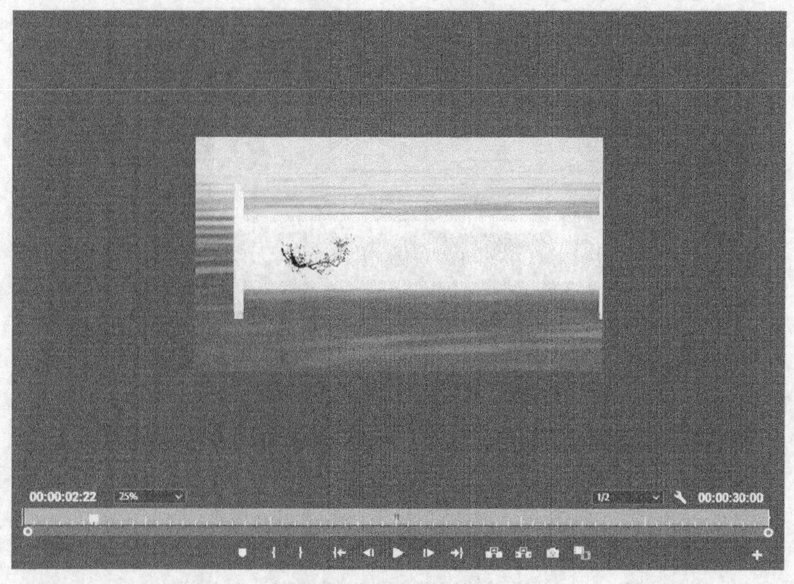

图 2.3.12（续）

4）将素材“喜鹊加长”添加到 V18 轨道上，打开【效果控件】面板，将其不透明度模式修改为变暗，并在 8 秒处开启切换动画功能，打开添加不透明度关键帧数值为 100%，调整时间至 9 秒处，添加不透明度关键帧数值为 0%，以此完成元素的淡入/淡出效果。最后修改图层【锚点】属性为“640，360”，如图 2.3.13 所示。

5）将素材“国潮文字”添加到 V17 轨道上，如图 2.3.14 所示。图层持续时间修改为 8 秒。将时间指示器调整至 5 秒处，打开【效果控件】面板，将缩放属性的切换动画功能开启，调整缩放属性数值为 0%，再次调整时间指示器至 6 秒，调整缩放属性数值为 60%，以此营造出元素的入场效果，如图 2.3.15 所示。

图 2.3.13　素材“喜鹊加长”的不透明度修改及锚点属性设置

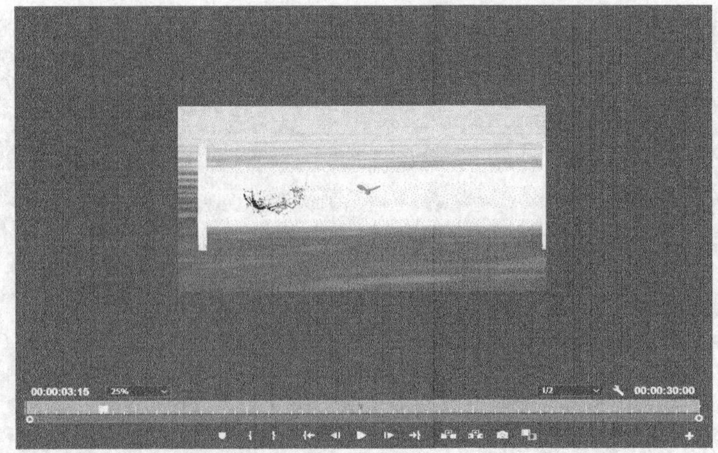

图 2.3.13（续）

图 2.3.14　素材“国潮文字”添加到 V17 轨道上

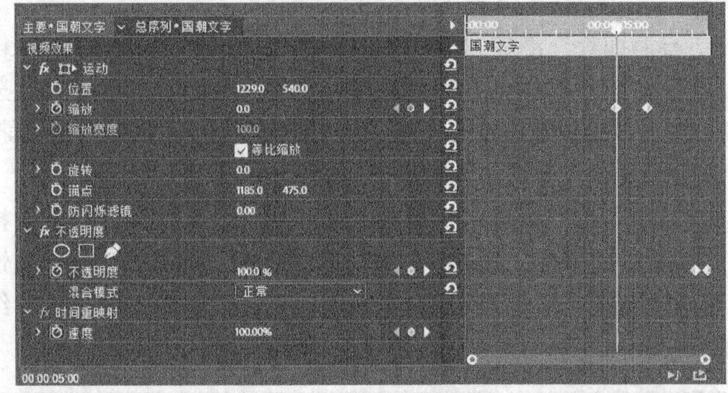

（a）参数设置

（b）入场效果实现

图 2.3.15　素材“国潮文字”缩放参数设置及效果图

6）将素材“国潮文字”添加到 V17 轨道上，将时间指示器调整至 7 秒 15 帧处，打开【效果控件】面板，将不透明度属性的切换动画功能开启，添加不透明度关键帧数值为 0%，再次调整时间指示器至 6 秒处，将【效果控件】面板中的【缩放】属性调整为 60%，以此营造出元素的入场效果。最后调整【锚点】属性数值为“1185，475”，如图 2.3.16 所示。这样，卷轴打开部分就制作完毕了。

锚点 1185.0 475.0

图 2.3.16 【锚点】属性数值设置

三、片头装饰元素制作

片头装饰效果主要是以位置上的移动配合缩放属性调整，营造出随镜头移动近大远小的效果。

1. 任务效果

片头装饰元素制作效果图如图 2.3.17 所示。

图 2.3.17 片头装饰元素制作效果图

2. 任务分析

片头的装饰效果需要精准关键帧动画制作，配合效果控件的五大基础属性，就可以制作出电影镜头的拍摄感。

3. 操作步骤

1）将素材“船”添加到 V11 轨道上，如图 2.3.18 所示。图层持续时间修改为 16 秒 20 帧，打开【效果】面板，在地址搜索栏中输入“紊乱置换”对“船”图层进行添加，使其产生波纹运动效果。打开【效果控件】面板，将【偏移】属性在 0 秒处开启切换动画功能，调整【偏移（湍流）】属性数值为“390，110”，调整时间指示器至 7 秒处，调整【偏移（湍流）】属性数值为“215，270”，再次调整时间指示器至 16 秒 20 帧处，调整【偏移（湍流）】属性数值为“390，110”，形成一段循环的紊乱置换效果，如图 2.3.19 所示。调整【锚点】属性为“350，755”，如图 2.3.20 所示。

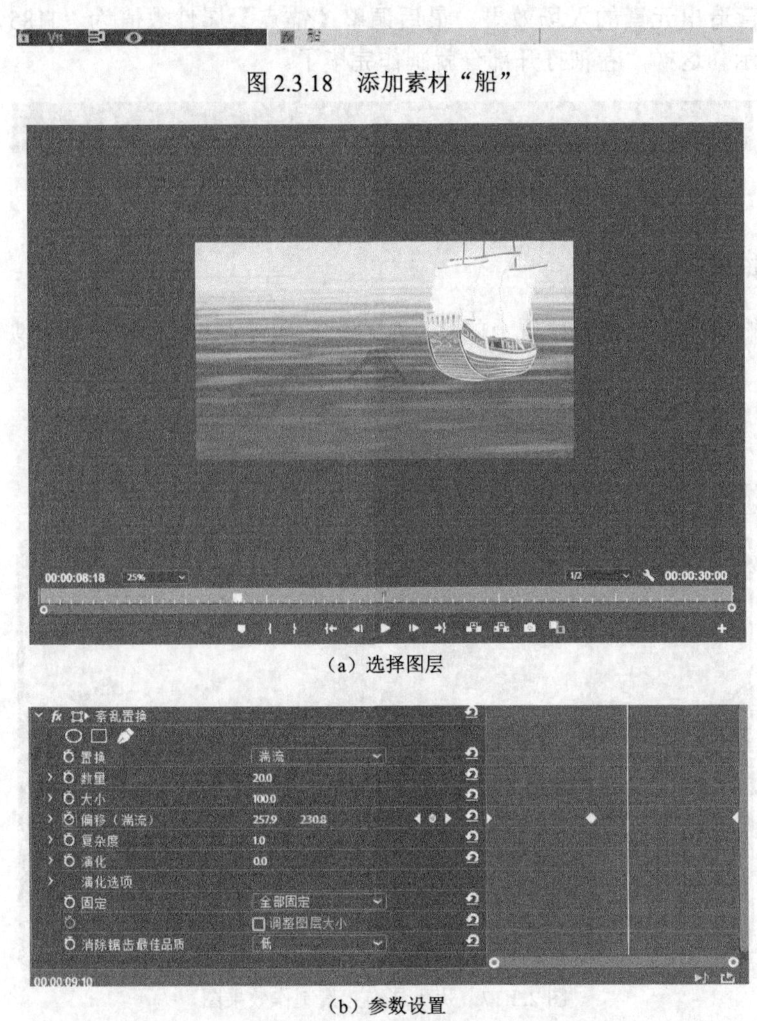

图 2.3.18　添加素材“船”

（a）选择图层

（b）参数设置

图 2.3.19　素材“船”偏移参数设置及效果图

锚点　350.0　755.0

图 2.3.20　【锚点】属性参数设置——素材“船”

2）选中 V11 轨道上的“船”图层，调整时间指示器至 8 秒 10 帧处，打开【效果控件】面板，开启位置属性的切换动画功能，调整【位置】属性数值为“1695，1015”；再次调整时间指示器至 10 秒 15 帧处，添加【位置】属性关键帧为“1695，1215”；调整时间指示器至 16 秒 20 帧处，添加【位置】属性关键帧为“2700，1690”，以此模拟完整的镜头效果图如图 2.3.21 所示。

3）选中 V11 轨道上的“船”图层，调整时间指示器至 8 秒 10 帧处，打开【效果控件】面板，开启【缩放】属性的切换动画功能，调整【缩放】属性数值为 70%，调整时间指示器至 10 秒 15 帧处，添加【缩放】属性关键帧数值为 85%，调整时间指示器至 16 秒 20 帧处，添加【缩放】属性关键帧数值为 110%，以此完成镜头移动中近大远小效果，如图 2.3.22 所示。

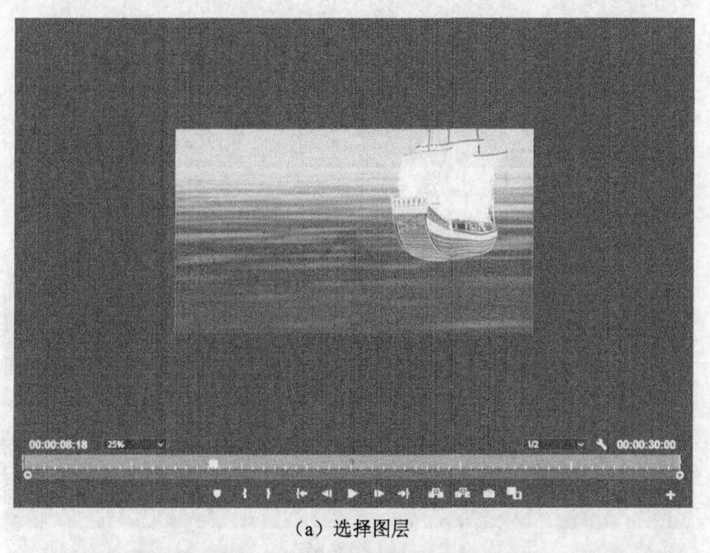

（a）选择图层

位置　1695.0　1015.0

（b）位置属性“1695，1015”

位置　1695.0　1215.0

（c）位置属性“1695，1215”

位置　2700.0　1690.0

（d）位置属性“2700，1690”

（e）初始效果

图 2.3.21　素材“船”位置参数设置及效果图

（f）退场效果

图 2.3.21（续）

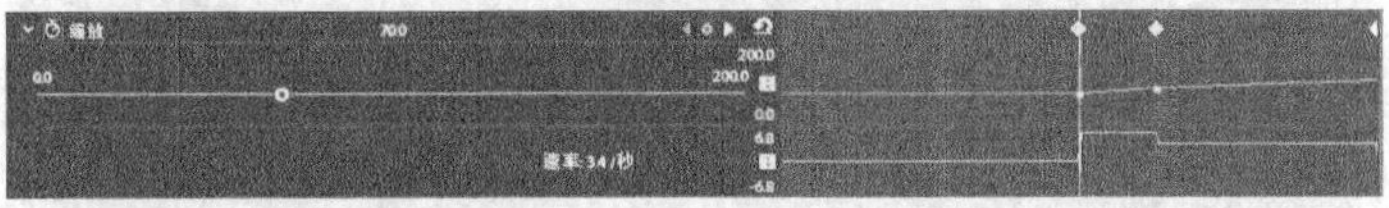

（a）缩放 70%

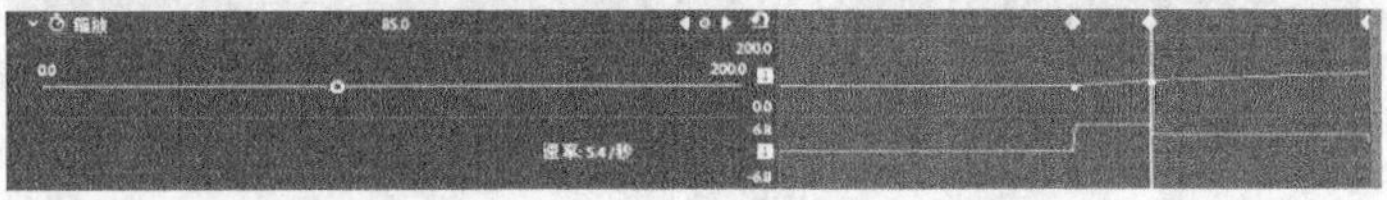

（b）缩放 85%

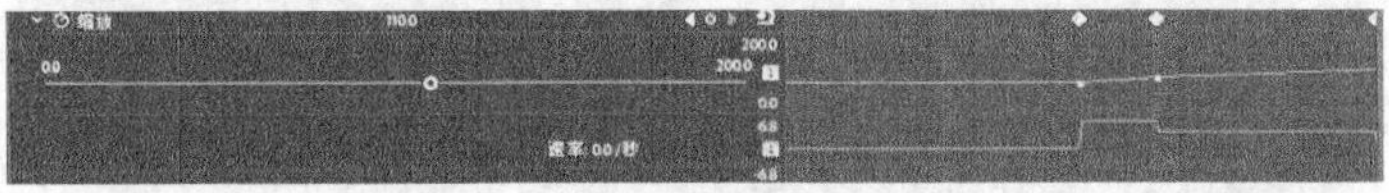

（c）缩放 110%

（d）船消失在画面

图 2.3.22　素材“船”缩放参数设置及效果图

4）将素材“底端云”添加到 V14 轨道上，图层持续时间修改为 16 秒 20 帧，打开【效果控件】面板，调整【锚点】属性为“1220，635”。打开【效果】面板，在地址搜

索栏中输入“紊乱置换”，选择【紊乱置换】命令，对“底端云”图层进行添加，使其产生波纹动画效果。打开【效果控件】面板，将【偏移】属性在 0 秒处开启切换动画功能，调整【偏移（湍流）】属性数值为“2220，260”，调整时间指示器至 7 秒处，调整【偏移（湍流）】属性数值为“1220，635”，再次调整时间指示器至 16 秒 20 帧处，调整【偏移（湍流）】属性数值为“2220，260”。形成一段循环的紊乱置换效果，如图 2.3.23 所示。

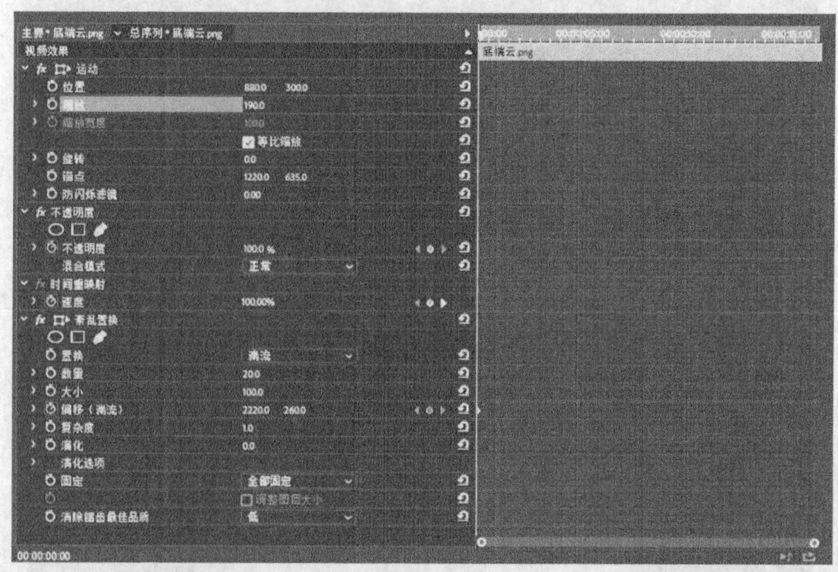

（a）0 秒

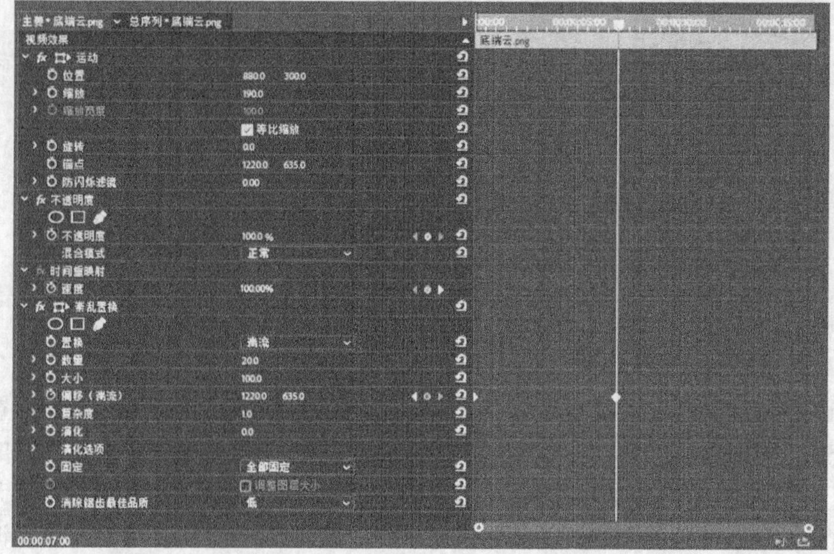

（b）7 秒处

图 2.3.23 素材“底端云”偏移参数设置及效果图

（c）16 秒 20 帧

（d）效果图

图 2.3.23（续）

5）选中 V14 轨道上的“底端云”图层，开始制作底端云随镜头变换的位置运动效果，调整时间指示器至 0 秒处，打开【效果控件】面板，开启【位置】属性前的切换动画功能，调整【位置】属性为“880，300”并确定动作起始位置，调整时间指示器至 8 秒 10 帧处，修改【位置】属性为“1080，350”，完成第一次向右运动，再次调整时间指示器至 10 秒 15 帧处，修改【位置】属性为“780，490”，完成素材“底端云”向左移动效果，再次调整时间指示器至 14 秒 15 帧处，修改【位置】属性为“305，725”，完成图像从摄像机画面中退场动画，如图 2.3.24 所示。

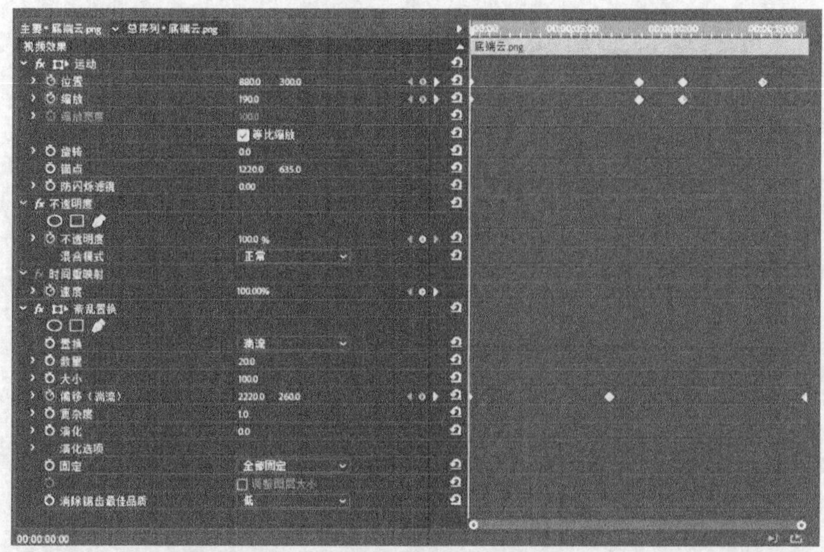

（a）参数设置

（b）效果图

图 2.3.24 素材“底端云”位置参数设置效果图

6）选中“V14”轨道上的“底端云”图层，开始制作底端云随镜头缩放变换效果，调整时间指示器至 0 秒处，打开【效果控件】面板，开启【缩放】属性前的切换动画功能，调整【缩放】属性为 190%，并确定动作起始位置，调整时间指示器至 8 秒 10 帧处，添加关键帧【缩放】属性仍为 190%，完成第一次向右运动，再次调整时间指示器至 10 秒 15 帧处，修改【缩放】属性数值为 210%，完成物体随镜头移动近大远小效果的制作，如图 2.3.25 所示。

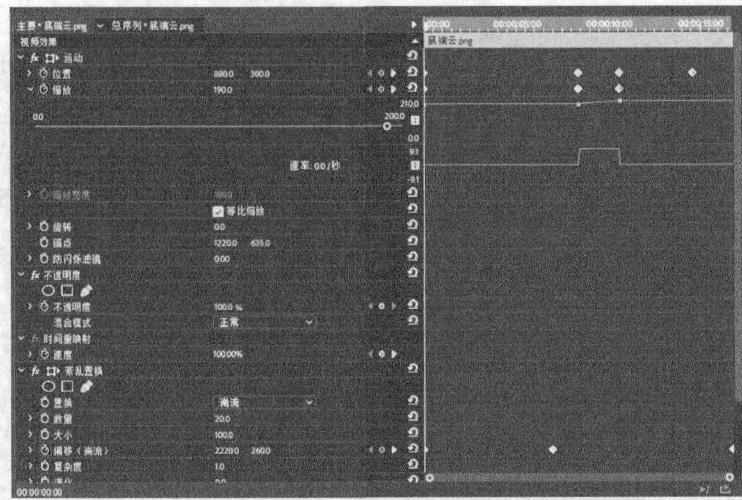

（a）参数设置

（b）效果图（一）

（c）效果图（二）

图 2.3.25　素材“底端云”参数设置及效果图

7）选中素材“树丛”添加到 V13 轨道上，图层持续时间修改为 16 秒 20 帧，打开【效果控件】面板，调整【锚点】属性数值为“490，-60”。打开【效果】面板，在地址搜索栏中输入“紊乱置换”，选择【紊乱置换】命令，对“树丛”图层进行添加，使其产生波纹动画效果。选择【效果控件】→【紊乱置换】→【置换】→【扭转】命令，再次调整【紊乱置换】属性参数，将【偏移（湍流）】属性在 0 秒处开启切换动画功能，调整【偏移（湍流）】属性数值为“1200，160”，调整时间指示器至 7 秒处，调整【偏移（湍流）】属性数值为“660，385”，再次调整时间指示器至 16 秒 20 帧处，调整【偏移（湍流）】属性数值为“1200，160”。形成一段循环的紊乱置换效果，如图 2.3.26 所示。

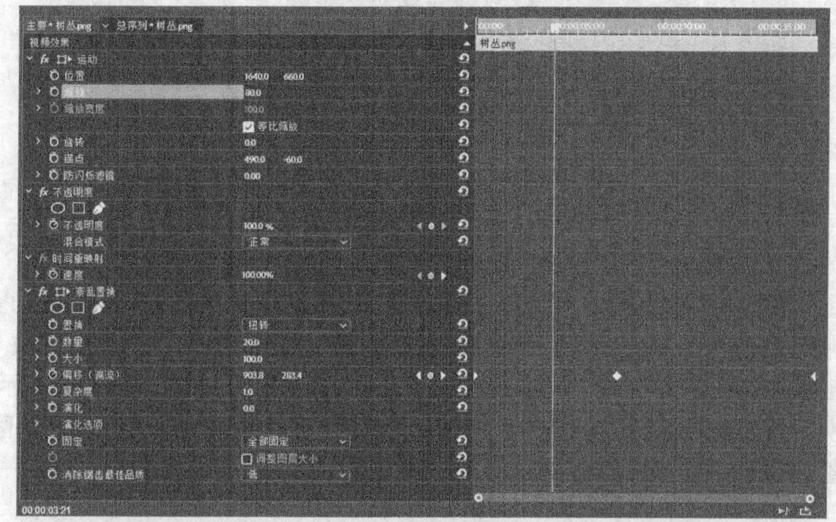

（a）参数调整

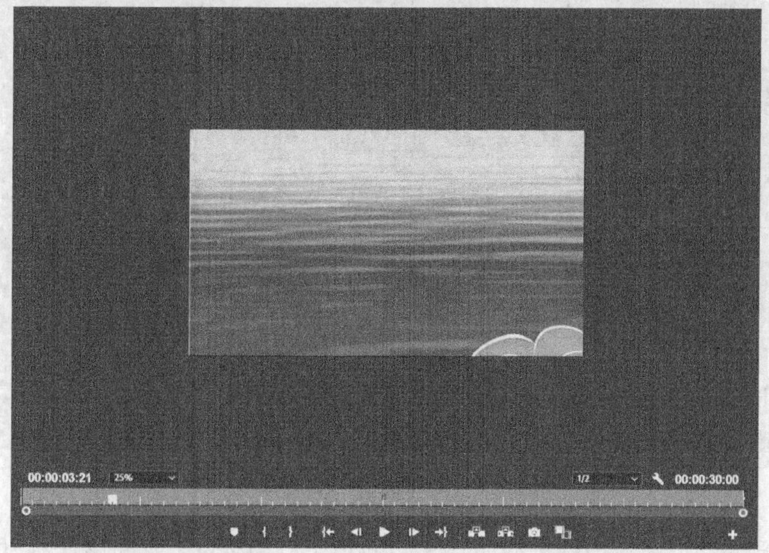

（b）选择图层

图 2.3.26　素材“树丛”循环的紊乱置换参数设置及效果图

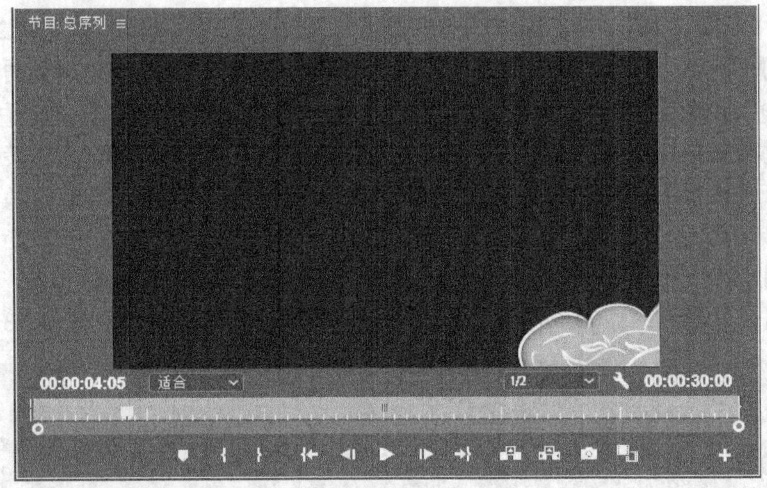

（c）效果图

图 2.3.26（续）

8）选中 V13 轨道上的“树丛”图层，开始制作树丛随镜头变换效果。打开【效果控件】面板，调整时间指示器至 8 秒 10 帧处，开启【位置】属性前的切换动画功能，修改【位置】属性数值为“1640，660”，再次调整时间指示器至 10 秒 15 帧处，修改【位置】属性数值为“1640，740”，完成素材“树丛”向左移动效果，再次调整时间指示器至 14 秒 15 帧处，修改【位置】属性数值为“2290，1580”，完成图像从摄像机画面中退场动画，最后调整【缩放】属性数值为 80%，如图 2.3.27 所示。

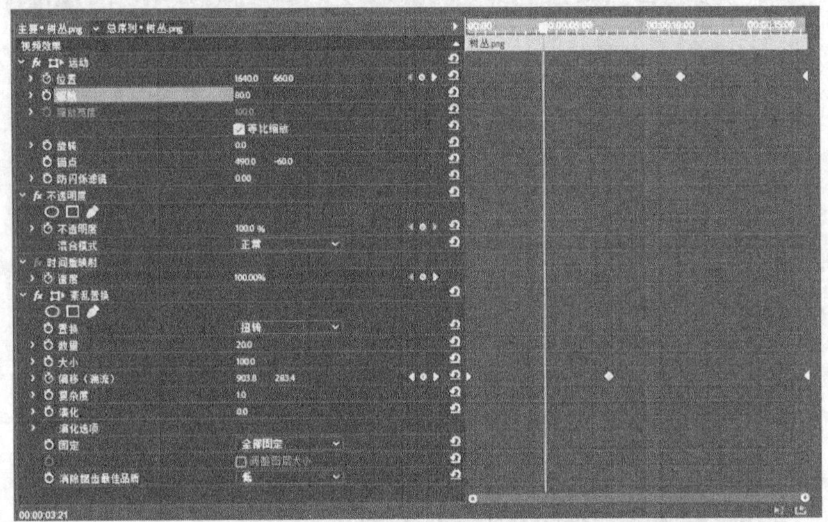

图 2.3.27 “树丛”图层参数设置

9）选中素材“右侧山峰”添加到 V12 轨道中，图层持续时间修改为 16 秒 20 帧，打开【效果控件】面板，调整【锚点】属性数值为“-600，2690”。打开【效果】面板，在地址搜索栏中输入“紊乱置换”，选择【紊乱置换】命令，对“右侧山峰”图层进行

添加，使其产生波纹动画效果。打开【效果控件】面板，调整【置换】属性为湍流效果，再次调整【紊乱置换】属性参数，将【偏移（湍流）】属性在 0 秒处开启切换动画功能，调整【偏移（湍流）】属性数值为“1575，1675”，调整时间指示器至 7 秒处，调整【偏移（湍流）】属性数值为“2860，690”，再次调整时间指示器至 16 秒 20 帧处，调整【偏移（湍流）】属性数值为“1575，1675”。形成一段循环的紊乱置换效果，如图 2.3.28 所示。

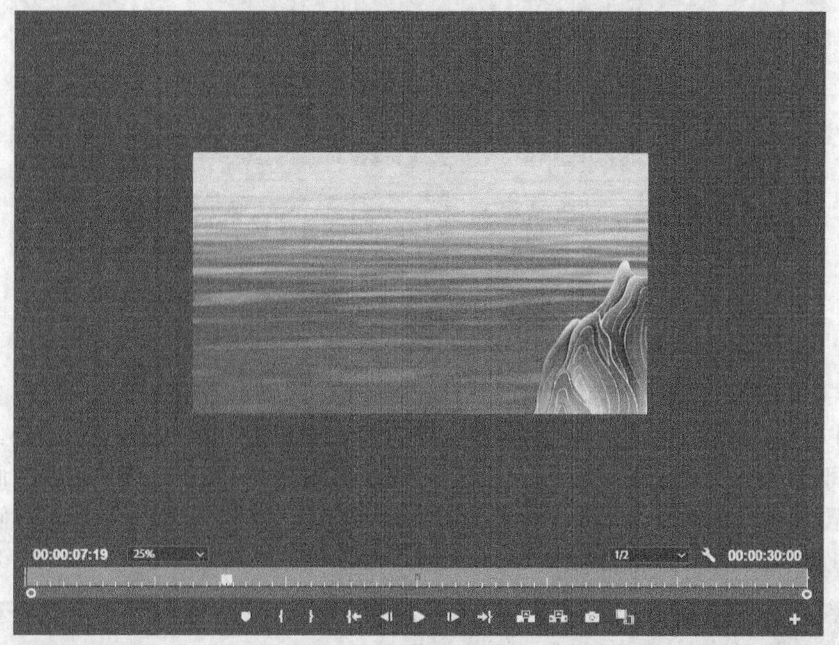

（a）选择图层

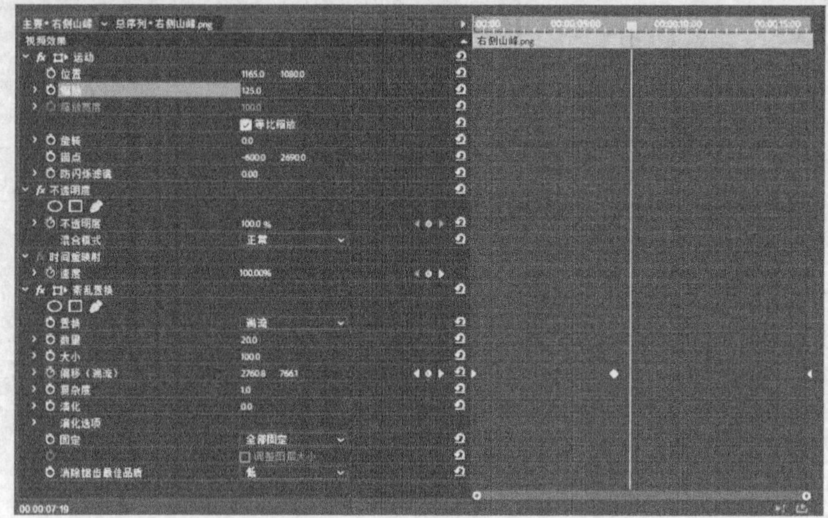

（b）参数设置

图 2.3.28　素材“右侧山峰”循环的紊乱置换参数设置及效果图

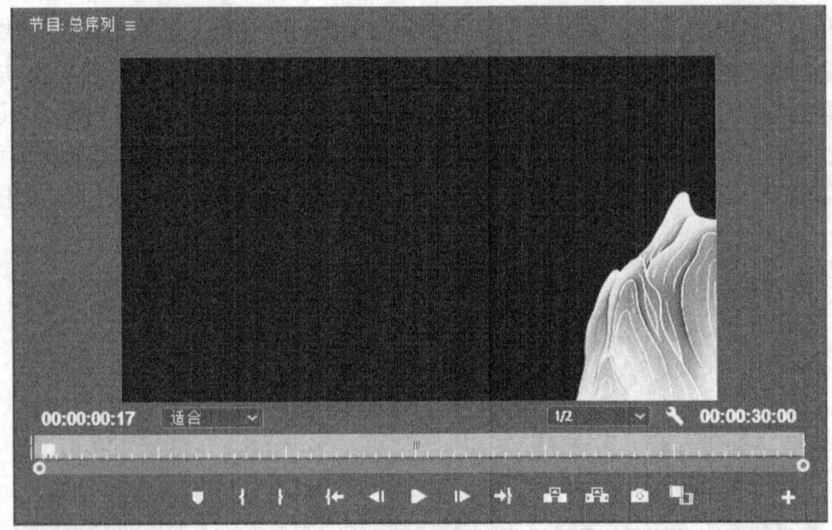

(c) 效果图

图 2.3.28（续）

10）选中 V12 轨道上的素材“右侧山峰”，调整时间指示器至 8 秒 10 帧处，打开【效果控件】面板，开启【位置】属性的切换动画功能，调整【位置】属性为“1165，1080”，调整时间指示器至 10 秒 15 帧处，调整【位置】属性为“1165，1180”，再次调整时间指示器至 16 秒 20 帧处，调整【位置】属性为“1300，1855”，以此制作出右侧山峰随镜头变化的效果，如图 2.3.29 所示。

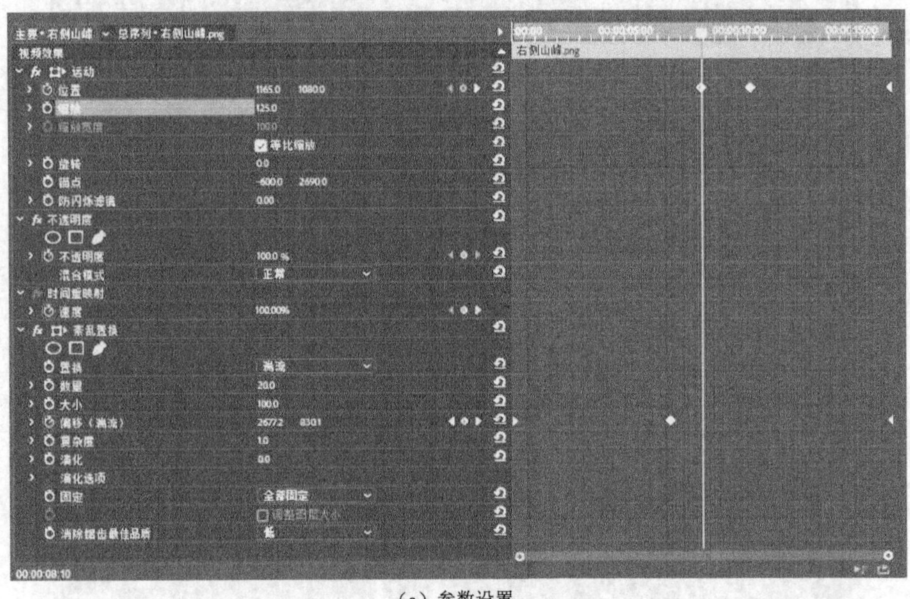

(a) 参数设置

图 2.3.29 素材“右侧山峰”位置参数设置及效果图

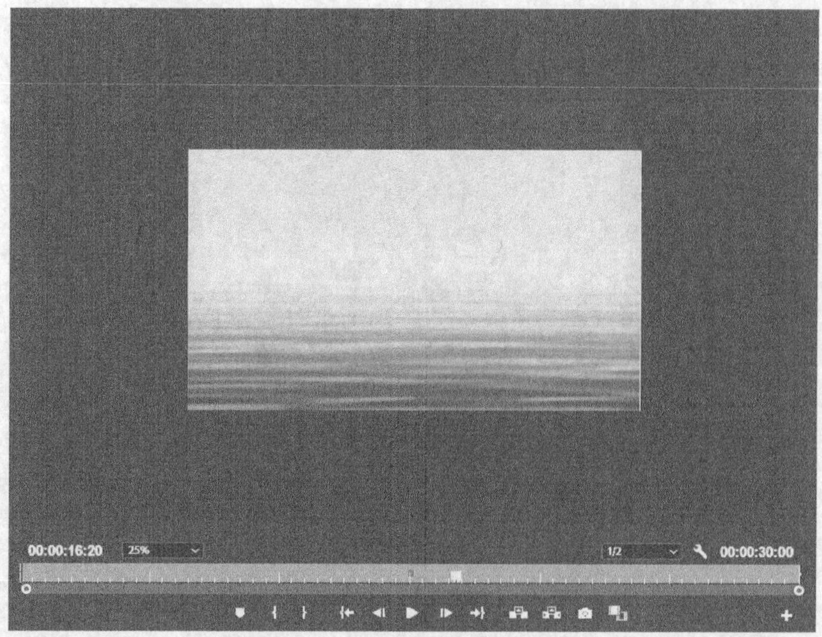

（b）效果图

图 2.3.29（续）

11）选中 V12 轨道上的素材“右侧山峰”，调整时间指示器至 8 秒 10 帧处，打开【效果控件】面板，开启【缩放】属性的切换动画功能，调整【缩放】属性为 125%，调整时间指示器至 10 秒 15 帧处，调整【缩放】属性为 140%，再次调整时间指示器至 16 秒 20 帧处，调整【缩放】属性为 220%，以此制作出右侧山峰随镜头变化的近大远小效果，如图 2.3.30 所示。

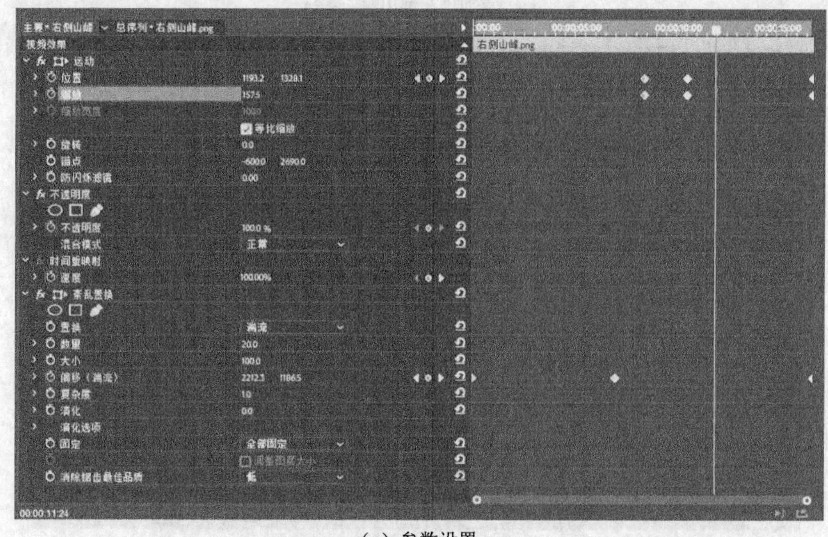

（a）参数设置

图 2.3.30 素材“右侧山峰”缩放参数设置及效果图

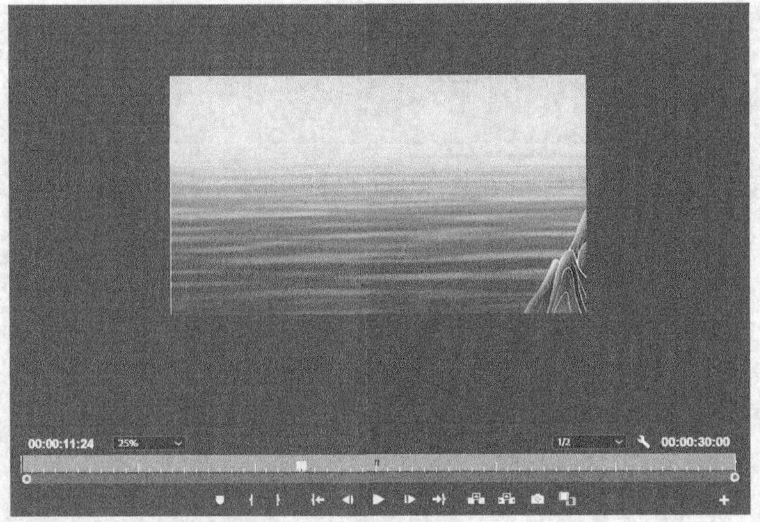

（b）效果图

图 2.3.30（续）

12）添加中景素材“左部山峰”到 V10 轨道上，图层持续时间修改为 16 秒 20 帧，打开【效果控件】面板，调整【锚点】属性数值为“940，540”，再次调整时间指示器至 8 秒 10 帧处，开启【位置】属性的切换动画功能，调整【位置】属性为“215，500”，调整时间指示器至 10 秒 15 帧处，添加【位置】属性关键帧为“130，580”，调整时间指示器至 16 秒 20 帧处，添加【位置】属性关键帧为“-230，800”，以此制作出“左部山峰”素材随镜头变化移动的效果，如图 2.3.31 所示。

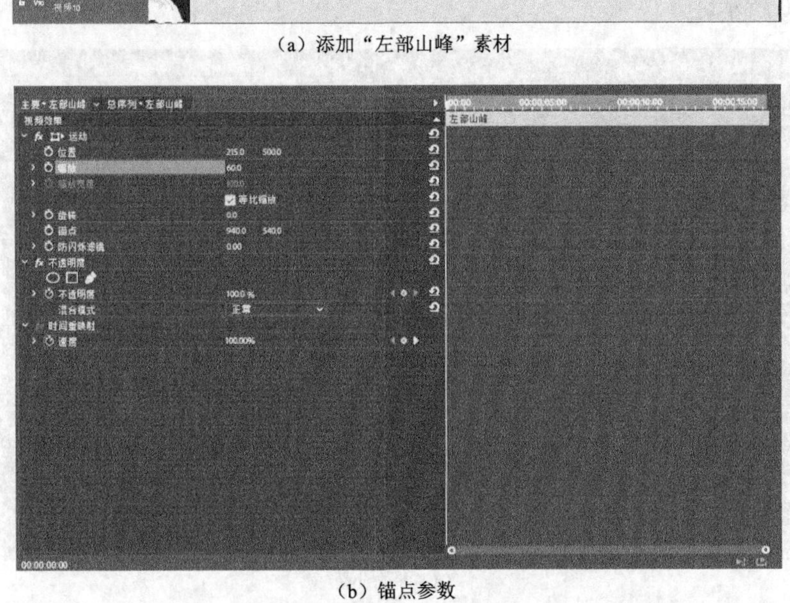

（a）添加“左部山峰”素材

（b）锚点参数

图 2.3.31　素材“左部山峰”位置参数设置效果图

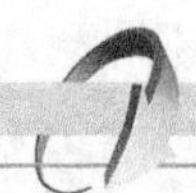

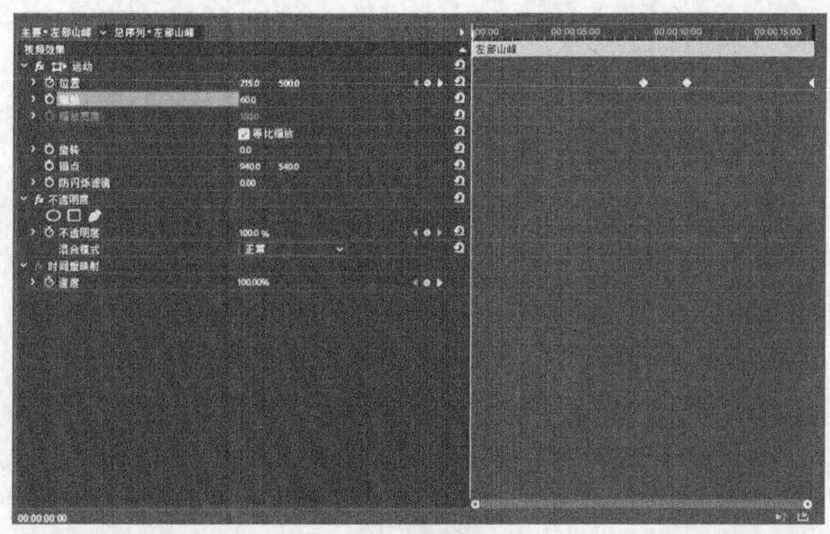

（c）位置参数

图 2.3.31（续）

13）选中“左部山峰”图层，调整时间指示器至 8 秒 10 帧处，打开【效果控件】面板，开启【缩放】属性的切换动画功能，调整【缩放】属性为 60%，调整时间指示器至 10 秒 15 帧处，添加【缩放】属性关键帧为 85%，调整时间指示器至 16 秒 20 帧处，添加【缩放】属性关键帧为 120%，以此制作出“左部山峰”素材随镜头变化的远近透视效果，如图 2.3.32 所示。

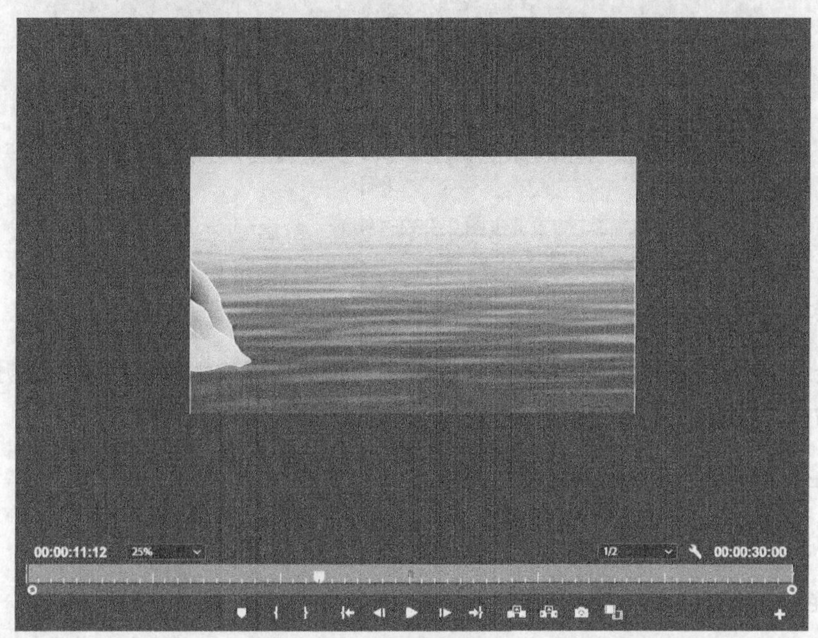

（a）选择图层

图 2.3.32　素材“左部山峰”缩放参数设置及效果图

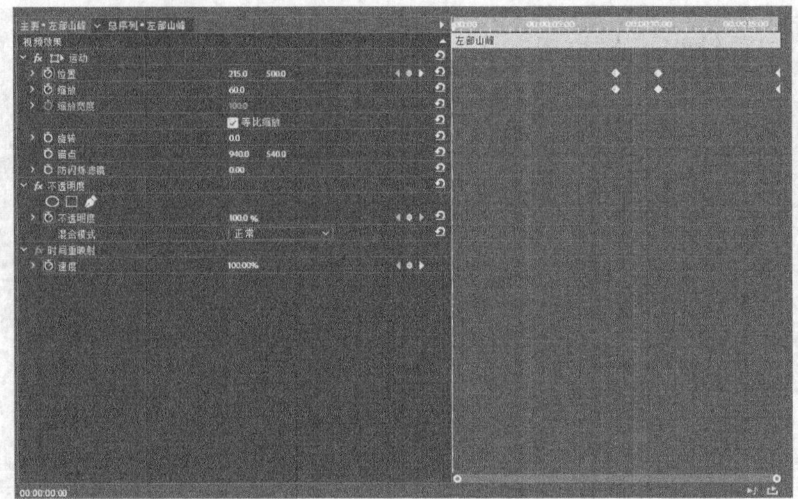

（b）参数设置

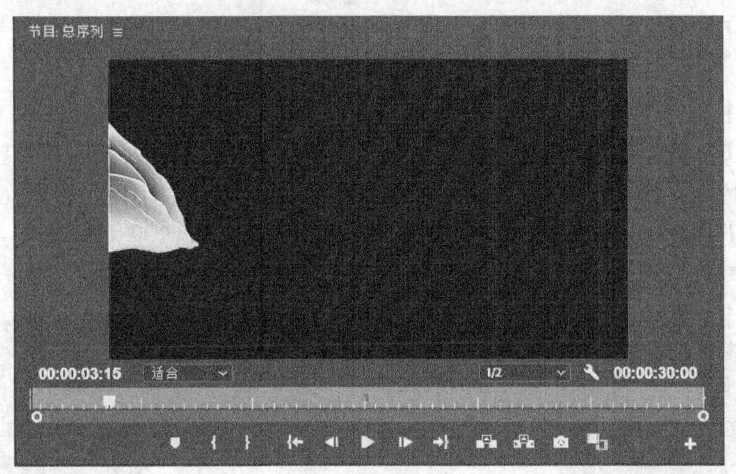

（c）效果图

图 2.3.32（续）

四、中景堤坝镜头效果制作

中景堤坝镜头效果主要引用了效果控件中的位置属性、缩放属性和不透明度属性，更改初始锚点位置让生成的动画更加流畅。

1. 任务效果

中景堤坝镜头效果图如图 2.3.33 所示。

2. 任务分析

中景部分效果由多种运动手法组合而成，最主要的是让人物与桥梁处于一种相对运动状态，并且不会出现穿帮的问题。

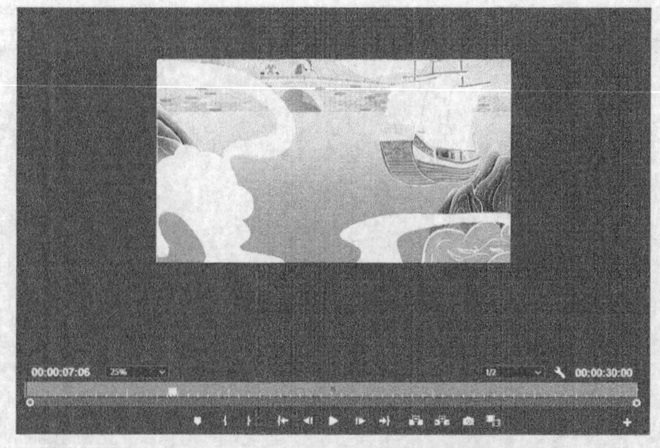

图 2.3.33 中景堤坝镜头效果图

3. 操作步骤

1）将素材“堤坝”添加到 V9 轨道上，打开【效果控件】面板，调整【锚点】属性数值为“1000，1000”，确定基础动效开启点。图层持续时间修改为 30 秒，如图 2.3.34 所示。

2）选中 V9 轨道上的“堤坝”图层，打开【效果控件】面板，同时将时间指示器调整至 8 秒 10 帧处，开启【位置】属性的切换动画功能，调整【位置】属性关键帧数值为“960，75”，调整时间指示器至 10 秒 15 帧处，添加【位置】属性关键帧数值为“960，75”，调整时间指示器至 16 秒 20 帧处，添加【位置】属性关键帧数值为“960，435”，调整时间指示器至 21 秒 20 帧处，添加【位置】属性关键帧数值为“960，895”，调整时间指示器至 23 秒 20 帧处，添加【位置】属性关键帧数值为“960，1145”。制作出堤坝在镜头中移动的效果，如图 2.3.35 所示。

（a）导入素材

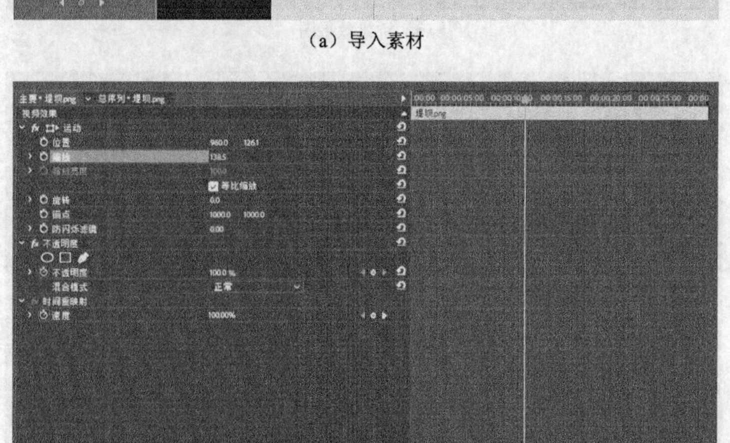

（b）设置锚点参数

图 2.3.34 确定素材“堤坝”的基础动效开启点

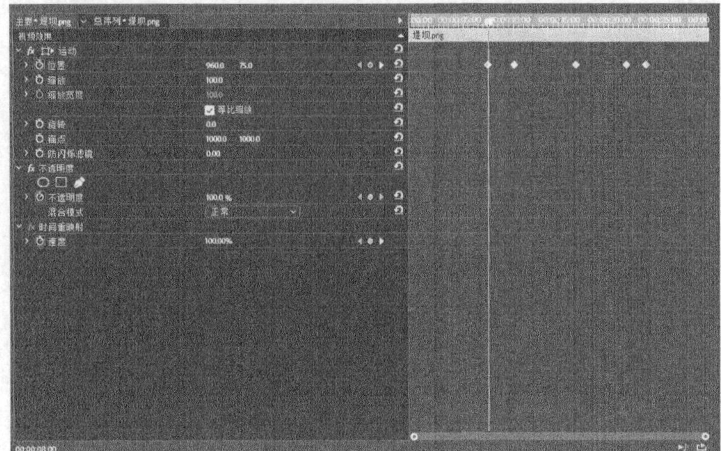

（c）设置持续时间

图 2.3.34（续）

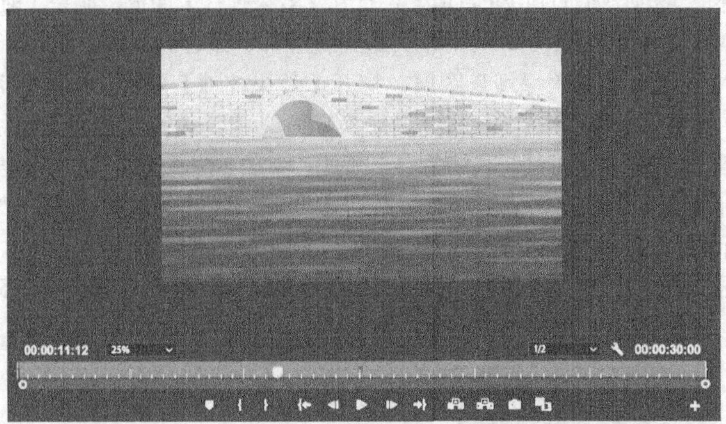

（a）桥梁效果图

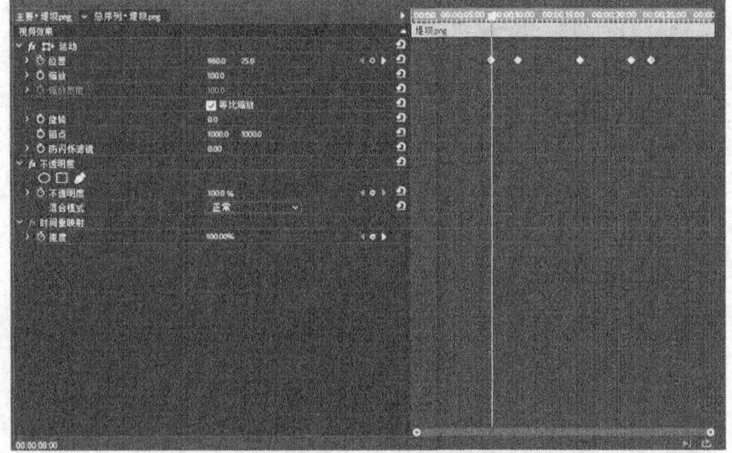

（b）【位置】属性关键帧数值设置

图 2.3.35　素材“堤坝”位置参数设置

3）选中 V9 轨道上的“堤坝”图层，打开【效果控件】面板，同时将时间指示器调整至 8 秒 10 帧处，开启【缩放】属性的切换动画功能，调整【缩放】属性关键帧数值为 100%，调整时间指示器至 10 秒 15 帧处，添加【缩放】属性关键帧数值为 135%，调整时间指示器至 16 秒 20 帧处，添加【缩放】属性关键帧数值为 160%，调整时间指示器至 21 秒 20 帧处，添加【缩放】属性关键帧数值为 190%，制作出“堤坝”在镜头中的近大远小效果，如图 2.3.36 所示。

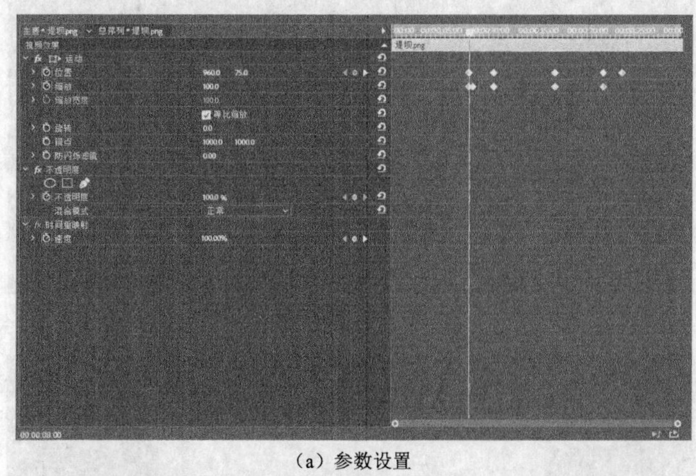

（a）参数设置

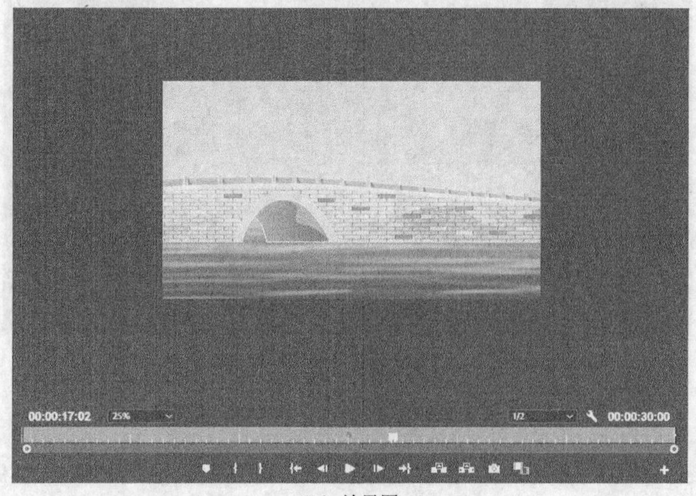

（b）效果图

图 2.3.36　素材“堤坝”缩放参数设置及效果图

4）将素材“挑水人”添加到 V8 轨道，打开【效果控件】面板，调整【锚点】属性数值为“370，65”，确定基础运动效果开启点。图层持续时间修改为 30s，如图 2.3.37 所示。

5）选中 V8 轨道上的“挑水人”图层，打开【效果控件】面板，同时将时间指示器调整至 8 秒 10 帧处，开启【位置】属性的切换动画功能，调整【位置】属性数值为“960，50”，调整时间指示器至 10 秒 15 帧处，添加【位置】属性关键帧数值为“960，50”，调整时间指示器至 16 秒 20 帧处，添加【位置】属性关键帧数值为“960，435”，调整

（a）导入素材

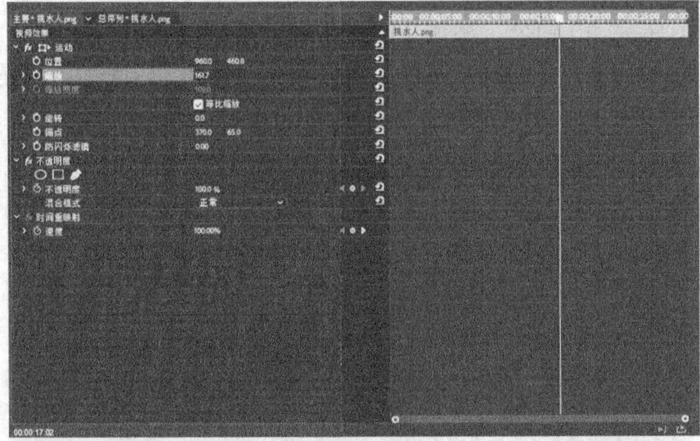

（b）锚点参数设置

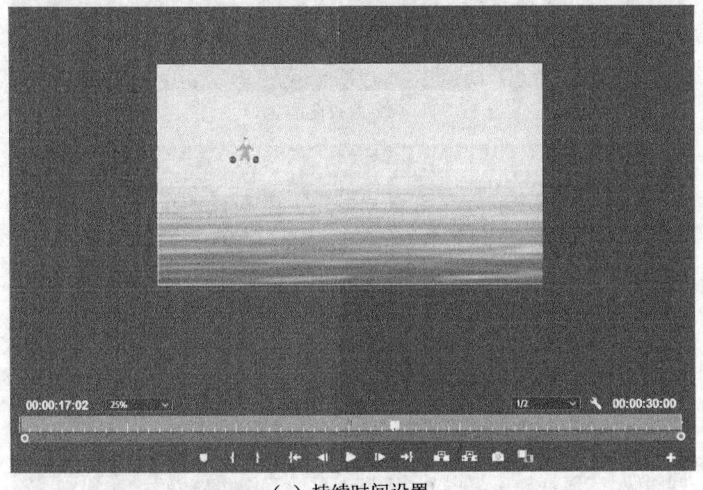

（c）持续时间设置

图 2.3.37 确定素材“挑水人”基础运动效果开启点

时间指示器至 21 秒 20 帧处，添加【位置】属性关键帧数值为“960，895”，调整时间指示器至 23 秒 20 帧处，添加【位置】属性关键帧数值为“960，1380”。制作出挑水人在镜头中移动的效果，如图 2.3.38 所示。

6）选中 V8 轨道上的“挑水人”图层，打开【效果控件】面板，同时将时间指示器调整至 8 秒 10 帧处，开启【缩放】属性的切换动画功能，调整【缩放】属性数值为 110%，调整时间指示器至 10 秒 15 帧处，添加【缩放】属性关键帧数值为 135%，调整时间指示器至 16 秒 20 帧处，添加【缩放】属性关键帧数值为 160%，调整时间指示器至 21 秒 20 帧处，添加【缩放】属性关键帧数值为 190%，制作出挑水人在镜头中的近大远小效果，如图 2.3.39 所示。

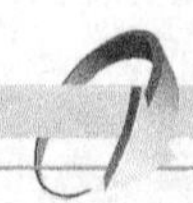

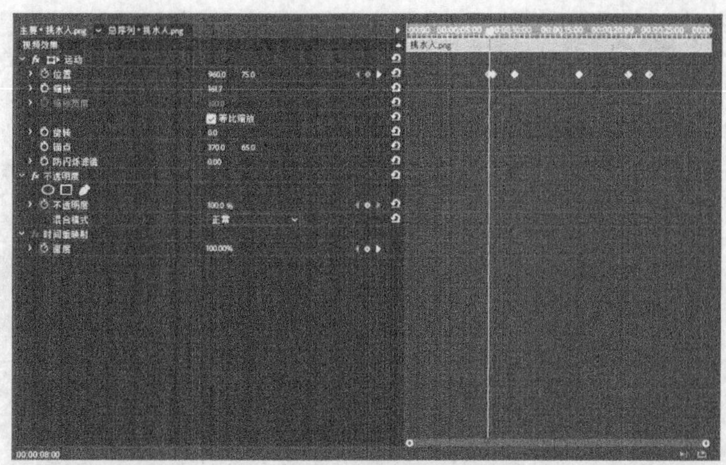

（a）参数设置

（b）效果图

图 2.3.38　素材“挑水人”位置参数设置及效果图

（a）参数设置

图 2.3.39　素材“挑水人”缩放参数设置及效果图

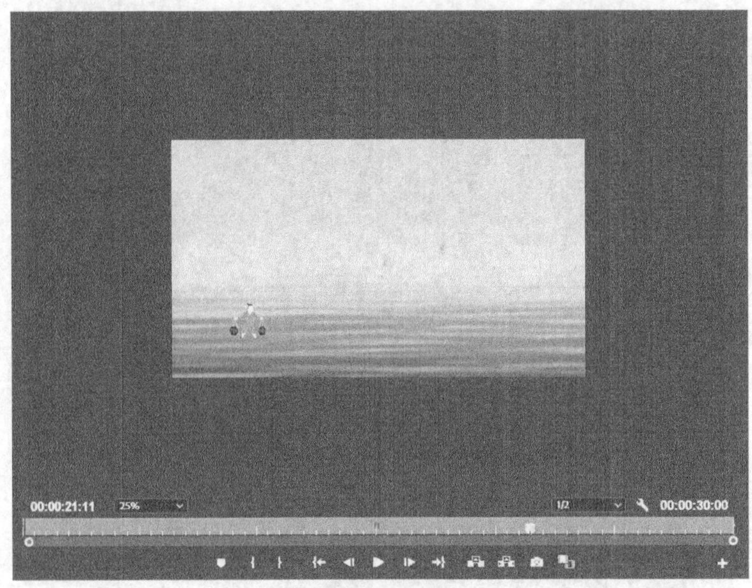

（b）效果图

图 2.3.39（续）

7）将素材“骑驴”添加到 V7 轨道上，持续时间修改为 30 秒。打开【效果控件】面板，修改【锚点】属性为“210，130”，确定运动效果开始位置，如图 2.3.40 所示。

（a）添加“骑驴”素材

（b）持续时间设置

图 2.3.40 确定素材“骑驴”运动效果开始位置

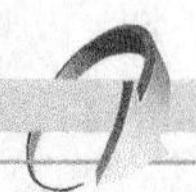

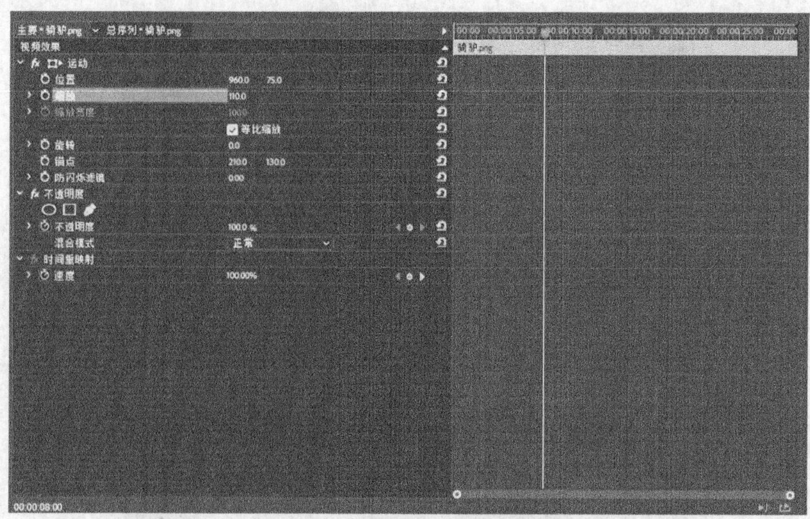

（c）参数设置

图 2.3.40（续）

8）选中 V7 轨道中的“骑驴”图层，调整时间指示器至 8 秒处，打开【效果控件】面板，开启【位置】属性的切换动画功能，同时将时间指示器调整至 8 秒 10 帧处，调整【位置】属性数值为“960，75”，调整时间指示器至 10 秒 15 帧处，添加【位置】属性关键帧数值为“960，50”，调整时间指示器至 16 秒 20 帧处，添加【位置】属性关键帧数值为“960，895”，调整时间指示器至 21 秒 20 帧处，添加【位置】属性关键帧数值为“960，1340”，调整时间指示器至 23 秒 20 帧处，添加【位置】属性关键帧数值为“960，1380”。制作出骑驴在镜头中移动的效果，如图 2.3.41 所示。

9）选中 V7 轨道上的“骑驴”图层，打开【效果控件】面板，同时将时间指示器调整至 8 秒 10 帧处，开启【缩放】属性的切换动画功能，调整【缩放】属性数值为 110%，

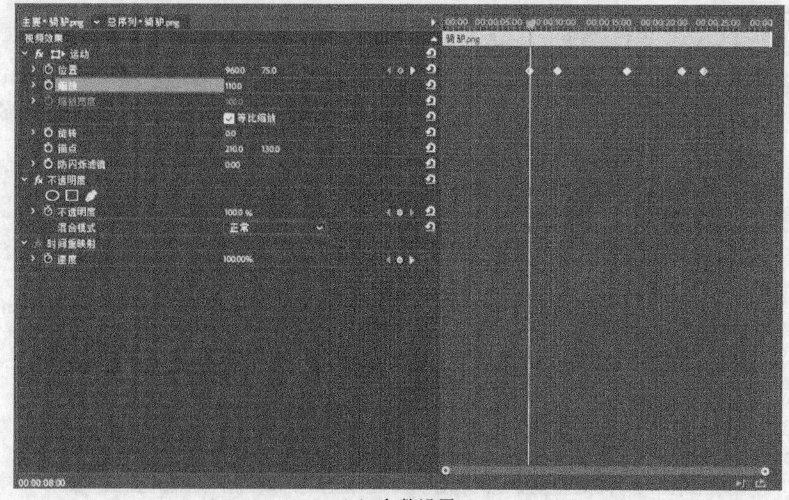

（a）参数设置

图 2.3.41　素材“骑驴”位置参数设置及效果图

（b）效果图（一）

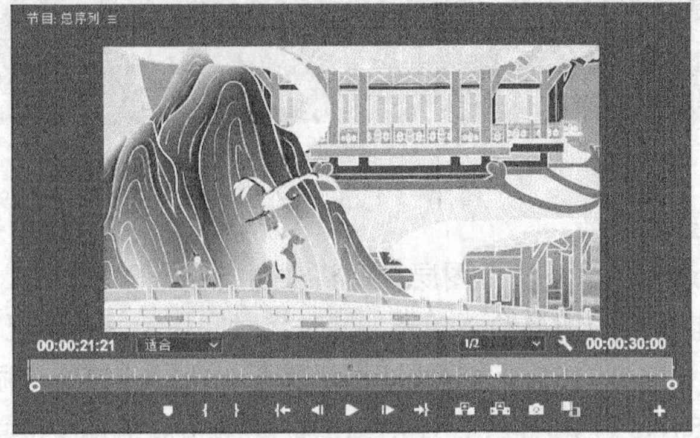

（c）效果图（二）

图 2.3.41（续）

调整时间指示器至 10 秒 15 帧处，添加【缩放】属性关键帧数值为 135%，调整时间指示器至 16 秒 20 帧处，添加【缩放】属性关键帧数值为 160%，调整时间指示器至 21 秒 20 帧处，添加【缩放】属性关键帧数值为 190%，制作出骑驴在镜头中的近大远小效果，如图 2.3.42 所示。

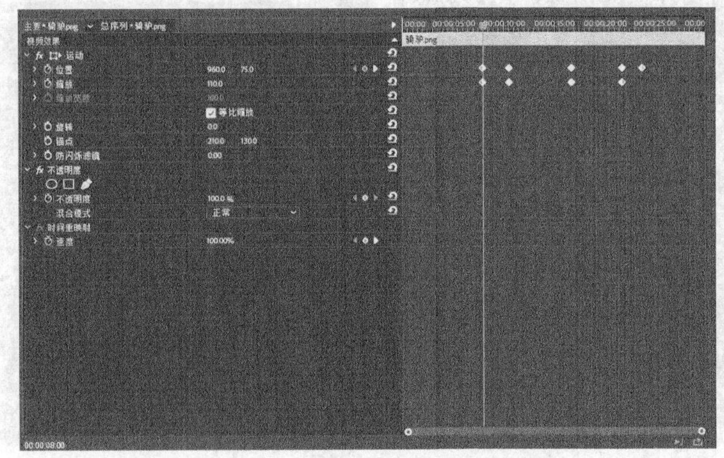

（a）参数设置

图 2.3.42　素材“骑驴”缩放参数设置及效果图

（b）效果图

图 2.3.42（续）

五、远景黄鹤楼镜头效果制作

远景黄鹤楼镜头效果主要引用了效果控件中的位置属性、缩放属性和不透明度属性，更改初始锚点位置可让生成的动画更加流畅。

1. 任务效果

远景黄鹤楼镜头效果图如图 2.3.43 所示。

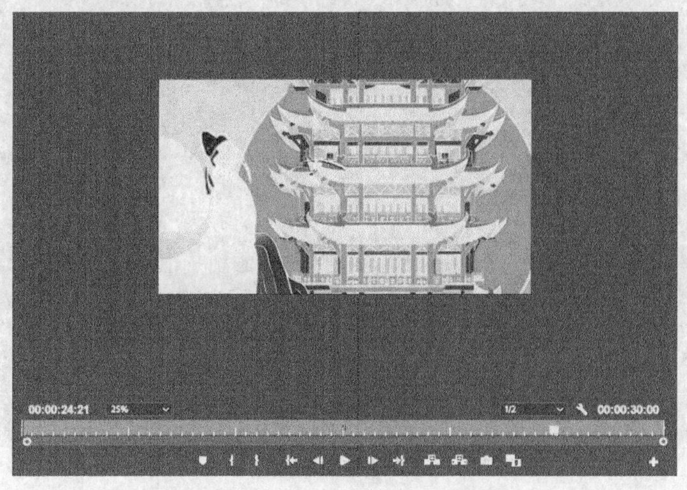

图 2.3.43　远景黄鹤楼镜头效果图

2. 任务分析

黄鹤楼部分镜头的制作，是对古代人物以及太阳、黄鹤楼之间的位置关系进行调节设定。注意运动的和谐性。

3. 操作步骤

1）将“中部山峰”素材添加到轨道 V6 上，打开【效果控件】面板，修改【锚点】属性为“2480，2705”，图层持续时间修改为 30 秒，如图 2.3.44 所示。

（a）导入素材

（b）设置持续时间

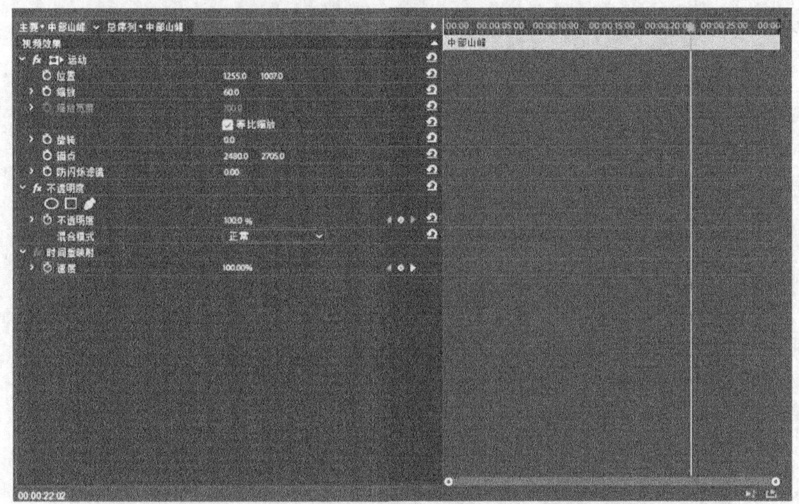

（c）设置锚点参数

图 2.3.44　确定素材“中部山峰”运动效果开始点

2）选中 V6 轨道中的“中部山峰”图层，调整时间指示器至 8 秒 20 帧处，打开【效果控件】面板，开启【位置】属性的切换动画功能，修改【位置】属性为“930，-70”，

再次调整时间指示器至 16 秒 20 帧处，添加【位置】属性关键帧数值为“1255，295”，调整时间指示器至 21 秒 20 帧处，添加【位置】属性关键帧数值为“1255，930”，调整时间指示器至 23 秒 15 帧处，添加【位置】属性关键帧数值为“1255，1425”，调整时间指示器至 26 秒 5 帧处，添加【位置】属性关键帧数值为“1255，1880”，以此制作出中部山峰随镜头运动变化的效果，如图 2.3.45 所示。

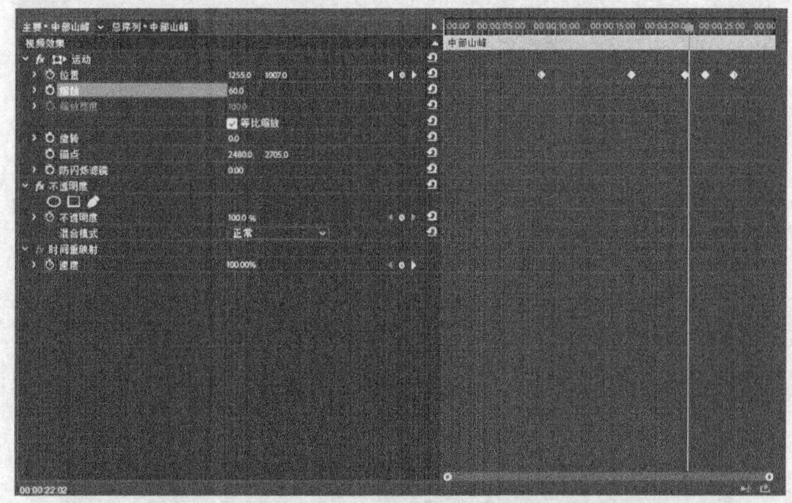

（a）参数设置

（b）效果图

图 2.3.45　素材“中部山峰”位置参数设置及效果图

3）选中 V6 轨道中的“中部山峰”图层，调整时间指示器至 8 秒 20 帧处，打开【效果控件】面板，开启【缩放】属性的切换动画功能，修改【缩放】属性数值为 45%，再次调整时间指示器至 16 秒 20 帧处，添加【缩放】属性关键帧数值为 50%，调整时间指示器至 21 秒 20 帧处，添加【缩放】属性关键帧数值为 60%，以此制作出中部山峰随镜头运动近大远小的效果，如图 2.3.46 所示。

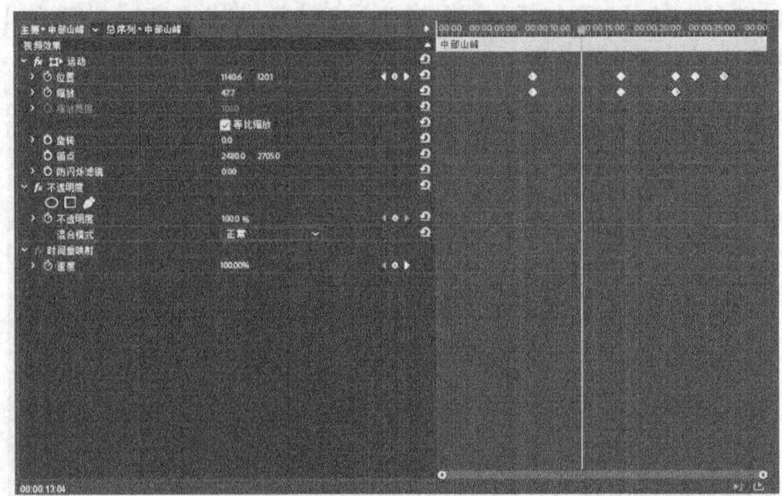

（a）参数设置

（b）效果图

图 2.3.46 素材“中部山峰”缩放参数设置及效果图

4）将“底端云”素材添加到轨道 V5 上，打开【效果控件】面板，修改【锚点】属性为“1055，980”，图层持续时间修改为 30 秒，如图 2.3.47 所示。

5）选中 V5 轨道中的“底端云”图层，打开【效果】面板，在地址搜索栏中输入“紊乱置换”，选择【紊乱置换】命令，对“底端云”图层进行添加，使其产生波纹动效。调整紊乱置换效果的【置换】属性为【湍流】效果，再次调整【紊乱置换】属性参数，在 14 秒 20 帧处开启切换动画功能，调整【偏移（湍流）】属性数值为“2220，260”。

再次调整时间指示器至 22 秒处，添加【偏移（湍流）】属性关键帧数值为“1225，635”，调整时间指示器至 26 秒处，添加【偏移（湍流）】属性关键帧数值为“2220，260”。制作出完整的紊乱置换偏移，如图 2.3.48 所示。

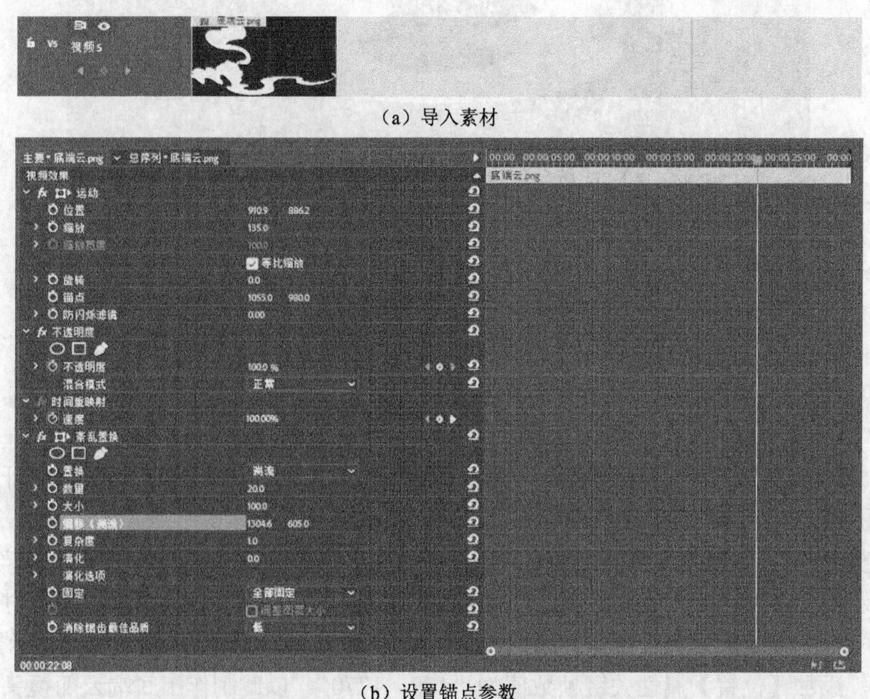

（a）导入素材

（b）设置锚点参数

图 2.3.47　确定素材“底云端”运动效果基础位置

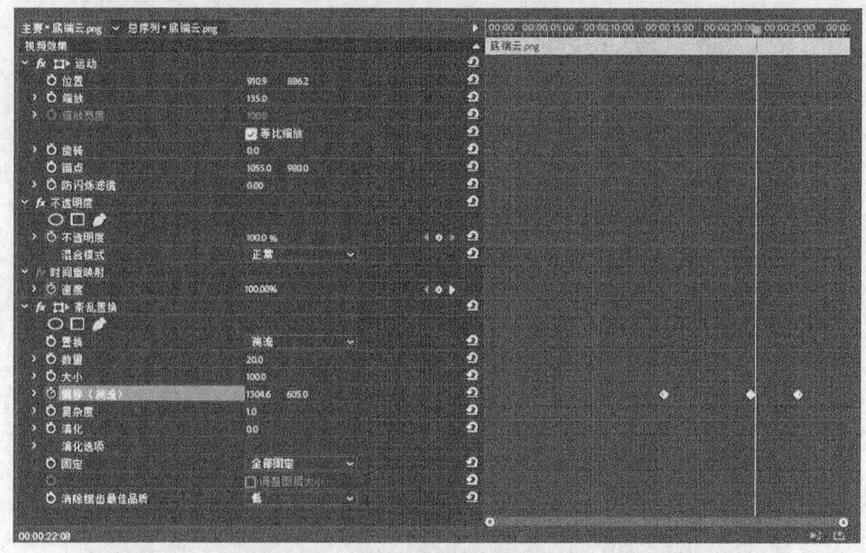

（a）参数设置

图 2.3.48　素材“底云端”偏移参数设置及效果图

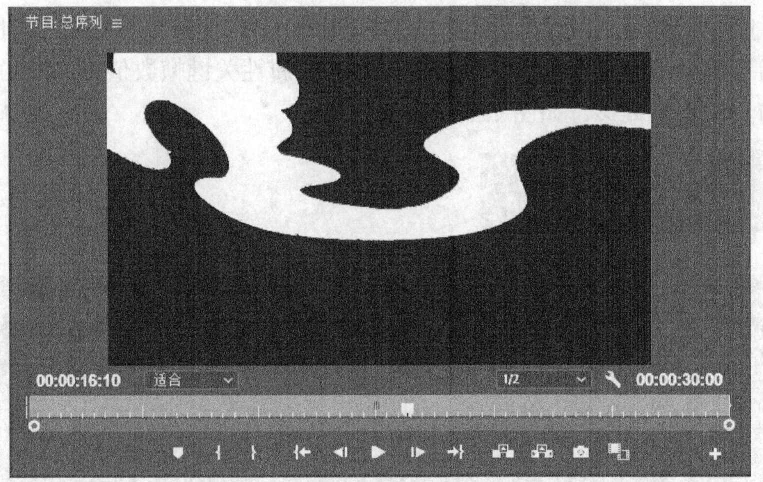

（b）效果图

图 2.3.48（续）

6）选中 V5 轨道中的“底端云”图层，调整时间指示器至 8 秒 15 帧处，打开【效果控件】面板，开启【位置】属性的切换动画功能，修改【位置】属性数值为“960，-330”，再次调整时间指示器至 14 秒 15 帧处，添加【位置】属性关键帧数值为“960，60”，调整时间指示器至 21 秒 20 帧处，添加【位置】属性关键帧数值为“960，675”，调整时间指示器至 23 秒 15 帧处，添加【位置】属性关键帧数值为“695，1395”，调整时间指示器至 26 秒帧处，添加【位置】属性关键帧数值为“150，1770”。以此制作出底端云随镜头运动变化的效果，如图 2.3.49 所示。

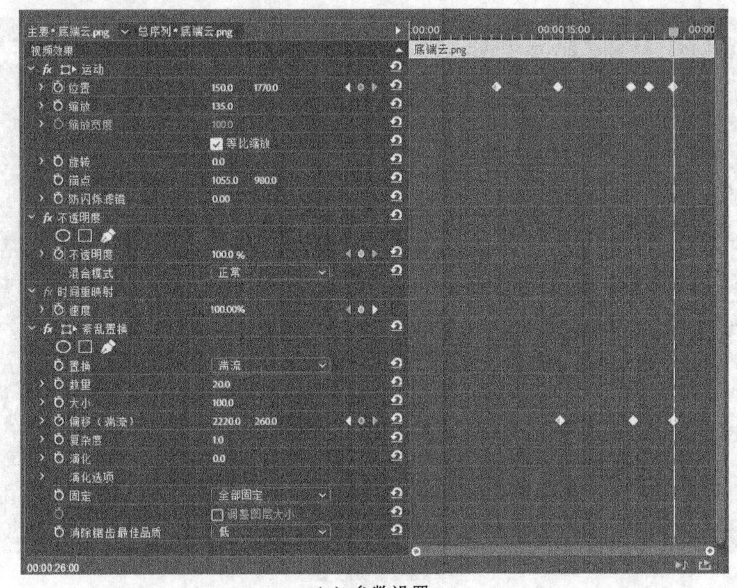

（a）参数设置

图 2.3.49　素材“底端云”位置参数设置及效果图

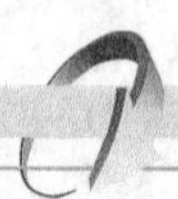

（b）效果图

图 2.3.49（续）

7）选中 V5 轨道中的“底端云”图层，调整时间指示器至 8 秒 15 帧处，打开【效果控件】面板，开启【缩放】属性的切换动画功能，修改【缩放】属性数值为 150%，再次调整时间指示器至 14 秒 15 帧处，添加【缩放】属性关键帧数值为 150%，调整时间指示器至 21 秒 20 帧处，添加【缩放】属性关键帧数值为 135%，以此制作出底端云随镜头运动近大远小的效果，如图 2.3.50 所示。

8）将“黄鹤楼”素材添加到轨道 V4 上，打开【效果控件】面板，修改【锚点】属性为“1020，1520”，图层持续时间修改为 30 秒，如图 2.3.51 所示。

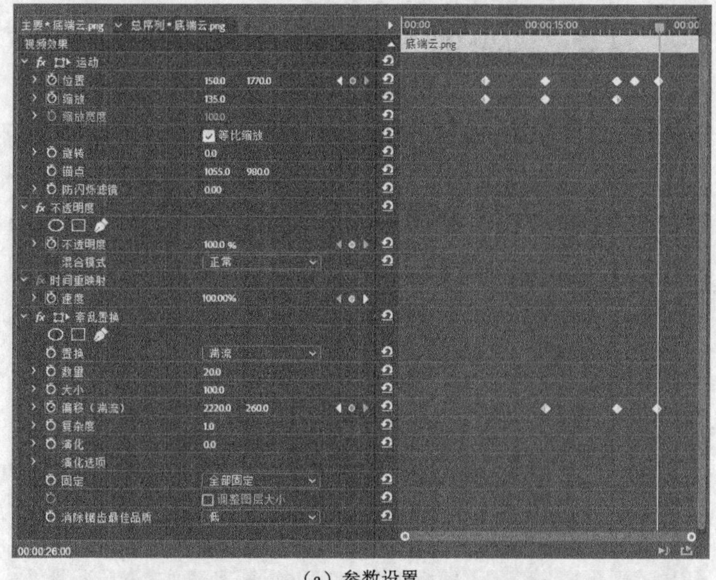

（a）参数设置

图 2.3.50　素材“底端云”缩放参数设置及效果图

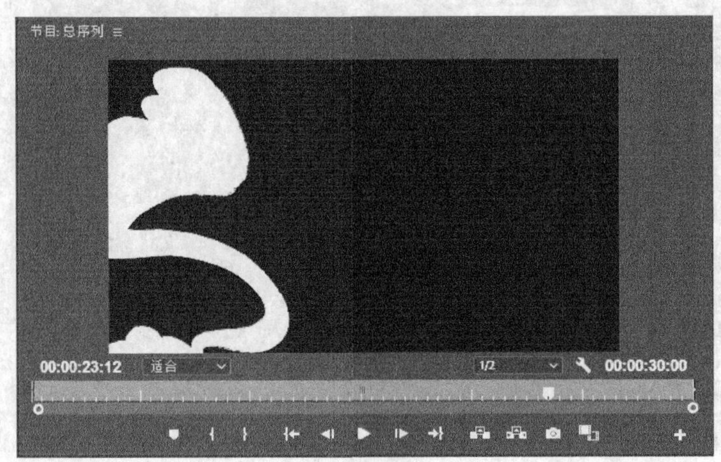

（b）效果图

图 2.3.50（续）

9）选中 V4 轨道中的“黄鹤楼”图层，调整时间指示器至 8 秒 15 帧处，打开【效果控件】面板，开启【位置】属性的切换动画功能，修改【位置】属性数值为“1140，-395”，再次调整时间指示器至 14 秒 15 帧处，添加【位置】属性关键帧数值为“1440，-270”，调整时间指示器至 21 秒 20 帧处，添加【位置】属性关键帧数值为“1190，135”，调整时间指示器至 26 秒 5 帧处，添加【位置】属性关键帧数值为“1190，1190”，以此制作出黄鹤楼随镜头运动变化的效果，如图 2.3.52 所示。

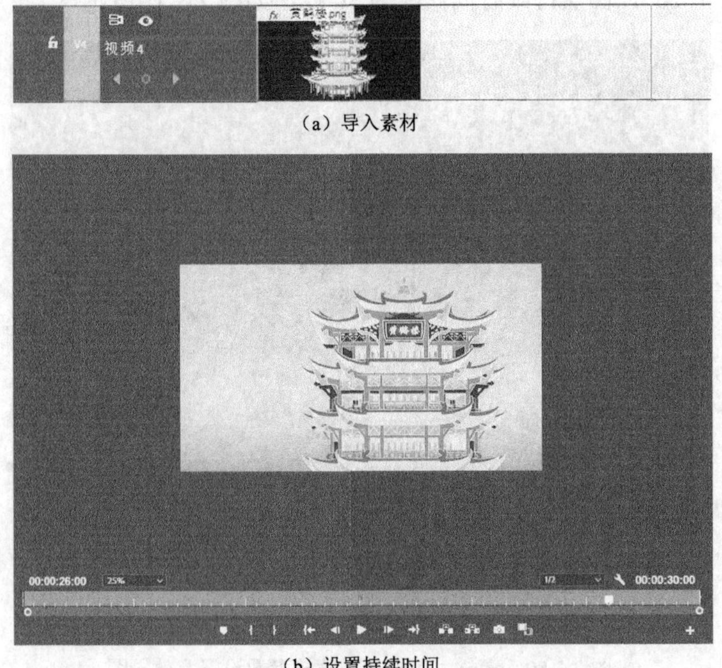

（a）导入素材

（b）设置持续时间

图 2.3.51　设置素材“黄鹤楼”运动效果基础位置

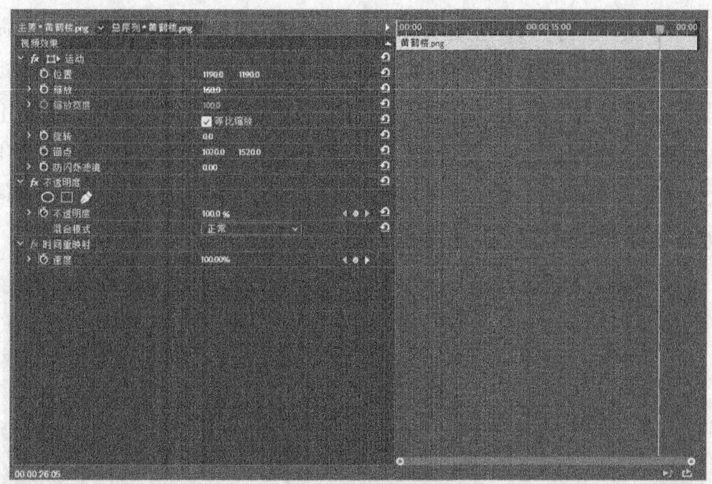

（c）设置锚点参数

图 2.3.51（续）

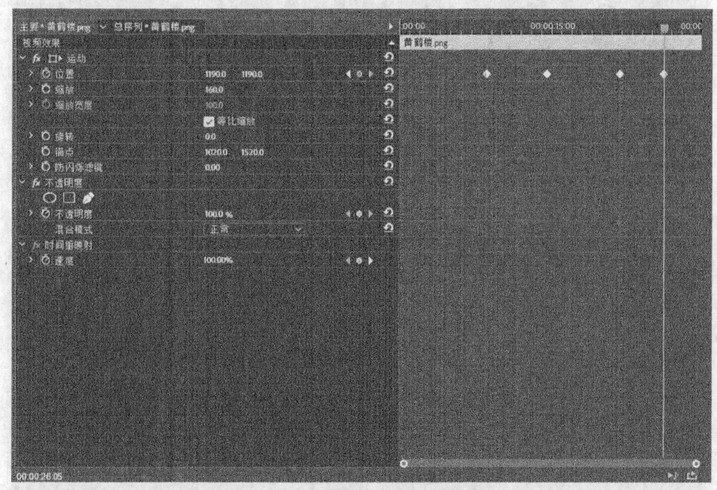

（a）添加【位置】属性关键帧

（b）黄鹤楼运动效果图

图 2.3.52　素材“黄鹤楼”位置参数设置

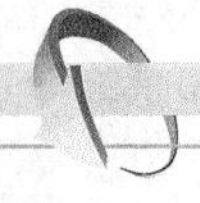

10）选中 V4 轨道中的“黄鹤楼”图层，调整时间指示器至 8 秒 15 帧处，打开【效果控件】面板，开启【缩放】属性的切换动画功能，修改【缩放】属性数值为 130%，再次调整时间指示器至 14 秒 15 帧处，添加【缩放】属性关键帧数值为 175%，调整时间指示器至 21 秒 20 帧处，添加【缩放】属性关键帧数值为 250%，调整时间指示器至 26 秒 5 帧处，添加【缩放】属性关键帧数值为 160%，以此制作出黄鹤楼随镜头运动近大远小的效果，如图 2.3.53 所示。

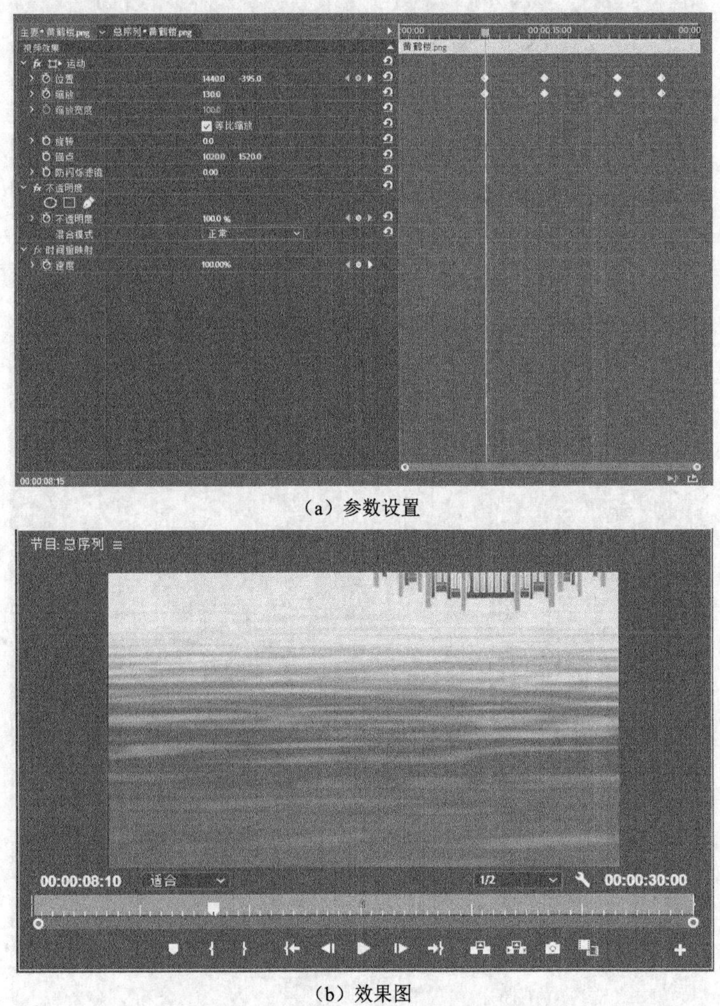

（a）参数设置

（b）效果图

图 2.3.53　素材“黄鹤楼”缩放参数设置及效果图

11）在 V3 轨道上使用椭圆工具绘制圆形并命名为“红日”，持续时间修改为 30 秒，大小为 1080 像素×1080 像素，修改形状颜色为“DF3E3E”，描边颜色为“FFB026”，宽度为 8，调整【效果控件】面板中形状 02 的【位置】属性为“550，40”，添加【效果】属性中的渐变效果，将渐变起点属性更改为“730，245”，起始颜色属性更改为“C93C21”，调整渐变终点属性为“1175，710”，调整结束颜色为“D76E31”，渐变形状更改为“线性渐变”，如图 2.3.54 所示。

（a）绘制图形

（b）外观颜色调节

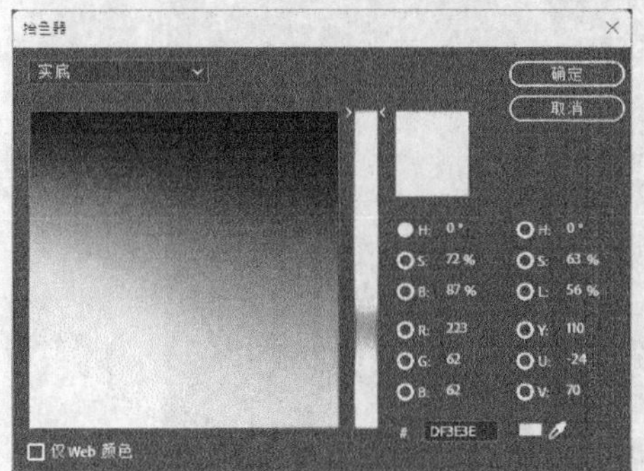

（c）形状颜色

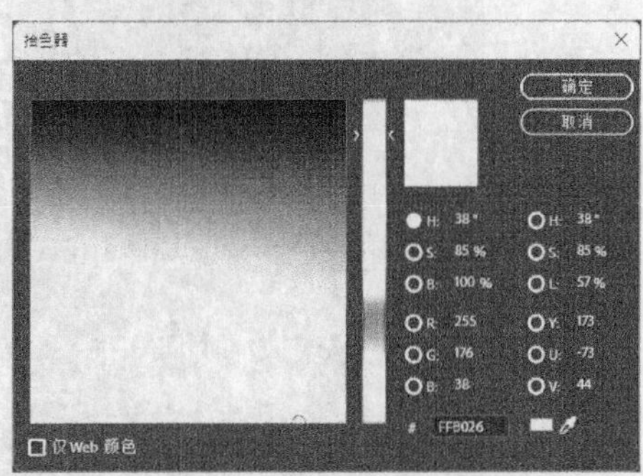

（d）描边颜色

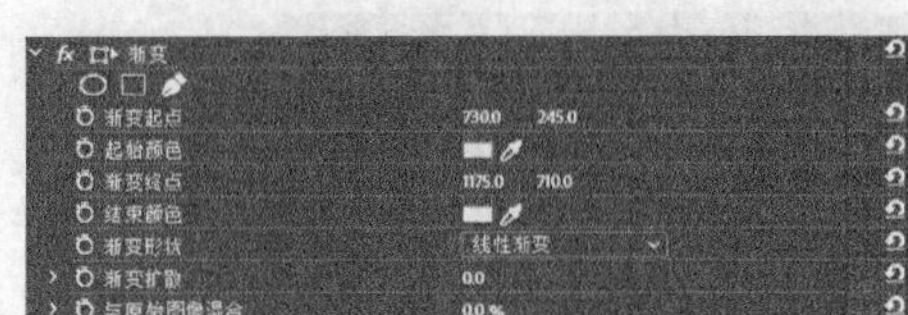

（e）渐变起点

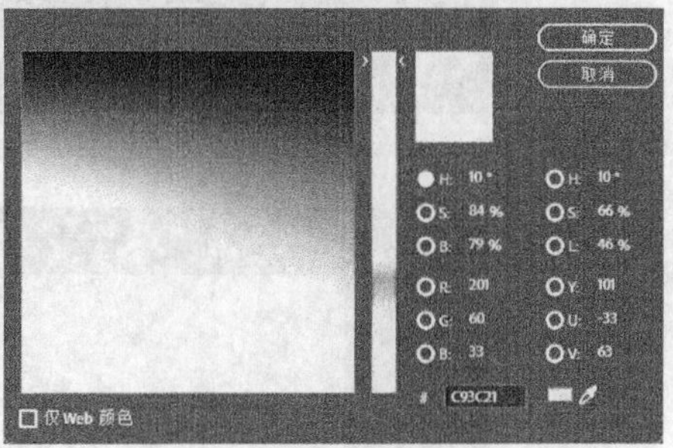

（f）起始颜色

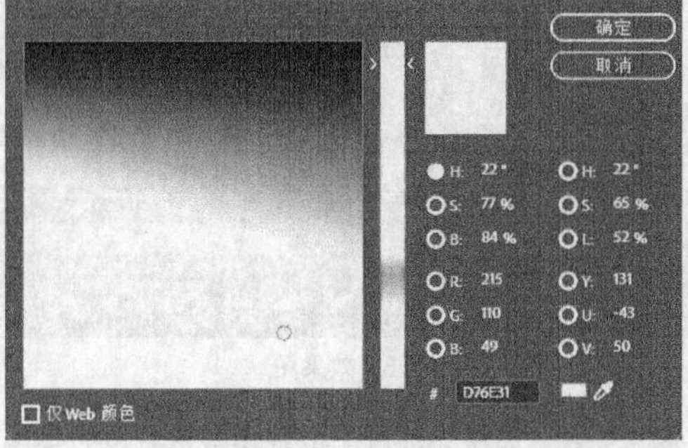

（g）结束颜色

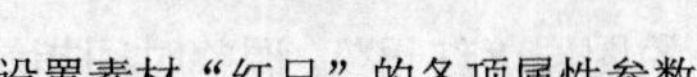

图 2.3.54　设置素材“红日”的各项属性参数

12）选中 V3 轨道上的图层“红日”，调整时间指示器至 8 秒 15 帧处，打开【效果控件】面板，开启【位置】属性的切换动画功能，修改【位置】数值为“1140，-400”。调整时间指示器至 14 秒 15 帧处，添加【位置】属性关键帧数值为“1140，-270”，调整时间指示器至 21 秒 20 帧处，添加【位置】属性关键帧数值为“1190，130”，调整时间指示器至 26 秒 5 帧处，添加【位置】属性关键帧数值为“1190，1190”，以此制作出红日随镜头运动变化的效果，如图 2.3.55 所示。

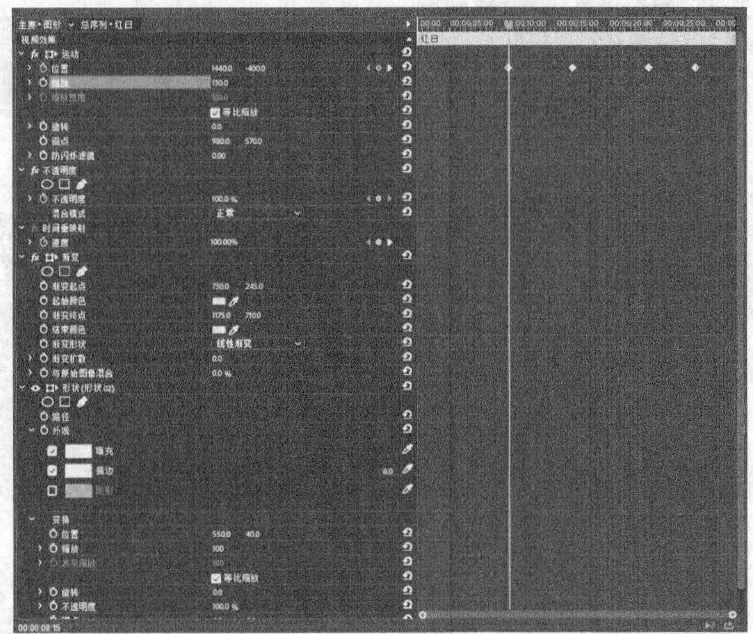

（a）参数设置

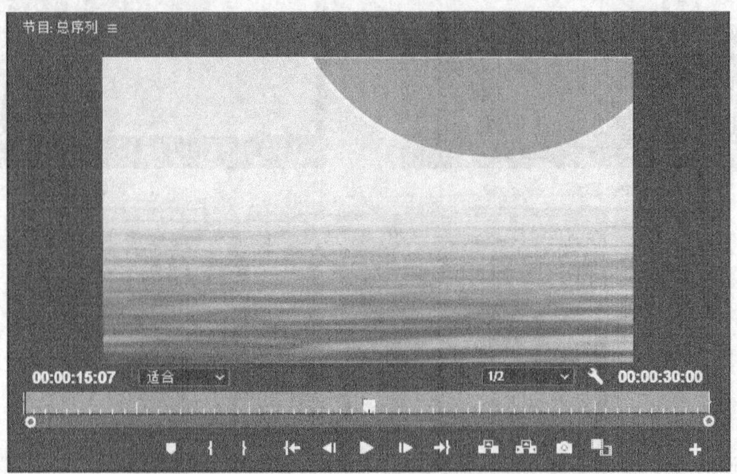

（b）效果图

图 2.3.55　素材“红日”位置参数设置及效果图

13）选中 V3 轨道上的图层“红日”，调整时间指示器至 8 秒 15 帧处，打开【效果控

件】面板，开启【缩放】属性的切换动画功能，修改【缩放】属性数值为 130%。调整时间指示器至 14 秒 15 帧处，添加【缩放】属性关键帧数值为 175%，调整时间指示器至 21 秒 20 帧处，添加【缩放】属性关键帧数值为 250%，调整时间指示器至 26 秒 5 帧处，添加【缩放】属性关键帧数值为 160%，以此制作出红日随镜头运动近大远小的效果，如图 2.3.56 所示。

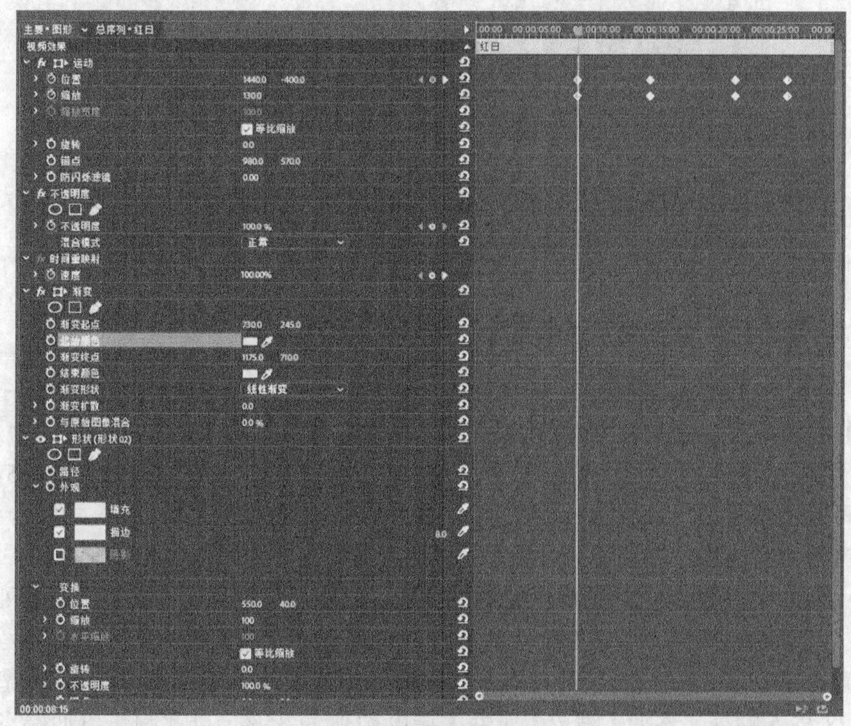

（a）参数设置

（b）效果图

图 2.3.56　素材“红日”缩放参数设置及效果图

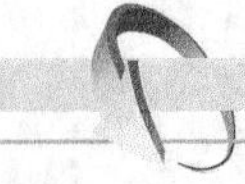

14）添加素材“仙鹤 001”到 V20 轨道上 16 秒 20 帧处，拖动素材尾部对齐时间轴 30 秒处，如图 2.3.57 所示。

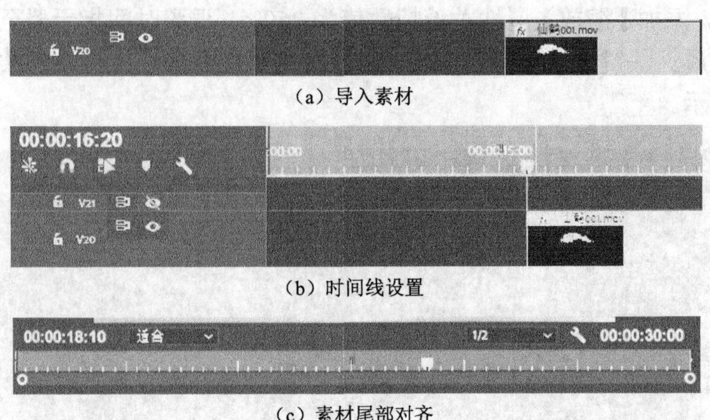

（a）导入素材

（b）时间线设置

（c）素材尾部对齐

图 2.3.57　调整素材“仙鹤 001”初始运动效果位置

15）选中 V20 轨道上的图层“仙鹤 001”，调整时间指示器至 16 秒 20 帧处，打开【效果控件】面板，开启【位置】属性的切换动画功能，修改【位置】属性数值为“785，540”，调整时间指示器至 18 秒 10 帧处，添加【位置】属性关键帧属性为“495，780”，调整时间指示器至 28 秒 5 帧处，添加【位置】属性关键帧数值为“980，250”，以此制作出仙鹤飞翔的动画，如图 2.3.58 所示。

16）选中 V20 轨道上的图层“仙鹤 001”，调整时间指示器至 16 秒 20 帧处，打开【效果控件】面板，开启【缩放】属性的切换动画功能，修改【缩放】属性数值为 100%，调整时间指示器至 18 秒 10 帧处，添加【缩放】属性关键帧数值为 65%，调整时间指示器至 28 秒 5 帧处，添加【缩放】属性关键帧数值为 35%，以此制作出仙鹤飞翔时的远景变化，如图 2.3.59 所示。

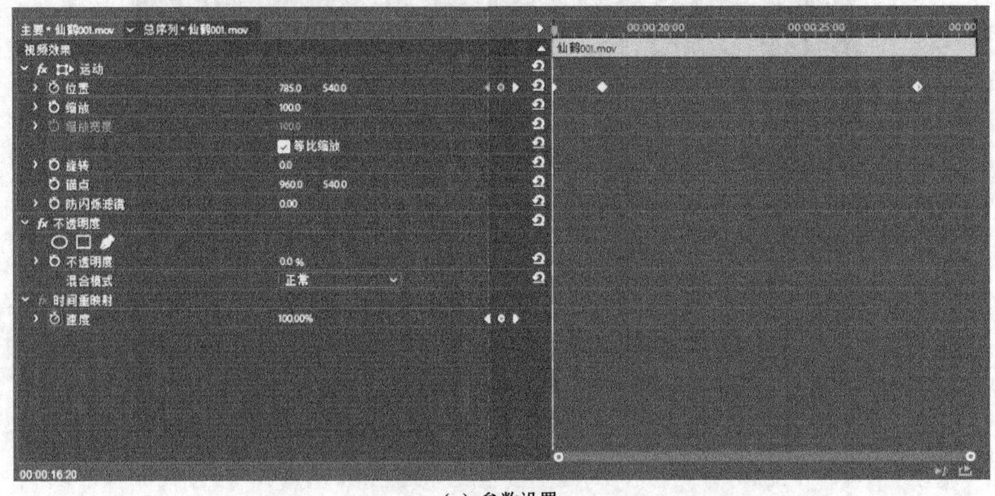

（a）参数设置

图 2.3.58　素材“仙鹤 001”位置参数设置及效果图

（b）效果图

图 2.3.58（续）

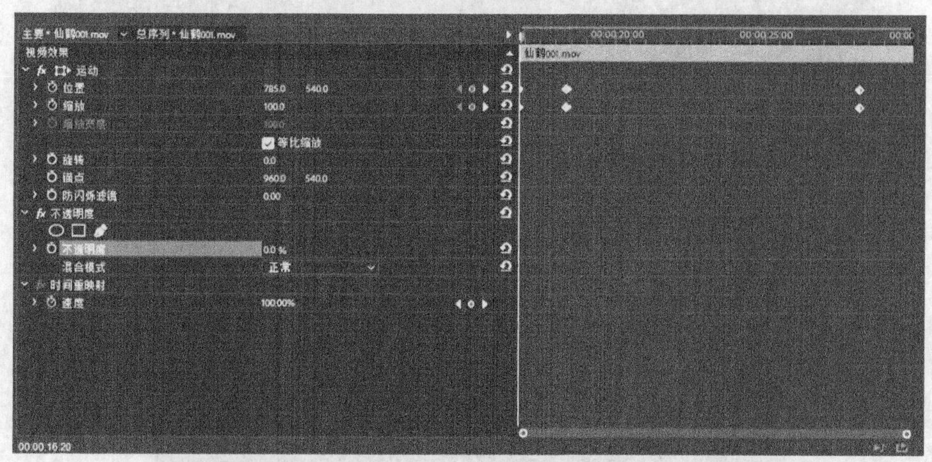

（a）参数设置

（b）效果图

图 2.3.59　素材“仙鹤 001”缩放参数设置及效果图

17）选中 V20 轨道上的图层“仙鹤 001”，调整时间指示器至 16 秒 20 帧处，打开【效果控件】面板，开启【不透明度】属性的切换动画功能，修改【不透明度】属性数值为 0%，调整时间指示器至 17 秒 10 帧处，添加【不透明度】属性关键帧数值为 100%，调整时间指示器至 28 秒 20 帧处，添加【不透明度】属性关键帧数值为 100%，调整时间指示器至 29 秒 15 帧处，添加【不透明度】属性关键帧数值为 0%，以此制作出仙鹤飞翔时渐入渐出效果，如图 2.3.60 所示。

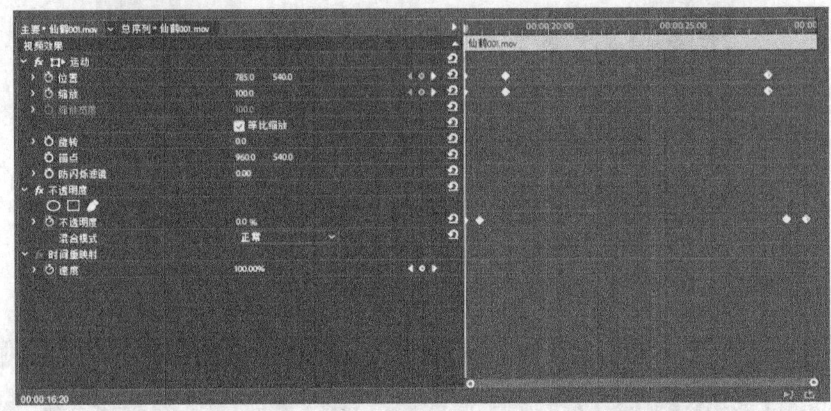

（a）参数设置

（b）效果图（一）

（c）效果图（二）

图 2.3.60　素材“仙鹤 001”不透明度参数设置及效果图

18）将素材“李白”添加到V19轨道，打开【效果控件】面板，调整【锚点】属性为“375，885”，调整时间指示器至22秒5帧处，开启【位置】属性的切换动画功能，修改【位置】属性数值为“-410，1125”，调整时间指示器至24秒5帧处，添加【位置】属性关键帧数值为“135，1130”，调整时间指示器至26秒10帧处，添加【位置】属性关键帧数值为“-35，1350”，以此完成李白进场效果，如图2.3.61所示。

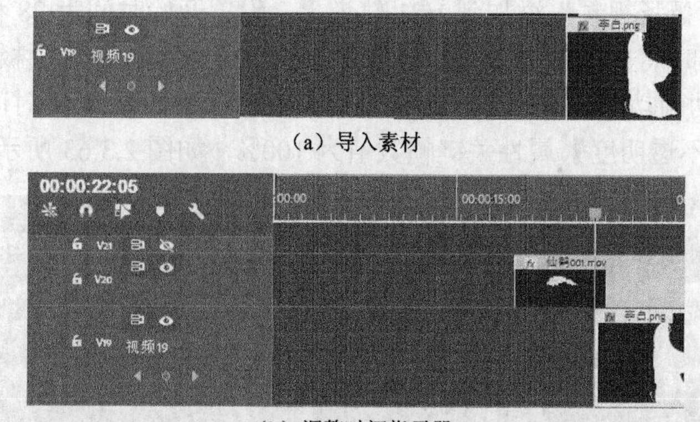

（a）导入素材

（b）调整时间指示器

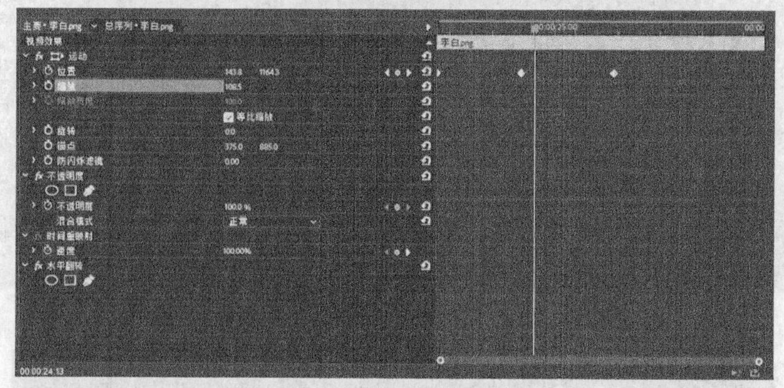

（c）设置位置属性参数

（d）效果图

图2.3.61　素材“李白”进场参数设置及效果图

19）选中 V19 轨道的“李白”图层，调整时间指示器至 22 秒 5 帧处，打开【效果控件】面板，开启【缩放】属性的切换动画功能，修改【缩放】属性数值为 110%，调整时间指示器至 24 秒 5 帧处，添加【缩放】属性关键帧数值为“135，1130”，调整时间指示器至 26 秒 10 帧处，添加【缩放】属性关键帧数值为“-35，1350”，以此完成李白退场效果，如图 2.3.62 所示。

20）将素材“黑场视频”添加到 V21 轨道上，设置开始时间为 28 秒 15 帧，结束时间为 30 秒，调整时间指示器至 28 秒 15 帧处，打开【效果控件】面板，开启【不透明度】属性的切换动画功能，修改【不透明度】属性数值为 0%，调整时间指示器至 29 秒 15 帧处，添加【不透明度】属性关键帧数值为 100%，如图 2.3.63 所示。

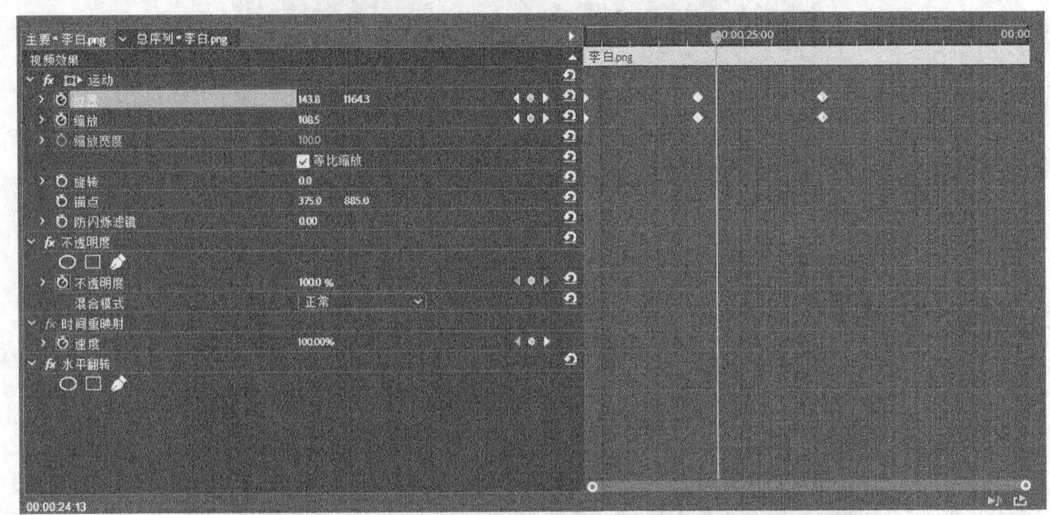

（a）参数设置

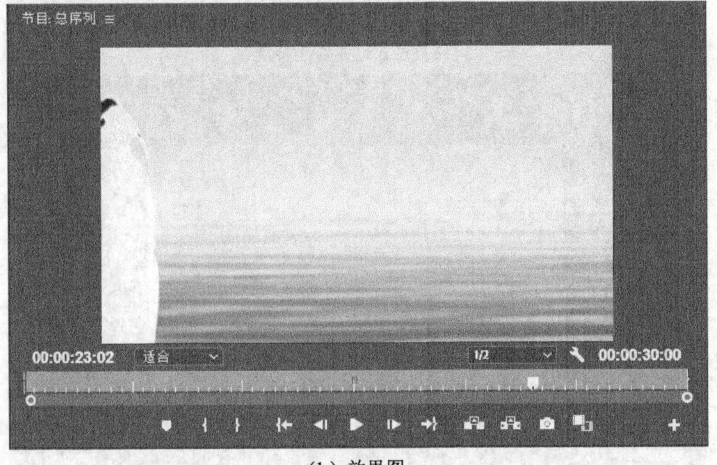

（b）效果图

图 2.3.62　素材“李白”退场参数设置及效果图

21）将音频素材“大气中国风”添加到 A1 轨道上，此时整体国潮片头动画基本完成了，如图 2.3.64 所示。

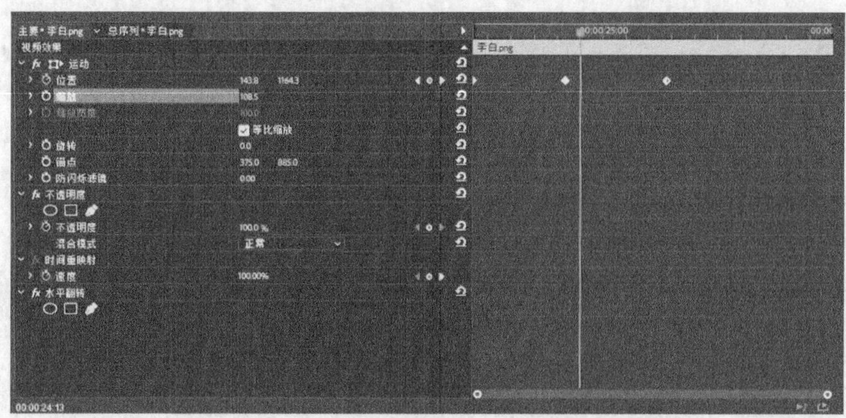

图 2.3.63　素材“黑场视频”不透明度参数设置

图 2.3.64　添加音频素材“大气中国风”

随着微电影宣传效果的提升及技术应用范围的日益拓展，人们的视角也在不断地发生变化，宣传片的制作公司也必须不断地发展，从拍摄技术、表现手法和创意方面让人们认识到社会在不断发展、思想在不断超越。

参 考 文 献

白云，2017. 音视频编辑技术[M]. 北京：科学出版社.

陈久健，2013. Premiere Pro CS4 视频编辑案例实训教程[M]. 南京：南京大学出版社.

周婷婷，张璐，2007. Premiere Pro 2.0 影视编辑标准教程[M]. 北京：中国电力出版社.

赵美惠，陈正东，2012. Premiere 与视频非线性编辑[M]. 北京：化学工业出版社.

思雨工作室，2011. After Effects 完美表现 [M]. 北京：清华大学出版社.

伍福军，张巧玲，邓进，2010. Premiere Pro 2.0 影视后期制作[M]. 北京：北京大学出版社.